复杂系统仿真优化中的
不确定性管理
算法与应用

[意] 加布里埃拉·德利诺（Gabriella Dellino）
卡罗尔·梅洛尼（Carlo Meloni） 主编

张 静 等译

Uncertainty Management in
Simulation-Optimization of
Complex Systems

Algorithms and Applications

国防工业出版社

·北京·

著作权合同登记　图字:军-2018-049号

图书在版编目(CIP)数据

复杂系统仿真优化中的不确定性管理算法与应用/
(意)加布里埃拉·德利诺,(意)卡罗尔·梅洛尼主编;
张静等译. — 北京:国防工业出版社,2024.9.
ISBN 978-7-118-12892-5

Ⅰ. TP391.9

中国国家版本馆 CIP 数据核字第 2024TH5951 号

First published in English under the title
Uncertainty Management in Simulation-Optimization of Complex Systems Algorithms and Applications
edited by Gabriella Dellino and Carlo Meloni, edition: 1
Copyright © 2015 Springer Science + Business Media New York
This edition has been translated and published under licence from
Springer Science + Business Media, LLC, part of Springer Natuer.
本书简体中文版由 Springer 授权国防工业出版社独家出版发行。
版权所有,侵权必究。

※

国防工业出版社出版发行

(北京市海淀区紫竹院南路23号　邮政编码100048)
北京虎彩文化传播有限公司印刷
新华书店经售

*

开本 710×1000　1/16　印张 20¼　字数 376 千字
2024 年 9 月第 1 版第 1 次印刷　印数 1—1500 册　定价 158.00 元

(本书如有印装错误,我社负责调换)

国防书店:(010)88540777　　书店传真:(010)88540776
发行业务:(010)88540717　　发行传真:(010)88540762

译者序

仿真已成为人类认识和改造客观世界的重要方法,在诸多直接关系国家实力、影响重大安全问题、涉及复杂运行机理和制约要素的关键领域,发挥着不可或缺的重要作用。与之相伴的仿真科学与技术诞生于第二次世界大战后期,已走过70余年光辉历程,在国民经济、国防建设等各个领域产生了举世瞩目的影响。正是由于仿真的巨大作用,其所针对的仿真对象和运用场景变得日益复杂、愈加丰富,导致复杂系统仿真蕴含了大量不明确、不了解或不可控的影响因素,可统称为复杂系统的不确定性问题。虽然这些不确定性属于复杂系统的固有属性,但其造成大量问题无法直接解析表达,甚至连定性刻画相关机理模型都十分困难,从而给仿真结论的可信性、可用性、有效性、泛化性等方面带来极大挑战。

那么,如何通过仿真手段对不同类型复杂系统进行合理建模、有效仿真呢?受各种边界条件所限,研发人员通常会选择"近似""精简""理想化"等方式来进行"简化"处理,也就是说,将复杂系统固有的各类不确定性进行"选择性"处理。比如,人为剔除某些"可能不重要"的影响因素、人为设计某些"可能主导性"的运行机理、人为构想某些"友好"工作场景等等。这就导致了相关分析结果中不可避免地存在较为片面、过于简化、与实际脱节等状况。可见,不确定性管理是仿真中必然存在且至关重要的问题。在对复杂系统进行仿真和优化时,考虑或者忽略不确定性,将可能导致完全不同的结果。因此,复杂系统仿真优化中的不确定性管理问题受到越来越多的关注。

本书是专门分析研究复杂系统仿真优化中所面临不确定性问题的著作,缘起于欧洲科学基金会(European Science Foundation,ESF)发起的"地平线2020"(Horizon 2020)研究项目。该项目主要以研讨会的形式,汇聚来自欧洲不同国家、不同学科背景的杰出学者，就前沿问题建立研究网络，开展探索创新，从而促进欧洲各研究团队之间的信息交流，共同探索未来开展协作研究的可能性。本书追踪"地平线 2020"项目中的不确定性管理问题，将研究成果汇编为三个部分共 11 章，分别是预备教程（含 3 章）、不确定性管理手段与措施（含 4 章）、方法与应用（含 4 章），每一章都是相应研究成果的综合报告，包含了深入的科学探索，清晰且易于理解；每一章均包括独立的参考文献，便于读者直接了解这一领域的研究现状。

跨学科交叉融合、理论与实践结合，是本书的特点，也是吸引我们对其进行翻译的出发点。本书内容由来自不同国家、不同学科背景的 21 位作者共同完成，在注重理论性、专业性的同时，提供了大量丰富生动的跨学科应用示例，从轧钢处理直至生物经济，便于读者理解。最后专门用三个章节（9—11 章），全面介绍了三个不同领域的应用案例，提升了本书的工程指导价值。本书内容科学系统，行文风格清晰易懂，读者群体包括需要运用仿真科学与技术解决具体实际问题的各领域研究学者、高校教师、研究生，以及相关从业人员和专业技术人员。

感谢对本书翻译出版提供支持的 2020 - ×××× - ×× - 023 基金项目。同时，更加衷心感谢国防工业出版社的支持和各位编辑们耐心细致的帮助和指导。本书多学科交叉融合、专业性强，内容所覆盖的专业理论和应用示例，涉及诸多不同领域的大量专业词汇和相关理论方法。译者能力有限，难以掌握书中所有学科，翻译不当之处恳请批评指正。

作为长期从事体系工程、复杂巨系统研究的科研人员，我们深知，解决任何有意义、有挑战的实践性问题，技术仅仅是其中一个组成方面。国际体系工程领域领军人物 Charles Keating 教授曾深刻指出[①]：①应对复杂系统时，至少须对四类影响要素进行综合、深入的分析，即技术类要素、人文社科类要素、政治性要素、组织管理与政策性要素（Technical Elements, Human Social Elements, Political Elements, Organizational Managerial & Policy Elements）；②四类要素相互交叉，相互支撑，也相互掣肘；③四类要素可归为"硬实力"（Hard Perspective）和"软实力"（Soft Perspective）两大方面；④前述四类影响要素中仅 Technical Elements 属于"硬实力"，虽然属于基础性因素，但对于复杂系统并不发挥主导性、决定性作用。为此，Keating 教授强烈呼吁从事复杂系统、体系工程相关人员避

---

① 美国老道明大学 Charles Keating 教授于 2014 年在国际体系研究领域顶会 IEEE SOSE（9th International Conference on System of Systems Engineering）做主旨报告，报告名称为 The Future of SoSE: Passing Fad or Juggernaut。——译者

免陷入"唯技术论"的误区,需警惕"以技术为中心的方法将持续导致整体性的系统失败"①。可见,复杂系统所面临的不确定性,也需覆盖"软实力"和"硬实力"以及四类影响要素及其交叉领域等范畴。正如本书在出版过程中遇到了大量技术之外的新"不确定性",虽然给翻译出版工作带来了许多意想不到的非技术性困难,迟滞了出版进程,但也促使我们更加深刻理解复杂系统不确定性的内涵,更加清晰认识到开展复杂系统不确定性管理的重要性和迫切性。

回到本书,本书主要从技术视角对复杂系统仿真优化中不确定性管理问题进行阐述,意义重大。因为这是复杂系统不确定性管理的基础性环节,也是首先需要处理解决好的环节,可以看作是认识和解决复杂系统不确定性管理问题的"一扇窗",是有效应对复杂系统不确定性所必须扎实迈出的"第一步"。

让我们偕行,
从这扇窗望出去,
看到整个世界;
从这一步开始,
踏上一段有趣的旅程。

张静
2024年5月于北京

---

① 主旨报告相关原文 Technology – centric approaches will continue to produce holistic system failures。——译者

序言

近年来,大量专著和论文指出在复杂系统优化与仿真领域,有关不确定性的方法和模型有着重要作用。在对复杂系统性能进行优化时,考虑或者忽略不确定性可能将会导致完全不同的结果。因此,不确定性管理是优化仿真中的一个至关重要的问题。这些管理方法在人类活动的几乎所有领域都开展了大量的应用,包括但不限于工程建设、科学研究、商务活动、健康医疗以及交通运输等。但是,关于这些方法是如何发展的以及应该如何运用仍然不甚清晰。

这本关于"复杂系统仿真优化中的不确定性管理"的汇编文集是一本很有价值的书,所针对的正是这一快速成长的跨学科交叉领域。本书的目标是:研究在应对通过计算机仿真描述的复杂系统中的不确定性时,可以采用的各种策略。本书缘起于2012年5月由欧洲科学基金会(European Science Foundation,ESF)在罗马举办的一次跨学科会议。该会议是针对需要在全欧洲层面范围内采取行动的新兴领域的战略研讨会,即所谓的地平线2020(Horizon 2020)研究项目。该研讨会由意大利运筹学会(The Italian Operations Research Society,AI-RO)资助,其目的是促进欧洲各研究团队之间的信息交流,建立新的研究网络,探索未来开展协作活动的可能性。

本书对这些活动进行了追踪,重点关注复杂系统仿真优化中的数学和算法问题。本书中的11章分别由多名来自欧洲不同国家的杰出学者编著,对相关领域中最关键的问题进行了讨论。本书的每一章既包含了深入的科学探索,同时也具有清晰且易于理解的风格。

本书明确指出了一个非常有前途的研究方向,那就是发展能够将不同手段中最强有力的特点、优点加以结合的方法。

感谢知名学者Gabriella Dellino和Carlo Meloni博士为了完成本书所作出的

努力。本书对那些处于不同领域但都需要在仿真优化中应对不确定性管理问题的人来说，具有极高的价值，而无论他们是实践者还是研究者。除本书以外，与之相似的，包括算法开发和应用在内的进一步研究，对本领域也将是非常有益的。这些努力将会增强研究人员之间的合作，并促进数学方法对关键技术创新的影响作用。

Anna Sciomachen
意大利运筹学会主席、
意大利热那亚大学经济与商业研究系运筹学终身教授
2015年5月于意大利热那亚

前言

在生产、交通与物流、电力管理、金融、工程和应用科学中,出现了一些优化方面的问题,在这些领域中管理者采用的决策制定过程通常都会受到不确定性的影响,因此,他们形成的最终结果往往是"含有噪声"的。实际上,几乎在所有的商业和管理、政务、科学与工程领域都存在类似的应用。因此,急需开展方法学(Methodology)上的研究,以便为在具有不确定性的环境中制定决策,提供支撑。

本书的目标是介绍一些策略和方法,可以用来应对通过计算机仿真描述的复杂系统中的不确定性。在对这些复杂系统性能进行优化时,考虑或者忽略不确定性将可能会导致完全不同的结果。因此,不确定性管理是优化仿真中的一个重要问题。由于仿真优化的广泛应用,不同的群体采用了不同的方法来处理相关的问题,这些方法的视角略有差异。

文献显示,当前已经发展出了多种多样的与应用背景相关的方法,但是还没有哪一种方法明显优于其他方法。如果在互联网上使用常用的网络浏览器搜索关键词"仿真优化"(Simulation Optimization),可以获取大约20万个页面;而如果通过更加专业的谷歌学术(Google Scholar),则可以获取大约2.4万个页面,其中主要包含科学与技术文章、会议论文、研究报告和学术专著等。显然,仿真优化是一个在研究人员和处理实际问题的仿真实践者中都可以激起越来越多兴趣的领域。有关仿真优化的文献如此众多,所产生的结果就是最近在多个商业仿真软件包中都加入了专用的优化例程(Routine)。导致这一普遍现象的重要原因在于,现实世界中的许多优化问题过于复杂,无法使用解析的(Analytical)数学公式来直接解决;而使用仿真模型,则可以避开一系列主要的简化工作(如可以考虑随机因素)。其结果是,优化群体和仿真群体具有一个共同目标,需要建立一些方法来指引和帮助分析者,在缺乏易于使用的数学结构的情况下生成高质量的解决方案。

值得注意的是,在仿真优化领域新出现的一些研究主题和专题,扩大了使用该方法所能够解决问题的范围,并对现有的方法进行了改进。这些研究主题包括:多响应仿真优化(Multi-Response Simulation-Optimization),随机约束管理(Random Constraints Management),最佳解评估(Best Solution Assessment),为基于局部搜索(Local-Search)的优化定义有效邻域(Definition of Effective Neighborhoods for Local-Search Based Optimization),对实验性关注区域的有效采样和探索方案(Effective Schemes for Sampling and Exploration of the Experimental Area of Interest),在进行优化时对(通过仿真进行的)函数估算的计算成本进行管理(Management of Computational Costs for Functions Estimation),在决策支持与/或控制系统中包含仿真优化、组合优化问题(Combinatorial Problem)(如调度和规划问题)中的特定方法,分布式或并行仿真优化技术,基于网络和云的仿真优化等。

本书将不同(但是内在相关)领域的研究人员以章节作者的形式集中起来,这些领域包括统计方法、工程与经济建模、实验设计(Experimental Design)、随机规划(Stochastic Programming)、全局优化、元建模(Metamodeling)以及对计算机仿真实验的设计和分析。编者的目标是利用这一跨学科环境的优势,让读者对不同的,尤其是在不确定环境中的基于仿真的优化方法之间的异同形成更加深入的理解。编著者希望能提供这一主题的参考书目,让感兴趣的读者能够了解这一研究领域的现状,同时激发潜在的现实世界的应用,来改进该技术的实践状态。除了该领域的研究人员和科学家,本书主要的预期读者还包括博士研究生、大学教师,以及该领域的从业人员和专业技术人员。

本书的章节作者都是在这一领域非常活跃的、富有才华的研究人员,他们为本书作出了突出的贡献。而且,他们之间形成的跨学科背景毫无疑问地进一步提高了整个出版项目的价值。

本出版项目是由欧洲科学基金会支持,由编著者建议和组织的战略研讨会(ESF AWARD: STRAT01-EW11-068: PEN—formerly PESC—Strategic Workshop)"复杂系统仿真优化中的不确定性管理算法和应用"的后续。该研讨会于2012年5月9日至12日在意大利罗马举行。在该研讨会上,本书的许多贡献者有机会从互为补充的多个方面对这一专题进行了讨论。访问下列网址可以获得更多的补充信息:http://www.esf.org/hosting-experts/scientific-review-groups/physical-and-engineering-sciences-pen/activities/pesc-strategic-initiatives. html。

本书分为三个专题部分，分别是预备教程、不确定性管理手段与措施，以及方法与应用，上述三个部分分别包括3章、4章和4章，总计11章。每章都是对一个研究组联合协作工作成果的综合报告，并分别列出了各自的参考文献。

本书的第一部分专注于预备教程，第1章由 Russell C. H. Cheng 撰写，该章对最近一段时间在系统性能随机搜索优化中使用仿真，从而为制定时间敏感（Time – Critical）决策提供辅助的相关研究进行了综述，这些研究假定使用的仿真模型可以运行得足够快。第2章由 Gabriella Dellino、Jack P. C. Kleijnen 和 Carlo Meloni 撰写，是对基于元模型的稳健仿真优化方法的概述。该章对当前的最新技术进行了回顾，重点是使用元模型尤其是克里格插值（Kriging）来解决稳健性（Robustness）问题。第3章由 Leonidas Sakalauskas 撰写，其探讨了在随机均衡（Stochastic Equilibrium）问题研究中使用基于仿真的建模。

本书第二部分的关注点是仿真优化中的不确定性管理手段与措施。第4章由 Thomas Bartz – Beielstein、Christian Jung 和 Martin Zaefferer 撰写，描述了处理不确定性时才用的序贯参数优化（Sequential Parameter Optimization）方法，还讨论了如何将这些方法应用到现实案例中。第5章由 Bertrand Iooss 和 Paul Lemaître 撰写，对全局敏感性（Global Sensitivity）分析方法进行了全面而详细的综述。第6章由 Saverio Giuliani 和 Carlo Meloni 撰写，研究了带有不确定性的优化模型、基于活动的成本管理（Activity – Based Costing，ABC）和企业基于资源的视角（Resource – Based View，RBV）之间的相互关联。第7章由 Piergiuseppe Morone 和 Valentina Elena Tartiu 撰写，分析了不同类型的不确定性将会如何影响生物基产品（Bio – Based Products）市场中决策的质量，如何影响这一市场的进一步发展，以及更为普遍地说，如何影响向生物经济（Bio – Based Economy）的转变。

本书的第三部分针对的是方法与应用。第8章由 Giampaolo Liuzzi、Stefano Lucidi 和 Veronica Piccialli 撰写，本章深入讨论了基于仿真的复杂系统的全局优化方法。第9章由 Mieke Defraeye 和 Inneke Van Nieuwenhuyse 撰写，对具有时变到达率的排队系统（Queueing System）中的移位调度（Shift Scheduling）问题的仿真优化。第10章由 Ebru Angün 撰写，描述了如何利用多级随机优化模型来对灾害预防（Disaster Preparedness）和短期响应规划（Short – Term Response Planning）问题求解。第11章由 Annalisa Cesaro 和 Dario Pacciarelli 撰写，要解决的是在维修时间很长、同时具有严格的服务约束（Service Constraint）的条件下，如何在具备完全共享（Complete Pooling）的单级库存系统（Single Echelon Inventory

System)中配置昂贵备件的问题。

编者对欧洲科学基金会给予此出版项目的支持表示感谢。特别要感谢 C. D. Tardini – NPO 基金会(意大利罗马)为相关的研讨会和后续活动提供场地与组织协作。还要感谢所有为此出版项目提供支持、建议和投稿的人,尤其感谢提交最新研究成果的作者和罗马研讨会的与会人员(包括未能以本卷作者形式出现的那些人)。我们深深地感谢作者们,能够容忍我们为了达到斯普林格出版社"运筹学/计算机科学交叉学科系列丛书"所需的严格科学标准,而反复提出的改进和修改要求。我们也衷心感谢审阅者为了帮助提升本书的品质而付出的时间和精力。同时,还要感谢本系列图书的主编——Ramesh Sharda 教授和 Stefan Voss 教授,支持我们的出版项目。在此一并感谢斯普林格出版社编辑和管理人员所提供的长期帮助。我们希望本书中所包含的章节,可以激励在仿真优化领域中不断发展的进一步研究,并有助于解决新的具有挑战性的问题。最后,感谢所有在毫不知情的情况下支持我们编撰工作的人们:那些永远站在我们身后的家人和朋友。

Gabriella Dellino
Carlo Meloni
2015 年 5 月
于意大利巴里

作者简介

Ebru Angün,自 2004 年开始就职于土耳其伊斯坦布尔的加拉塔萨雷大学(Galatasaray University)工业工程系,现任运筹学(Operations Research)副教授。2008 年 9 月至 2009 年 9 月,她在美国佐治亚理工学院(Georgia Institute of Technology)工业和系统工程系担任访问学者。她于 1995 年在伊斯坦布尔科技大学(Istanbul Technical University)获得工业工程专业的学士学位,1998 年在土耳其海峡大学(Bogazici University)获得工业工程专业的硕士学位。她于 2000 年进入荷兰蒂尔堡大学(Tilburg University)开始博士研究,于 2004 年获得博士学位。她的研究方向是灾难管理、物流和医疗中的随机优化(如基于仿真的优化、随机规划和受概率约束的优化)与应用。她在《工程与信息科学中的概率》(Probability in the Engineering and Informational Sciences)、《欧洲运筹学期刊》(European Journal of Operational Research)、《运筹学协会期刊》(Journal of the Operational Research Society)、《INFORMS 计算学期刊》(INFORMS Journal on Computing)以及《仿真建模实践与理论》(Simulation Modelling Practice and Theory)等期刊上发表了多篇论文。她是《欧洲运筹学期刊》《INFORMS 计算学期刊》《仿真建模实践与理论》以及《仿真》(Journal of Simulation)等刊物的审稿人。

Thomas Bartz – Beielstein,于 2006 年成为德国科隆应用科技大学(CUAS)的应用数学教授。从那时开始,他建立了一支具有国际地位和知名度的团队。他是智能计算+(Computational Intelligence Plus,CIPlus)研究中心的发言人,智能计算、优化和数据挖掘(Computational Intelligence, Optimization & Data Mining, CIOP)研究团队的带头人,以及 SpotSeven 团队(www.spotseven.de)的发起人。他的专长是对复杂的现实世界问题进行优化、仿真和统计分析。他是优化算法统计分析领域的学术带头人之一,还是序贯参数优化技术(Sequential

Parameter Optimization Technology，SPOT）的发明者和推动者。Thomas 在智能计算、优化、仿真和实验性研究方面发表了超过 100 篇学术论文。

Annalisa Cesaro，从意大利罗马第三大学（Roma Tre University）获得了计算机科学和自动化（运筹学）的博士学位。从 2010 年开始，她作为"数据管理·西班牙"（Data Management. spa）的研究人员，与罗马第三大学进行合作。现在，她是意大利国家统计研究所（Italian National Institute of Statistics）的技术专家。她的研究兴趣主要在于协作系统（Cooperative Systems）的战术和运行管理领域，既包括实体的物理资源，也包括虚拟的（网络）服务，用于设计和/或评估使用资源、计算机算法和技术的有效或最佳方式。她的主要实践应用领域包括备件管理、人口普查系统，以及人口登记和商业登记。

Russell C. H. Cheng，是英国南安普顿大学（the University of Southampton）的运筹学荣誉教授（Emeritus Professor）。他从英国剑桥大学（Cambridge University）获得了数理统计学的硕士学位，从英国巴斯大学（Bath University）获得了博士学位。他曾经担任英国仿真学会的主席，是皇家统计学会理事，数学与应用学会理事。他的研究兴趣包括仿真实验设计与分析，以及参数估计方法。他是美国管理会计师协会（Institute of Management Accountants，IMA）《管理数学期刊》（*Journal of Management Mathematics*）的联合编辑。他的电子邮件地址是 R. C. H. Cheng@ soton，网站地址是 www. personal. soton. ac. uk/rchc。

Mieke Defraeye，从比利时鲁汶大学（KU Leuven）运营管理研究中心获得了博士学位，于 2009 年在鲁汶大学获得商业工程专业的硕士学位。她的研究兴趣包括具有非固定到达时间的服务系统、不确定条件下的容量规划和调度，以及医疗保健领域的运营管理。

Gabriella Dellino，于 2005 年从巴里理工学院（the Polytechnic of Bari）的计算机科学工程专业毕业。2009 年，她获得了巴里大学（The University of Bari）的应用数学博士学位。在就读博士研究生期间，她还到荷兰蒂尔堡大学经济与管理学院（Tilburg School of Economics and Management）的经济研究中心（the Center for Economic Research，CentER）进行过访学。毕业以后，她加入了意大利锡耶纳大学（the University of Siena）的决策与管理方法研究组，然后于 2011 年成为位于意大利卢卡的高级研究院（Institute for Advanced Studies，IMT）的管理学助理教授。目前，她在意大利国家研究委员会（National Research Council）的马乌罗·皮科内(Mauro Picone)①应用计算研究所工作。这些年来,她参与了由学术机构和私有公司支持的多个国家级和国际研究项目,包括最近在福贾大学(University of Foggia)牵头的FP7 STAR*农业能源团队(FP7 STAR* AgroEnergy)研究项目中的合作。她的研究主要集中在为复杂系统的研究设计数学模型和计算机仿真模型,尤其关注元模型建模方法和不确定性管理。其最终目标是开发一套决策支持系统,为相关领域的管理者和利益相关者的决策制定过程提供支持。她所设计的方法框架的应用领域非常广泛,涵盖了工程、管理、经济及医疗等多个方面。根据这些研究活动,她发表了多篇国际期刊文章和专著。

Saverio Giuliani,于2001年毕业于意大利罗马第一大学(the Sapienza Universityof Rome)的统计与经济专业。他的研究生学习针对的是地域分析中的经济和统计问题,获得了管理会计专业的硕士学位。2010年,他在福贾大学获得了与立陶宛维尔纽斯技术大学(Vilnius Technical University)合作授予的经济与金融专业博士学位。他的职业生涯开始于2003年,担任针对管理会计、决策支持系统和医疗数据仓库方面的顾问。从2004年开始,他在意大利经济与金融部任职,主要工作是对公共行政机构的效能管理进行指导和监管。目前,他还在国家反贪局负责反贪策略和风险管理。他的专业研究兴趣包括基于活动的成本管理方法论(Activity – Based Costing Methodology)、效能管理、统计数据分析、随机规划和多条件优化。他在期刊和学术会议上发表过多篇文章。

Bertrand Iooss,于1995年在法国巴黎第七大学(University Paris Ⅶ)获得了金融统计和随机模型专业的硕士学位。然后,他于1998年在巴黎矿业学院(The Paris School of Mines)通过了地质统计学专业的博士论文答辩,论文是关于地震探查中波在随机介质中的传播问题。2000年至2002年,他在法国石油研究所的地球物理部担任研究工程师,主要研究波层析成像问题。2002年至2010年,他在法国原子能委员会卡达拉什中心的核能部担任研究工程师,主要负责采样策略和不确定性/敏感性分析方法的研发与安全应用。2009年,他在图卢兹大学(Toulouse University)获得了统计学的任教资格。从2009年开始,他担任了关于"计算机实验的随机方法"的法国研究团队CNRS的联合带头人(参见http://www.gdr – mascotnum.fr)。目前,他在法国电力公司(EDF)研发部工业风险管理部担任高级研究人员和项目负责人。他还是图卢兹第三大学(Université Paul Sabatier)图卢兹数学研究所的副研究员。他的研究兴趣涉及与

---

① 马乌罗·皮科内(Mauro Picone)是一位意大利数学家,以Picone恒等式、Sturm – Picone比较定理,以其名字命名创立的应用数据研究所而闻名。——译者

核工程和环境问题有关的计算机实验的设计、分析、建模和不确定性管理。

Christian Jung,德国科隆应用科技大学的博士研究生。他正在与多特蒙德工业大学(TU Dortmund University)合作进行他的博士研究工作。他的研究兴趣包括对复杂的现实问题的过程优化和建模。Christian 是从电气工程专业毕业,工作于西马克公司(SMS Siemag AG)。他于 2011 年加入了 SpotSeven 团队。Christian 具有仿真和工业优化方面的良好基础与出色的编程能力。

Jack P. C. Kleijnen,荷兰蒂尔堡大学仿真和信息系统专业荣誉教授。在那里,他同时还是蒂尔堡经济与管理学院管理系和经济研究中心运筹学团队的成员。他的研究主要关注于对使用仿真模型的实验进行统计设计和分析,广泛应用于包括管理和工程在内的众多领域。他是美国和欧洲多个机构的顾问,并是众多国际刊物编委会和科学委员会的成员。他在美国的大学和私有公司工作过多年,获得过多个国内和国际奖项,例如:2008 年荷兰女王册封他为荷兰狮子会骑士;2005 年,INFORMS 仿真协会授予他终身专业成就奖(Lifetime Professional Achievement Award, LPAA)。目前,他正在撰写《仿真实验设计与分析》(Design and Analysis of Simulation Experiments)的第二版,该书将于 2015 年由斯普林格出版社出版。他还指导了 Ehsan Mehdad 的博士论文,于 2015 年 4 月通过了学位论文答辩。他的电子邮件地址是 kleijnen@ tilburguniversity. edu,在 https://pure. uvt. nl/portal/en/persons/jack - pc - kleijnen(da721b00b03f - 4c42 - 98fe - 55e593f541a8)/publications. html 可以获得关于他著作的清单。

Paul Lemaître,于 2010 年在法国图卢兹的国家应用科学院获得了数学和建模专业的工程硕士学位,成为了一名统计建模工程师,并于同年在图卢兹大学获得了应用数学专业的科学硕士学位。然后,他于 2014 年在法国计算机学与自动化研究院(INRIA) ALEA 实验室通过了应用数学专业的博士论文答辩。他的博士研究也获得了法国电力公司研发部工业风险管理部的支持。该论文的主题:当相关利益的定量方法是二值的,也就是只关心被建模的系统失效或者不失效时,如何进行敏感性分析。他当前在法国里昂为一家新的初创公司冠西电子(CoSMo)工作,该公司的目标是为复杂系统建立一个预测性分析平台。他的研究兴趣包括数据挖掘、实验设计、代理建模(Surrogate Modelling)、优化和敏感性分析。

Giampaolo Liuzzi,于 1972 年出生于意大利罗马。他分别于 1997 年和 2001 年在意大利罗马第一大学获得了计算机工程硕士学位(成绩优异)和运筹学博士学位。从 2010 年开始,他担任国家研究委员会(National Research Council, CNR)系统分析和计算机学研究所"安东尼奥·卢贝蒂"所(IASI)的研究科学家。他在国际期刊上单独或合作发表了约30篇文章。

Stefano Lucidi,于1980年在意大利罗马第一大学获得了电子工程专业的硕士学位。1982年至1992年,他在意大利国家研究委员会的计算机系统分析研究所担任研究员。1985年9月至1986年5月,他是位于美国麦迪逊的威斯康星大学数学研究中心的荣誉研究员。1992年至2000年,他担任罗马第一大学的运筹学副教授。从2000年开始,他担任罗马第一大学的运筹学终身教授。他负责教授运筹学和工程管理中的全局优化方法。他隶属于罗马第一大学计算机控制与管理工程系"安东尼奥·卢贝蒂"所。他的研究兴趣主要集中在非线性优化方法的定义、研究和应用上。由他的研究工作产生了在国际期刊上出版的78篇文章和国际书籍中收录的20篇文章。

Carlo Meloni,意大利巴里理工学院(The Politecnico di Bari)系统工程和优化专业的助理教授。他的主要研究和专业兴趣是优化、仿真以及其他运筹学/管理学方法的理论和应用。他参与了意大利教育、大学和研究部(Italian Ministry of Education, University and Research, MIRU)、学术机构、研究中心、公司以及其他营利和非营利机构提出的众多研究项目。他在多次国际会议上展示过自己的成果,并在多本国际期刊和论文集里发表了文章。Carlo Meloni是意大利运筹学会(Italian Society of Operations Research, AIRO)、运筹学与管理科学协会(Institute for Operations Research and the Management Sciences, INFORMS)以及国际仿真数学和计算机协会(International Association for Mathematics and Computers in Simulation, IMACS)的成员。他还参与了欧洲运筹学协会(The Association of European Operational Research Societies, EURO)多个工作组的活动。目前,他是意大利国家高等数学研究所(Istituto Nazionale Di Alta Matematica, INDAM)F.塞梵瑞(F. Severi)研究所和国家研究委员会应用计算研究所(Istituto per leApplicazioni del Calcolo)的研究人员。他和Gabriella Dellino一起因为组织了2012年5月14日在罗马举行的欧洲科学基金会"复杂系统仿真优化中的不确定性管理算法与应用"战略协调会,而受到了欧洲科学基金会的表彰。

Piergiuseppe Morone,意大利罗马大学在线大学智慧联盟大学(Unitelma Sapienza University)的经济学教授。他于1999年在英国苏塞克斯大学(Sussex University)获得了发展经济学专业的硕士学位,并于2003年在该校科技政策研究所(SPRU)获得了科技政策专业的博士学位。他的研究方向包括知识经济学与创新经济学、行为经济学和生态经济学。他在多本国际期刊上发表过文章,最近正在编辑一本有关知识、创新和国际化的书。

Dario Pacciarelli,罗马第三大学工程学院的运筹学教授。他感兴趣的领域涉及对资源的有效利用、计算机算法和离散优化。他的主要成果是对规划和调度问题的启发式算法与精确算法的设计、分析和评估，这些问题包括铁路交通的实时控制、机场供应链管理、空中交通管理和制药行业的生产调度。他在顶级国际期刊(包括《运筹学》(Operations Research)、《运输科学》(Transportations Science)以及《运输研究 – B》(Transportations Research Part B))、图书和会议论文集上单独或合作发表了超过 80 篇文章。

Veronica Piccialli，于 1975 年出生于意大利那不勒斯。她分别于 2000 年和 2004 年在意大利罗马第一大学获得了计算机工程专业的硕士学位(成绩优异)和运筹学博士学位。2006 年，她在加拿大滑铁卢大学(The University of Waterloo)组合数学与优化系开展博士后研究工作。从 2008 年开始，她在罗马第二大学(Tor Vergat)工程中心担任助理教授，负责教授管理工程优化。2013 年，她获得了副教授的国家科学资格(The National Scientific Qualification)。她在国际期刊上发表和联合发表了 16 篇文章，为国际出版的有关书籍完成了 2 章内容的撰写。

Leonidas Sakalauskas，立陶宛维尔纽斯大学数学与信息学院运筹学分部的带头人。他从 20 世纪 80 年代开始投身科学工作，在科学杂志上发表了大约 250 篇学术文章。他负责超过 20 个科学会议和研讨会的主要组织工作，并担任了第 25 届 EURO 会议"连接科学的运筹学"(OR Connecting Sciences)的主席，该会议于 2012 年 7 月 8 日至 11 日在立陶宛维尔纽斯举行，吸引了超过 2000 名与会者。

Valentina Elena Tartiu，总部位于意大利南部福贾大学的跨学科研究组织 STAR*农业能源团队(STAR* Agro Energy Group)的研究员，目前正在研究基于生物质(Biomass)的可再生资源(Renewable Resource)的新价值链(如生态废物流的稳定措施)及其在生态经济大潮中所扮演的角色。她于 2011 年在布加勒斯特经济大学(The Bucharest University of Economic Studies)获得了管理学博士学位。她的研究兴趣跨越复杂系统的数学建模和可持续问题，尤其是关于可持续的废物管理、可持续性转变和环境行为学。

Inneke Van Nieuwenhuyse，比利时鲁汶大学运营管理研究中心的副教授。她的研究兴趣包括运营管理，尤其是随机制造和服务系统的设计与分析。她参与了针对工业和咨询公司以及医院的应用研究项目。她的工作成果主要发表于《欧洲运筹学期刊》(European Journal of Operational Research)、《国际工业工程师学会期刊》(IIE Transactions》和《生产经济国际期刊》(International Journal of Production Economics)。

Martin Zaefferer，科隆应用科学大学（Cologne University of Applied Sciences，CUAS）的博士研究生。他正在和多特蒙德工业大学合作开展他的博士研究工作。他在科隆应用科学大学研究电气工程，专注于自动化，于2010年毕业获得学位。Martin从2009年开始在SpotSeven团队工作。2010年至2012年，他就读自动化和IT工程专业的硕士。他的优秀毕业论文获得了工业领域多个公司（科隆酿造啤酒（Erzquell Brewery），Ferchau工程公司和Aggerverband公司）的奖励。他的研究兴趣包括智能计算、知识发现的应用以及序贯参数优化。Martin具有丰富的R语言和Matlab编程经验。

目录

第一部分 预备教程

第1章 采用实时仿真为时间敏感的决策制定提供支持 / 003

1.1 简介 / 003
1.2 优化和随机搜索 / 005
    1.2.1 经典优化和组合优化 / 005
    1.2.2 随机搜索优化 / 006
1.3 完全正态模型 / 008
    1.3.1 搜索点具有高维特征时的随机搜索优化 / 008
    1.3.2 估计 $X_{(1)}$ / 009
1.4 拟合完全正态模型 / 010
    1.4.1 估计 μ、ω^2 和 σ^2 / 010
    1.4.2 一个实际的随机搜索优化过程 / 011
1.5 消防服务示例 / 011
    1.5.1 消防应急覆盖 / 011
    1.5.2 "覆盖调动"问题 / 012
    1.5.3 覆盖调动问题的实时分析 / 013
1.6 偏正态模型 / 016
    1.6.1 估计偏正态模型中的 μ、ω 和 σ / 016
    1.6.2 感兴趣量的置信区间 / 018

1.6.3　拟合度检验　　　　　　　　　　　　　　　／020
 1.7　组合优化问题　　　　　　　　　　　　　　　　／020
 1.8　结论　　　　　　　　　　　　　　　　　　　　／024
 参考文献　　　　　　　　　　　　　　　　　　　　　／024

第 2 章　基于元模型的稳健仿真优化概述　　　　　　／026

 2.1　简介　　　　　　　　　　　　　　　　　　　　／026
 2.2　通过不确定集进行稳健数学规划　　　　　　　　／027
 2.3　稳健优化：田口方法及其扩展　　　　　　　　　／028
 2.4　使用克里格元模型进行稳健仿真优化　　　　　　／036
 2.5　库存仿真优化实例　　　　　　　　　　　　　　／041
 2.6　结论与未来研究　　　　　　　　　　　　　　　／048
 参考文献　　　　　　　　　　　　　　　　　　　　　／049

第 3 章　基于仿真的随机均衡建模　　　　　　　　　／054

 3.1　简介　　　　　　　　　　　　　　　　　　　　／054
 3.2　假设和符号定义　　　　　　　　　　　　　　　／055
 3.3　搜索随机纳什均衡　　　　　　　　　　　　　　／058
 3.4　通过重要性抽样进行双层随机规划　　　　　　　／062
 3.5　使用 CVaR 进行随机规划　　　　　　　　　　　／066
 3.6　讨论和结论　　　　　　　　　　　　　　　　　／072
 参考文献　　　　　　　　　　　　　　　　　　　　　／072

第二部分　不确定性管理手段与措施

第 4 章　使用序贯参数优化进行不确定性管理　　　　／077

 4.1　简介　　　　　　　　　　　　　　　　　　　　／077
 4.2　序贯参数优化变型　　　　　　　　　　　　　　／079
　　4.2.1　序贯参数优化工具箱简明教程　　　　　　／079
　　4.2.2　序贯参数优化工具箱运行中使用的元模型　／080
 4.3　不确定性处理方法　　　　　　　　　　　　　　／082
　　4.3.1　锐化　　　　　　　　　　　　　　　　　／082

	4.3.2　最优计算量分配	/ 083
4.4	实验	/ 085
	4.4.1　目标函数	/ 085
	4.4.2　实验前的计划	/ 087
	4.4.3　结果:随机森林	/ 088
	4.4.4　克里格法	/ 090
	4.4.5　协同克里格法	/ 091
	4.4.6　对实验结果的讨论	/ 092
4.5	现实世界的例子:厚钢板宽度的大幅度减少	/ 093
	4.5.1　钢热轧处理	/ 093
	4.5.2　建模	/ 094
4.6	结论	/ 095
参考文献		/ 096

第5章　全局敏感性分析方法综述　　/ 099

5.1	简介	/ 099
5.2	筛选方法	/ 102
5.3	重要性测度	/ 104
	5.3.1　基于线性模型分析的方法	/ 104
	5.3.2　方差的函数分解:Sobol 指标	/ 106
	5.3.3　其他测度	/ 109
5.4	对敏感性的深入探索	/ 109
	5.4.1　图形化和平滑方法	/ 110
	5.4.2　基于元模型的方法	/ 111
5.5	结论	/ 113
参考文献		/ 116

第6章　优化模型和不确定性、ABC 以及 RBY 之间的联系　　/ 122

6.1	简介	/ 122
6.2	不确定性条件下的数学建模	/ 123
	6.2.1　数据驱动的模型	/ 123
	6.2.2　聚合水平	/ 124
	6.2.3　不确定性的来源	/ 125

    6.2.4　情景规划　　　　　　　　　　　　　　　　　　/ 126
    6.2.5　在不确定性条件下制定决策　　　　　　　　　　/ 128
    6.2.6　随机规划概述　　　　　　　　　　　　　　　　/ 129
    6.2.7　随机规划问题的公式化　　　　　　　　　　　　/ 130
6.3　基于活动的成本核算　　　　　　　　　　　　　　　　/ 131
    6.3.1　一般概念　　　　　　　　　　　　　　　　　　/ 131
    6.3.2　方法　　　　　　　　　　　　　　　　　　　　/ 132
    6.3.3　信息收集过程　　　　　　　　　　　　　　　　/ 134
    6.3.4　ABC 矩阵　　　　　　　　　　　　　　　　　　/ 135
    6.3.5　与优化模型的联系　　　　　　　　　　　　　　/ 136
6.4　面向企业基于资源的视角　　　　　　　　　　　　　　/ 137
    6.4.1　概述　　　　　　　　　　　　　　　　　　　　/ 137
    6.4.2　主要概念　　　　　　　　　　　　　　　　　　/ 138
    6.4.3　资源的分类　　　　　　　　　　　　　　　　　/ 139
    6.4.4　战略规划和基于活动的成本核算之间的联系　　　/ 139
    6.4.5　与优化模型的联系　　　　　　　　　　　　　　/ 140
6.5　随机规划、ABC 和 RBV 的联系　　　　　　　　　　　/ 143
6.6　结论　　　　　　　　　　　　　　　　　　　　　　　/ 146
参考文献　　　　　　　　　　　　　　　　　　　　　　　/ 147

第7章　应对复杂系统中的不确定性
——案例研究：从城市生物废物处理获得生物基产品　　　/ 150

7.1　简介　　　　　　　　　　　　　　　　　　　　　　　/ 150
7.2　关于复杂系统中的不确定性和风险　　　　　　　　　　/ 151
    7.2.1　定义风险和不确定性：调查前言　　　　　　　　/ 151
    7.2.2　超越风险与不确定性：模糊性与无知　　　　　　/ 153
    7.2.3　应对复杂创新系统中的不确定性　　　　　　　　/ 153
7.3　可持续性转型：设定分析框架　　　　　　　　　　　　/ 155
    7.3.1　问题概述　　　　　　　　　　　　　　　　　　/ 155
    7.3.2　四维转型框架　　　　　　　　　　　　　　　　/ 156
7.4　评估可持续性转型中的不确定性：生物基生产案例　　　/ 158
7.5　结论和进一步的发展　　　　　　　　　　　　　　　　/ 165
参考文献　　　　　　　　　　　　　　　　　　　　　　　/ 166

第三部分 方法与应用

第 8 章 基于仿真的复杂系统的全局最优化方法 / 171

8.1 简介 / 171
8.1.1 基于种群的算法 / 172
8.1.2 多起点类型算法 / 173
8.1.3 基于分区的算法 / 173
8.2 基于仿真的应用 / 174
8.2.1 蛋白质结构排列 / 174
8.2.2 核磁共振成像 / 175
8.2.3 船体设计 / 178
8.2.4 引力探测 / 179
8.2.5 问题建模与约束处理 / 182
8.3 基于种群的算法 / 183
8.4 模拟退火型算法 / 187
8.5 基于填充函数的算法 / 190
8.6 基于分区的算法 / 193
8.7 结论 / 197
参考文献 / 198

第 9 章 具有时变到达率特性的人员行程安排:仿真最优化应用 / 201

9.1 简介 / 201
9.2 问题设置和符号表示 / 202
9.3 性能度量和容量规划的含义 / 205
9.4 方法论 / 208
9.4.1 性能评估 / 208
9.4.2 启发式方法:两步顺序法 / 209
9.4.3 分支定界法 / 210
9.5 数值结果 / 213
9.6 结论 / 217
附录 轮班说明 / 217
参考文献 / 218

第10章 面向短期灾难管理问题的随机双动态规划解决方法 / 224

10.1 简介 / 224
10.2 数学公式 / 227
10.3 随机双动态规划算法 / 231
    10.3.1 后向传播 / 232
    10.3.2 前向传播 / 234
10.4 备灾和短期救济分配问题 / 236
10.5 结论与未来研究 / 249
参考文献 / 250

第11章 面向服务约束条件下的单级库存管理分配最优系统 / 252

11.1 简介 / 252
11.2 符号和假设 / 254
11.3 多维马尔可夫模型 / 256
11.4 问题描述 / 259
11.5 问题结构 / 261
11.6 解决方案 / 266
    11.6.1 上界计算 / 266
    11.6.2 分支定界算法 / 268
11.7 维护性机场保障应用背景下的案例研究 / 269
11.8 结论 / 273
参考文献 / 274

术语表 / 276

第一部分
预备教程

第1章

采用实时仿真为时间敏感的决策制定提供支持

Russell C. H. Cheng

1.1 简 介

本章讨论随机搜索优化(Random Search Optimization,RSO),这种优化使用一个仿真模型来探索特定复杂系统的不同运行方式,以期找到运行该系统的较好方法。在很多情况下都可以用这样的方式来使用计算机仿真模型。例如Mousavi等[1]对医疗和制造行业出现的案例进行了研究,Huang等[2]描述了在管理地面运输系统时使用仿真来评估系统的性能。

很多决策制定问题都可以约简为优化问题,其目标是找到运行该系统的良好方式。这类问题的一种表现形式是系统性能可以体现为一组连续变化的决策参量的光滑函数,而要解决的问题就是找出这些决策参量的恰当取值,让系统性能达到最佳。这种表现形式本质上就是经典优化问题。另一种表现形式为系统的运行方式是有限的,但是其运行方式数量众多,而且明显是非连续变化的,这时要解决的问题就是选择较好的,如果可能选出最佳的系统运行方式。在后一种表现形式中,不同运行方式的数量可能是组合增长的,此时我们要面对的就是组合优化(Combinatorial Optimization)问题。两种表现形式之间的差异在特定的情形下可能不太明显。

Cheng在文献[3-6]中对两种类型的问题进行了讨论,不过都假定可以使用仿真程序来分析系统的不同运行方式。Cheng所考虑的案例比较的是随机选

Russell C. H. Cheng,英国南安普顿大学数学院。

择的不同运行方式,然后通过仿真运行来了解系统在每一种方式下的运行情况,以找出哪种方式是最佳的。本章对文献[3,5]中讨论的方法进行了概述,文献[3]使用了简单的基于完全正态分布(Full Normal Distribution)的统计模型来代表仿真运行的输出,文献[5]使用偏正态分布(Partial Normal Distribution)模型。在可以使用类似的正态统计模型时,对输出的统计分析相对简单,而且在可用的前提下这一模型的实现也相对容易。

假设研究的目标是在给定的性能度量(Performance Measurement)下找出待研究的系统在哪种方式下运行可以获得更好的系统性能。简而言之,假设采用的性能度量是成本,那么理想的结果就是将成本最小化。如果无法将它最小化,至少要找到一个运行方案,让成本在它可能的取值范围中相对较小。

如果完全依靠随机搜索的结果来决定系统的运行方式,最自然的做法就在随机选择用于考虑的做法中选择与最低的性能度量相对应的那种。使用搜索点(Search Point)或设计点(Design Point)来表示我们所控制的用来决定系统特定运行方式的控制参量的特定取值。随机搜索就是在一组随机选定的设计点中进行的搜索,使用 $W_{(1)}$ 来表示在这些设计点上获得的最佳性能度量值。将在1.2 节给出对术语和注记的完整定义,不过在本节就会开始使用它们。

随机搜索优化具有两个令人感兴趣的方面:一是用于进行随机搜索,从而确定 $W_{(1)}$ 的实验性过程;二是确定系统的性能与所得到解的实际符合程度,通常涉及计算这一取值的置信区间(Confidence Interval,CI)。

前文引用 Cheng 的文章对这两个方面都进行了讨论。在第一个方面,他关注的是如何在随机搜索优化过程中对所进行搜索的点数以及在每个点上所做的仿真工作之间取得最佳的平衡。第二个方面 Cheng 也进行了讨论,包括如何使用以计算机密集型方法为主的手段来计算类似于置信区间之类问题的运算量。我们都将对这两个方面进行讨论,不过本章的主要关注点在于如何通过使用正态或偏正态随机分布模型来简化令人感兴趣的第二个方面的考虑。为此,我们特别讨论了两种情形:第一种情形,通过仿真运行估计出的性能度量是正态分布的随机量(Random Variable);第二种情形,性能度量值是偏正态分布的,即它的分布不完全是正态的,但是它取值范围较低,也就是我们更希望得到的取值范围的分布状态,与正态分布的左侧曲线很接近。第二种情形具有更为普遍的适用性,但是对它进行分析的技术难度更高;而如果可以适用第一种情形,采用与之对应的分析方法则更为合适。

对于完全正态分布的情形而言,针对输出结果的分析可以进行得足够快,而不会导致计算时间呈现出显著的增加。这样,如果仿真运行的执行速度很快,就有可能足够快地对系统性能完成基于仿真的评估,从而为实时决策提供支持。下文将给出在消防救援服务中处理大量事件(Large Incident)的真实例子。

1.2 节将概括性地说明随机搜索优化过程;1.3 节将讨论使用完全正态分布来表示随机搜索优化过程得到的输出;1.4 节将展示如何使用正态模型来拟合随机搜索优化所获得的结果;1.5 节将说明消防救援服务在处理大量事件时遇到的"覆盖调动"(Cover Moves)问题,并使用完全正态分布来对随机搜索优化在这一问题中的输出进行分析;1.6 节将讨论偏正态分布;1.7 节使用这一模型来处理旅行商问题(Travelling Salesman Problem,TSP);1.8 节给出了一些结论。

1.2 优化和随机搜索

1.2.1 经典优化和组合优化

首先考虑确定性情形下的优化。使用 $J(\theta)$ 表示系统性能度量值。假设它是向量 θ 的连续函数(Continuous Function),而 θ 是 d 维的连续决策变量,可以从 R^d 的紧致域(Compact Region) Θ 中进行选择。我们要寻找令 $J(\theta)$ 最小化的 θ,为此,将期望性能的最小值表示为

$$\delta = \min_{\theta \in \Theta} J(\theta) \tag{1.1}$$

只考虑该期望值位于紧致域 Θ 的内点 θ_{min} 的情形。在经典优化中,假定 $J(\theta)$ 是光滑的,从而可以在 θ_{min} 的邻域中用 θ 的二次函数(Quadratic Function)进行逼近。这样就很容易建立起数值搜索算法的汇聚特性(Convergence Property)。

而在组合优化问题中,仍然可以使用 $J(\theta)$ 来代表系统性能度量值,其中,θ 是由 d 个决策变量构成的向量。但是,此时 θ 的分量不再是连续的而是离散的。一个简单但是典型的例子是 $d=1$,此时 θ 表示决定系统性能的 N 个对象的排列(Permutation)。

Cheng[6]设想,在 d 取值较大而且可以使用正态统计分布来合理地表示仿真输出的变化特性时,经典优化理论的结果可能适用于某些组合优化问题。对组合优化问题的这种看法在目前还是推测性的,所以暂时还不准备尝试建立严

格的理论来支持这一想法。但是,在一个真实的应用案例中,数值实例确实在一定程度上显示了使用正态统计模型的有效性。

接下来对随机搜索优化的公式化处理,是基于Cheng[6]所给出的结果。

1.2.2 随机搜索优化

假定域 Θ 中包含 $\theta_{\min}$,可以将随机搜索看作探索该域的一种简单方法。即使我们的问题原本是确定性的,这一做法也让问题变成了随机性的。Cheng[4]中考虑的随机搜索问题的统计模型,使用仿真运行来探索 $J(\theta)$ 的特性。首先假设按照如下的方式和过程进行随机搜索。该过程并不是我们要详细讨论的搜索过程的最终版本,但是可以作为起步点。

首先对 θ 抽样得到 m 个相互独立的值:

$$\theta_1, \theta_2, \cdots, \theta_m \tag{1.2}$$

将这些取值称为搜索点或者设计点,$\theta \in \Theta$ 且具有密度为 $g(\theta)$ 的连续分布。采用一般的密度函数而不是从均匀分布(Uniform Distribution)进行抽样,以便根据先验信息将抽样集中在 Θ 中更有希望的区域。

然后,对于每一个 θ_i 进行 n 次仿真运行,每次都运行预先确定的固定的标准长度 t。我们不准备讨论每次运行是如何进行的。例如,如果每次运行都要求进行一段时间的预热,就假定已经考虑并进行了相应的处理。如果可以使用的总时间允许进行最多 c 次仿真运行,就有

$$c = n \cdot m$$

成立。

可以将性能度量值记为 $J(\theta) = \mu + X(\theta)$,其中 μ 是一个待定义的常量,$X(\theta)$ 是由决策量 θ 决定的那部分取值。将 $J(\theta_i)$ 和 $X(\theta_i)$ 分别记为 J_i 和 X_i。需要注意的是,由于 θ_i 是随机抽样得到的,所以 J_i 和 X_i 也是随机变量。在后续的讨论中,在将 J 和 X 看作 θ 的确定性函数时,会使用 $J(\theta)$ 和 $X(\theta)$;而当把 J 和 X 看作式(1.2)中的随机抽样值 θ_i 得到的随机变量时,就使用 J_i 和 X_i 进行表示。常量 μ 可以看作随机变量 J_i 的均值,而 X_i 具有均值 $E(X_i) = 0$ 的特性。

当使用仿真来评估系统性能时,还要考虑一个额外的随机变量。这是因为在每一次仿真运行中,即使 θ 被看作固定的取值,运行过程通常都会涉及随机的改变,因此观察到的性能度量值 $J(\theta)$ 会包含随机误差(Random Error)。假定从仿真运行中观察到的性能度量值具有的形式为

$$Y_{ij} = \mu + X_i + \eta_j + \varepsilon_{ij} \quad (i = 1, 2, \cdots, m; j = 1, 2, \cdots, n) \tag{1.3}$$

在式(1.3)中，即使 θ 的取值是固定的，也对一次仿真运行中的两个随机"误差"量进行了区分。假定 ε_{ij} 为随机误差，完全独立于从所有不同的设计点和重复运行中独立抽样得到的数据。假设 ε_{ij} 的均值为 0、方差为 σ^2。η_j 是使用通用数(Common Number)得到的随机误差。假设 z_j 是在给定的设计点上第 j 次运行时使用的一组随机数，并假设同一组数用于所有 m 个设计点的第 j 次运行，也就是说，集合 z_j 包含了对所有设计点的第 j 次运行所通用的随机数。这样，不管使用的设计点是哪一个 θ_i，它们都会在仿真输出中产生相同的随机误差 η_j。

在每个设计点 θ_i 处观测值的均值为

$$W_i = n^{-1} \sum_{j=1}^{n} Y_{ij} = \mu + X_i + n^{-1} \sum_{j=1}^{n} \eta_j + n^{-1} \sum_{j=1}^{n} \varepsilon_{ij} \quad (1.4)$$

$$= \mu + X_i + \bar{\eta} + \zeta_i, \quad i = 1, 2, \cdots, m$$

其中，平均误差 ζ_i 的均值为 0，而方差为

$$\text{var}[\zeta_i] = \sigma^2/n = \sigma_n^2 \quad (1.5)$$

式中包含下标 n，是为了提醒大家记住方差 $\text{var}[\zeta_i]$ 与 n 相关。

使用随机数值的效果是给所有的 W_i 都增加相同的随机误差 $\bar{\eta}$。在对不同的 W_i 进行比较时，可以看到使用随机数值的好处，就是随机误差 $\bar{\eta}$ 被抵消掉了。

式(1.4)表明，随机搜索优化过程中存在由搜索产生的变化 X_i 以及由仿真产生的变化 ζ_i 两种变化因素，而后者独立于前者。分别使用 $F_X(\cdot)$ 和 $F_\zeta(\cdot)$ 来表示 X_i 和 ζ_i 的累积分布函数(Cumulative Distribution Function, CDF)，使用 $f_X(\cdot)$ 和 $f_\zeta(\cdot)$ 来表示它们的概率密度函数(Probability Density Function, PDF)。

为了便于讨论，不妨假设观测值 W 是有序排序好的，即

$$W_{(1)} < W_{(2)} < \cdots < W_{(m)}$$

很自然地，是将与 W_i 的最小观测值 $W_{(1)}$ 所对应的决策 θ_i 作为已搜索的点中最好的结果。值得注意的是，由于

$$W_{(1)} = \mu + X_{(1)} + \bar{\eta} + \zeta_{(1)} \quad (1.6)$$

其中包含了随机误差 ζ_1，因此有可能它所对应于 $W_{(1)}$ 而得到的实际性能 $X_{(1)}$，在考察过的决策中并不是最佳的。由于无法对 $X_{(1)}$ 进行直接的观测，对它的分布进行预测估计是很有价值的。我们的目标之一就是说明如何完成这一操作。此外，了解能否以足够快的速度完成这一操作，从而在时间敏感的决策制定过程中获得它也是非常有意义的。1.3 节将讨论一个能够让我们完成这些

操作的统计模型。

1.3 完全正态模型

1.3.1 搜索点具有高维特征时的随机搜索优化

在 $X(\boldsymbol{\theta})$ 位于 $\boldsymbol{\theta}_{\min}$ 附近时是 $\boldsymbol{\theta}$ 的二次函数这一经典假设下[6-7]，$W_{(1)}$ 具有最小方差的条件为

$$m \sim rc^{d/(d+4)}, n \sim r^{-1}c^{4/(d+4)} \tag{1.7}$$

式中：$c \to \infty$；r 为一个任意的固定正常数。

根据这一结果可以得出，随着 $d \to \infty$，在单个搜索点 $\boldsymbol{\theta}_i$ 上开展运行所花费的时间越来越少；而增加搜索点数量 m，则花费的时间将越来越多。如果令 $r=1$，显然，对于 d 取值很大的情况，最好不要在单个 $\boldsymbol{\theta}_i$ 上重复运行，而是应该简单地取 $n=1$。但是，有些重复方法允许从对每个特定 $\boldsymbol{\theta}_i$ 的重复观察值来计算方差，从而简化了对 σ^2 的估计。

在获得了式(1.4)中的观测值后，再将它们拟合到一个统计模型中。

在为式(1.4)中的观测值设定统计模型时，W_i 刚好表现为 X_i、ζ_i 以及实际上是常数的 $\mu + \bar{\eta}$ 三个量的和。这样，用 $F_X(\cdot)$ 来表示 X 的分布，用 $F_\zeta(\cdot)$ 来表示 ζ 的分布。W 的分布就是这两个分布的卷积再加上那个常数。对于 d 很大的情形，并不需要为 d 指定确切的值，而是假设 X 的分布符合中心极限定理(Central Limit Theorem)，也就是说，它是符合渐近正态分布的。而且只考虑误差是正态分布的情况。于是，W 的分布也是正态的。Cheng[6]中讨论了当 $d \to \infty$ 时，对 W 的正态性假设成立的条件。假设这里的讨论符合这些条件，从而 X_i 是正态分布的，也就是满足下式的假设下，对 W 的表现特性进行讨论：

$$X_i \sim N(0, \omega^2) \tag{1.8}$$

式中：ω 是未知的，有待估计。

在设定了模型运行中的随机变化导致的随机仿真误差 ε_{ij} 的分布后，就完成了观测值式(1.3)或式(1.4)的统计模型。简单地假设它也是正态分布的，即

$$\varepsilon \sim N(0, \sigma^2) \tag{1.9}$$

式中：σ 是未知的常数。

总而言之,对本章的其他部分,做出如下假设:
假设 A
(1)随机搜索优化用于解决的问题中,每一个搜索点 $\boldsymbol{\theta}_i$ 均具有很高的维度。
(2)所观察到的(Observed)性能度量(Performance Measure)的表达形式为

$$Y_{ij} = \mu + X_i + \eta_j + \varepsilon_{ij} \quad (i=1,2,\cdots,m; j=1,2,\cdots,n) \tag{1.10}$$

式中:$X_i \sim N(0,\omega^2)$ 和 $\varepsilon_{ij} \sim N(0,\sigma^2)$ 相互独立,所以式(1.4)中定义 W_i(依赖于 $\bar{\eta}$ 的条件分布)的形式为

$$W_i = \mu + \bar{\eta} + X_i + \zeta_i \sim N(\mu + \bar{\eta}, \psi^2) \tag{1.11}$$

其中

$$\psi^2 = \omega^2 + n^{-1}\sigma^2 \tag{1.12}$$

为什么这个假设中没有涉及 δ,也就是式(1.1)中给出的 $J(\boldsymbol{\theta})$ 的最小值。这种情况只在 $d\to\infty$ 时才会出现。一个解释是,当 $d\to\infty$ 时,X_i 倾向于正态分布,对它的下限也就是 δ 的估计,将会越来越不稳定,也越来越不可靠。这时,比较好的做法就是用式(1.8)来代表 X_i 的分布,然后估计出该式的一个低分位数(Quantile),来代替估计出的 δ。下面会考虑采用这种方法来进行估计。

$$\delta_q = \mu + z_q\omega \tag{1.13}$$

式中:z_q 是标准正态分布的 q 分位数,如 $q=0.05$。这样,估计出 μ 和 ω 就可以得到 δ_q。

1.3.2 估计 $X_{(1)}$

前文已经讨论过,随机搜索优化中令人感兴趣的是 $X_{(1)}$,也就是式(1.6)中给出的 $W_{(1)}$ 作为最佳搜索点被选中时系统未观测到的实际性能,除了获得 $X_{(1)}$ 本身,估计出它的分布同样很有价值。在1.3.1节提出的假设 A 的条件下,当 X_i 和 ζ_i 是相互独立的正态分布时,可以按照以下方式计算 $F_{X_{(1)}}(\cdot)$。

由于式(1.10)中的 μ 是常数,而 $\bar{\eta}$ 也是常数,只需要关注 $Z_i = X_i + \zeta_i$,也就是 W_i 的随机部分,然后考虑 Z_i 的最小值 $Z_{(1)}$ 在每个给定的 i 处出现的概率以及出现的方式。对于给定的 i,假设 $X_{(1)} = X_i$。基本的条件参数公式为

$$\Pr(X_{(1)} = X_i, X_i > x) = \int_{-\infty}^{\infty}\left\{\int_{-\infty}^{z-x} f_X(z-u)f_{\zeta}(u)[1-F_Z(z)]^{m-1}\mathrm{d}u\right\}\mathrm{d}z$$

这样,由于任意一个 i 被选中的可能性都相等,可得

$$\Pr(X_{(1)} < x) = F_{X_{(1)}}(x)$$
$$= 1 - m \int_{-\infty}^{\infty} \left\{ \int_{-\infty}^{z-x} f_X(z-u) f_\zeta(u) \left[1 - F_Z(z)\right]^{m-1} \right\} dz \tag{1.14}$$

以及

$$f_{X_{(1)}} = m \int_{-\infty}^{\infty} f_X(x) f_\zeta(z-x) \left[1 - F_Z(z)\right]^{m-1} dz \tag{1.15}$$

在假设 A 的条件下,式(1.14)和式(1.15)中使用的都是正态分布,只依赖于方差参数 ω 和 $\sigma/\sqrt{n}$。因此,只要估计出了这两个量,就可以根据式(1.14)和式(1.15)使用数值求积(Numerial Quadrature)方法估计出 $X_{(1)}$ 的累积分布函数和概率密度函数。1.4 节将讨论如何在假设 A 的条件下对参数 μ、ω 和 σ 进行估计。

1.4 拟合完全正态模型

1.4.1 估计 μ、ω^2 和 σ^2

首先考虑估计这些参数的基本过程。假设随机搜索优化的观测值具有式(1.3)的形式。将 Y_{ij} 和 X_i 改成小写,以便记住在实际观测中它们是变量值。

通过让式

$$S = \sum_{i=1}^{m} \sum_{j=1}^{n} (y_{ij} - \mu - x_i - \eta_j)^2 \tag{1.16}$$

所示的平方和最小化,可以估计出 x_i 和 η_j,其约束条件为

$$\sum_{i=1}^{m} x_i = \sum_{j=1}^{n} \eta_j = 0 \tag{1.17}$$

从而可以得到估计值为

$$\hat{\mu} = (nm)^{-1} \sum_{i=1}^{m} \sum_{j=1}^{n} y_{ij} \tag{1.18}$$

$$\hat{x}_i = n^{-1} \sum_{j=1}^{n} y_{ij} - \hat{\mu}, \quad i = 1, 2, \cdots, m \tag{1.19}$$

$$\hat{\eta}_j = m^{-1} \sum_{i=1}^{m} y_{ij} - \hat{\mu}, \quad j = 1, 2, \cdots, n \tag{1.20}$$

对 $\mathrm{var}[X_i] = \omega^2$ 的估计为

$$\hat{\omega}^2 = m^{-1} \sum_{i=1}^{m} \hat{x}_i^2 \tag{1.21}$$

而对方差 $\mathrm{var}[\varepsilon_{ij}] = \sigma^2$ 的估计为

$$\hat{\sigma}^2 = (nm)^{-1} \sum_{i=1}^{m} \sum_{j=1}^{n} (y_{ij} - \hat{\mu} - \hat{x}_i - \hat{\eta}_j)^2 \tag{1.22}$$

1.4.2 一个实际的随机搜索优化过程

当观测值具有式(1.4)的形式时,基本随机搜索优化过程就不是很令人满意了。因为,此时希望 n 尽可能小,也就是最好令 $n=1$;但是,这时就无法对 σ 进行估计,因此也不能根据式(1.14)和式(1.15)估计出 $X_{(1)}$ 的分布。为解决这种情况,建议采用一个两步骤的实际处理过程来实现随机搜索优化。

步骤1:获得 σ^2 的估计值。对于选定个数的初始搜索点,如 $m = m_1$ 个,采用 $n > 1$,如 $n = n_1 = 5$,来进行随机搜索优化;然后根据式(1.22)估计出参数 σ。

步骤2:使用 m_2 个搜索点适当地进行随机搜索优化,此时令 $n = n_2 = 1$;然后使用 $m = m_2$ 和 $n = 1$,根据式(1.18)~式(1.21)估计出参数 ω。

1.5 消防服务示例

本例来源于 Cheng[3]。为了节省读者去获取该文章并了解细节的时间,在此对它的主要特性进行介绍。本例取自一个非常具体的真实应用,该应用是基于为英国政府社区与地方政府部(UK Government Department of Communities and Local Government,DCLG)的消防服务应急覆盖(the Fire Service Emergency Cover,FSEC)部门所做的工作。

1.5.1 消防应急覆盖

英国的地区消防局(Regional Fire Brigade)使用一种设计精巧的专业化工具,通过全面、系统的方式对报警事件的相关数据进行收集和分析。这些信息用于规划和为英国政府提供运行统计信息。消防局管理层已经意识到,可以使用这些数据来为日常管理决策提供支持。

令人感兴趣的问题在于,有没有可能开发一个运行得足够快的仿真模型来对风险进行实时的评估?如果能够建立这样的模型,就有可能作为运筹工具部署下去,为消防局指挥官应对真实事件提供实时建议。

对这个模型而言,它的运行速度是其实用性的决定性因素。在例子中使用的离散事件仿真(Discrete Event Simulation, DES)模型是非常详细的,可以在3s内对一年的运行过程进行仿真。

1.5.2 "覆盖调动"问题

一个让人特别感兴趣的运行问题就是"覆盖调动"问题。该问题出现在消防局要处理重大事件(需要大量的,如8台以上的消防设备来解决的事件)时。事件总指挥通常会重新配置少量不参与该事件的消防车的位置,以便让整个地区其他区域的风险最小化,这一问题即"覆盖调动"问题。在这里可以对风险进行清楚的定义。采用预期死亡率(在重大事件期间给定时间段内的预期死亡人数)作为性能度量值。为了简化后续讨论,将其称为(观测到的)死亡人数(Fatality Count)。

选择有价值的覆盖调动组合是一个组合优化问题的例子。通常,不总是在实时条件下确定出最佳的解决方案,真正要解决的问题是能否找到一个值得采取的行动方案。

首先考虑可能获得的覆盖调动方案的类型。在一个典型的重大事件例子中,考虑要从位于11个消防站的16辆消防车辆中选择3辆进行覆盖调动。这3辆车要移动到6个为处理该重大事件提供车辆的消防站之中的3个站。通过简单的组合计算就可以知道一共有25800种不同的覆盖调动组合。实际上,在运作层面上可以排除大部分的组合形式,所以这个例子中需要认真考虑的只有230种组合。

对覆盖调动问题有一个严格的(政策规定的)运行要求,那就是必须在知晓重大事件发生后的1min内找到解决方案。

在例子中如果对时长1年的运行情况进行仿真,那么在可用的1min内就只能够运行20次仿真。但是,如果每次只仿真时长2个月的运作,仿真模型就可以运行120次。由于这里的举例只是用于讨论,实际上对前述所有的230种覆盖调动组合均进行了时长为2个月的仿真。这也提供了一个指标,可以用来衡量我们所提出的实时方法,在这个特定的例子中表现如何。图1.1给出了在230种组合条件下观测到的死亡人数 Y_i。

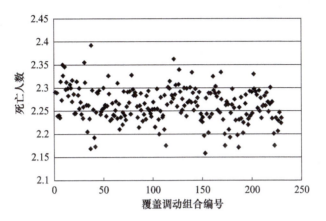

图 1.1　230 种覆盖调动组合的死亡人数

在没有重大事件发生的情况下,仿真运行得到的死亡人数是 2.108 人。该数据远远低于发生重大事件时的死亡人数,即使进行了覆盖调动也是如此。发生重大事件但是不进行覆盖调动的情况下,一次仿真运行得到的死亡人数是 2.278 人,低于很多采取了覆盖调动时的死亡人数。这表明覆盖调动很有可能会导致负面效果。

1.5.3　覆盖调动问题的实时分析

采用 1.4.2 节中给出的方法来分析覆盖调动问题。

在随机搜索优化过程的步骤 1 中,采用 $m_1=5$ 和 $n=4$。图 1.2 给出了该步骤得到的 20 个观测值,图中的水平刻度对应于观测到的死亡人数。每一次重复运行得到的 5 个观测值①为一组,画在一条水平线上,每条线代表一次重复运行。可以看到,在每组结果之间其横向位置有显著的变化,这是式(1.10)中 η_j 的变化导致的;但每一组内点的排列顺序是很相似的,因此可以知道,它们的排序主要是由式(1.10)中的 X_i 决定的,而 ε_{ij} 的影响相对而言要小很多。

根据式(1.22)可以用这些测量值估计出 σ,即
$$\hat{\sigma}=0.00622$$

对于随机搜索优化过程的步骤 2,设置 $m_2=100$,$n=1$。得到的观测值对应于图 1.1 中的前 100 个值。这组结果中的最小值是第 37 个值,结果是 2.168。

---

①　5 个观测值对应于 5 种方案。——译者

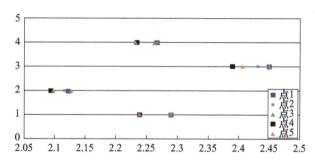

图1.2 建议的随机搜索优化过程20次仿真运行得到的死亡人数[①]

应注意,与后续的覆盖调动组合相比,前100个值并不是一组很好的结果;但是在时间敏感的情况下,只做了100次观测,所以当然无法知道这种情况。那么,使用这100个观测值拟合出的随机搜索优化模型,所得到的估计值为

$$\hat{\mu} = 2.267, \quad \hat{\omega} = 0.0372$$

使用这些值可以根据式(1.14)或式(1.15)计算 $X_{(1)}$ 的分布。只使用了步骤2得到的测量值,所以这里的 $n=1$,$\mathrm{var}[\zeta_i] = \sigma^2/n = \sigma^2$。按照辛普森法则,适当选取被积函数不可忽略的积分范围,对式(1.15)进行简单积分,通过数值方法得到拟合出的概率密度函数。式(1.15)表明,$X_{(1)}$ 的分布只与 X_i 和 ζ_i 相关,而这两者的期望值都是0。因此,如果要计算的是死亡率,需要给概率密度函数加上总体均值 $\hat{\mu} = 2.267$。图1.3显示了对应于随机搜索优化过程步骤2中观察数量 $m_2 = 100$ 的情况下,概率密度函数的表现形式。图中的横轴是死亡人数,图中的纵轴与横轴相交的位置是 $x = 2.278$,对应于向重大事件派出车辆后不采取覆盖调动时的死亡人数。这一数字也就是死亡人数的平衡点,即若行动方案有效,$X_{(1)}$ 就必须小于此数字。就像大家所希望的那样,$X_{(1)}$ 的概率分布的主体显然位于该值的左侧(也就是小于该值)。但是,在 $x = 2.278$ 右侧仍然存在少量概率分布。这意味着,随机搜索优化估计确定的最佳值,大于该平衡点的取值,也就是选出的最佳方案仍然是负面方案的可能性,这也是不容忽视的。

图1.4显示了随机搜索优化过程步骤2在观测数目 $m_2 = 100$ 的条件下,观测到的死亡人数的经验分布函数(Empirical Distribution Function,EDF),以及拟合出的累积分布函数。后者由式(1.11)和式(1.12)根据 $\hat{\mu} = 2.267$,$\hat{\omega} = 0.0372$ 和 $\hat{\sigma} = 0.00622$ 得到。虽然拟合结果在总体上是合理的,但是在左侧尾部的效果是最差的,而这很可能对估计出的 $X_{(1)}$ 的分布产生最大的影响。然而,在对

---

① 图上不同的点对应不同方案。——译者

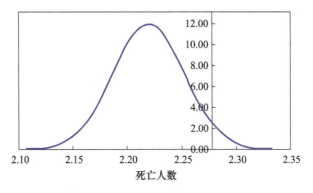

图1.3 在1min内做出决策的限制条件下,对 $X_{(1)}$,即随机搜索优化找出的覆盖调动组合的预期死亡人数概率分布的估计

注:横坐标轴和纵坐标轴相交处,对应于发生重大事件但不采取覆盖调动时的死亡人数。

选定的覆盖调动方案是否具有一定的益处的可能性进行评估时,这种拟合不良似乎没有影响。这显然是由具有一定有益效果的搜索点决定的。如图1.4所示,这类搜索点的比例大约是总数的60%。拟合出的累积分布函数在 x 的取值上准确地和这一比例相匹配。我们怀疑,很可能无论 $X_{(1)}$ 的概率密度函数的真实形状是什么样的,图1.4中的概率密度函数在 $x=2.278$ 左侧的面积都会非常接近真实的 PDF 在 $x=2.278$ 左侧的面积。

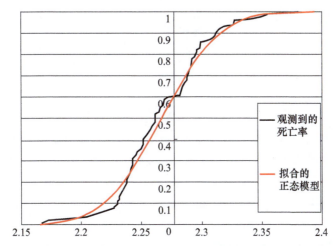

图1.4 随机搜索优化过程步骤2在 $m_2=100$ 的条件下的观测值经验分布函数,以及拟合出的分布的概率密度函数

注:横坐标轴和纵坐标轴相交处,对应于发生重大事件但不采取覆盖调动时的死亡人数。

本章其他部分将讨论只使用偏正态分布表示 X 分布的情况。

1.6 偏正态模型

下面讨论只能使用正态模型的左侧部分来近似 X_i 分布的情况。为简单起见，只考虑未使用通用随机数，因此式(1.3)中的所有运行都相互独立的情形。于是有

$$Y_{ij} = X_i + \varepsilon_{ij}, i=1,2,\cdots,m; j=1,2,\cdots,n \quad (1.23)$$

式中不再需要 η_j 项。在式(1.23)中略微改变了 X_i 的定义，以便让式(1.3)中出现的 μ，现在是 X 的均值，也就是 $E(X) = \mu$。那么，观测到的平均观测值为

$$W_i = n^{-1}\sum_{j=1}^n Y_{ij} = X_i + n^{-1}\sum_{j=1}^n \varepsilon_{ij} = X_i + \zeta_i, \quad i=1,2,\cdots,m \quad (1.24)$$

做出下面的假设：

假设 B

将式(1.24)中给出的观察到的平均观测值按照大小顺序排序，$W_1 < W_2 < \cdots < W_m$。对于给定的 m，假设可以找到 $0 < \rho < 1$，得到排序观测值子样本集为

$$W_1 < W_2 < \cdots < W_v \quad (1.25)$$

式中

$$v = \lfloor m\rho \rfloor \quad (1.26)$$

子集中的每个观测值具有

$$W_i = X_i + \zeta_i \quad (1.27)$$

的形式。式中 $X_i \sim N(\mu, \omega^2)$，$\zeta_i \sim N(0, \sigma^2/n)$，两者相互独立。所以有

$$W_i \sim N(\mu, \psi^2) \quad (1.28)$$

和式(1.12)中一样，$\psi^2 = \omega^2 + n^{-1}\sigma^2$。

接下来两小节将展示如何在假设 B 的条件下，对参数 μ、ω 和 σ 进行估计。

1.6.1 估计偏正态模型中的 μ、ω 和 σ

下面考虑对假设 B 中给出的偏态模型的参数 μ、ω 和 σ 进行估计。

最简单的做法是先独立于 μ 和 ω 估计出 σ。由于在每个搜索点上都进行

了重复的观测,可以采用一个便捷而相当有效的估计方法来获得 σ^2,即

$$\hat{\sigma}^2 = m^{-1} \sum_{i=1}^{m} (n-1)^{-1} \sum_{j=1}^{n} (X_{ij} - \bar{X}_i)^2 \quad (1.29)$$

式中

$$\bar{X}_i = n^{-1} \sum_{j=1}^{n} X_{ij}$$

假设 $\hat{\sigma}$ 如式(1.29)所示,并使用假设 B,可以对子样本集使用最大似然(Maximum Likelihood,ML)法,估计出其他两个参数 μ 和 ω。这种方法可以用于估计金融投资组合(Financial Portfolio)的风险价值[8]。假设样本集 W 是有序的,即 $W_1 < W_2 < \cdots < W_m$,并如式(1.26)设定 $v = \lfloor m\rho \rfloor$。显然,随着 $m \to \infty$,W_v 在概率上接近通过式(1.28)得到的分布的 ρ 分位点。这样,需要对 $m^{-1/2}$ 进行排序,当 m 很大时,在概率上有

$$\Phi((W_v - \mu)/\psi) = \rho$$

即

$$\mu = W_v - z_\rho \psi \quad (1.30)$$

式中:z_ρ 是标准正态分布的第 ρ 个分位点;$\psi = \sqrt{\omega^2 + n^{-1}\hat{\sigma}^2}$。

在该条件下,对数似然值可以表示为

$$L(\mu, \omega | \hat{\sigma}) = -\frac{v}{2}\log(2\pi) - v\log\psi - \frac{1}{2\psi^2} \sum_{i=1}^{v} (W_i - W_v - \psi z_\rho)^2, \quad \psi \geq \hat{\sigma} \quad (1.31)$$

在此情况下可以明确地获得 ψ 的最大似然估计值,即

$$\hat{\psi} = \max\{2^{-1}(W_v - \bar{W})\{[z_\rho^2 + 4(1 + s_W^2/(W_v - \bar{W}))]^{1/2} - z_\rho\}, n^{-1/2}\hat{\sigma}\} \quad (1.32)$$

μ 的最大似然估计值为

$$\hat{\mu} = W_v - z_\rho \hat{\psi} \quad (1.33)$$

由此可以估计出 X 的分布的概率密度函数为

$$F_X(x | \hat{\mu}, \hat{\omega}) = \Phi[(x - W_v + z_\rho \hat{\psi})/\hat{\omega}] \quad (1.34)$$

式中:$\hat{\omega} = \sqrt{\hat{\psi}^2 - n^{-1}\hat{\sigma}^2}$,要求 $\hat{\psi} > \hat{\sigma}$。$\hat{\psi} \leq n^{-1/2}\hat{\sigma}$ 的情况表明,式(1.5)中误差项的方差很大,以至于完全掩盖了性能度量值的方差的影响。在此情况下,整个搜索的结果很可能是值得怀疑的。

如何选取 ρ 取值也值得慎重考虑:取值过大,可能导致拟合不佳,因为并不能保证 X_i 在其分布的整个范围内都具有正态性;取值过小,又可能导致估计算子(Estimator)的计算效率和准确性出现不必要的损失。为此,采用了一个简单

的办法来解决这一问题,就是对一组 ρ 值进行模型拟合,在这个例子中 ρ 为 $0.1,0.2,\cdots,0.9$,然后从中选择估计值具有合理稳定性的 ρ 值。

1.6.2 感兴趣量的置信区间

在1.7节将要展示的数值例子中将考察三个特别令人感兴趣的量的分布特性,其中前两个量如下:

(1) $\hat{\delta}_q = \hat{\mu} + z_q\hat{\omega}$,即式(1.13)给出的对 δ_q 的估计。

(2) W_1,即式(1.25)中观测到的平均性能度量值的最小值。

使用参数自举法(Parametric Bootstrap)来考察 $\hat{\delta}_q$ 和 W_1 的分布特性,从而评估它们作为 δ_q 和 δ 的估计算子的有效性。Cheng[9]对该方法进行了举例说明,他隐含的思想是,如果与式(1.23)给出的原始观测值 X_i 和 ε_{ij} 的分布有关的假设是正确的,那么 $F_X(\cdot|\hat{\mu},\hat{\omega})$ 和 $N(0,\hat{\sigma}^2)$ 应该可以分别很好地近似于这两个分布。

这里需要做一个近似,在参数自举法中使用完全正态分布 $N(\hat{\mu},\hat{\omega}^2)$ 来代替 $F_X(\cdot|\hat{\mu},\hat{\omega})$。严格来说,应该对这一近似进行严谨的证明,以表明这样做是对式(1.25)的自举形式子样本集(Subsample)分布的合理近似。然而,这一证明还有待完善。但是我们认为,在极限条件下在 σ 与 ω 相比较小时这一近似处理是成立的。因为式(1.25)中 X_i 的抽样值是来自 X 的分布的正态部分,所以自举的子样本集也会具有适当的分布特性。因此,可以使用这些估计出的正态分布来进行自举抽样,从而生成 B 个参数自举(Bootstrap,BS)副本(Replicate):

$$\{Y_{ij}^*(k) = X_i^*(k) + \varepsilon_{ij}^*(k), i=1,2,\cdots,m, j=1,2,\cdots,n\}, \quad k=1,2,\cdots,B$$
(1.35)

式中: $X_i^* \sim N(\hat{\mu},\hat{\omega}^2)$, $\varepsilon_{ij}^* \sim N(0,\hat{\sigma}^2)$,上角标 $*$ 表示使用的是自举方法获得的量。

式(1.35)中 B 个参数自举副本中的每一个都具有在分布特性上大致与式(1.25)相对应的子样本集。这样,对于 $t = \hat{\delta}_q$ 或者 $t = W_1$,本来应该从式(1.23)中的原始观测值进行计算,现在也可以用式(1.35)中的自举副本来计算得到,t 的 B 个自举值为 $t:\{t^*(k), k=1,2,\cdots,B\}$。在相当普遍光滑(Fairly General Smoothness)条件下[10],从该自举样本得到的经验分布函数是对 t 的概率密度函数的一致估计(Consistent Estimate)。因此,可以使用自举样本来为未知待估计的 δ_q 或者 δ 的真值构建一个置信区间。

在下一节的数值例子中,$\{t^*(k), k=1,2,\cdots,B\}$ 样本是扭曲的、有偏的。

使用的置信区间是基于文献[11]描述的传统正态置信区间,但是对它进行了简单的修正来容许 $t^*(k)$ 样本中的非对称性。令 $\{t^*(k), k=1,2,\cdots,B\}$ 代表该自举样本,并令 $\bar{t}^*$ 表示从该自举样本中获得的自举样本均值。假设样本是有序的,并定义 B_1 为区分 $t^*(k) \leq \bar{t}^*(k=1,2,\cdots,B_1)$ 和 $\bar{t}^* < t^*(k)(k=B_1, B_1+1, \cdots, B)$ 的下标。令

$$s_1^2 = \sum_{i=1}^{B_1}(t^*(k)-\bar{t}^*)^2/(B_1-1), \quad s_2^2 = \sum_{i=B_1+1}^{B}(t^*(k)-\bar{t}^*)^2/(B-B_1-1)$$

则提出的 $100(1-p)\%$ 置信区间,具有上、下限为

$$(t^{*L}(p), t^{*U}(p)) = \bar{t}^* \pm z_{p/2}s \tag{1.36}$$

式中:$z_{p/2}$ 为 $N(0,1)$ 分布的上 $p/2$ 分位点;s 为 s_1 和 s_2 中较大的值。

接下来考虑另外一个具有重要实际意义的量:

(3) $X_{(1)}$,即选中对应于 W_1 的搜索点、作为最佳方案时,实际获得的性能度量值。将其表达为

$$W_1 = X_{(1)} + \zeta_1 \tag{1.37}$$

在 $X_{(1)}$ 的下标中使用括号,以提醒它与 W_1 对应的真实性能度量值,可能并不是随机搜索优化考察的所有搜索点上得到的最低的真实性能度量值。

$X_{(1)}$ 并不是通过真实的随机搜索优化过程观察得到的,可以根据模型对这个取值进行估计,但是过程相当复杂。因此,使用自举样本均值对它进行估计:

$$\bar{X}_{(1)}^* = B^{-1}\sum_{k=1}^{B}X_{(1)}^*(k) \tag{1.38}$$

在这种情况下,可以根据式(1.36)直接计算置信区间,不过现在 t^* 代表 $X_{(1)}^*$,正如前述的情况下,$t^* = \hat{\delta}^*$ 和 $t^* = W_1^*$。即使在真实的随机搜索优化过程中,$X_{(1)}$ 未知的条件下,这种情况也是可能的,因为通过自举过程产生了式(1.35)中所有的 $X_i^*(k)$ 和 $\varepsilon_{ij}^*(k)$,使得它们都成为已知量。

这里出现了一个有趣的问题:当 $t^* = X_{(1)}^*$ 时,式(1.36)得到的区间是哪个未知量的置信区间?它可以被看作 $E(X_{(1)})$ 的置信区间;但真正感兴趣的量是实际上未知的 $X_{(1)}$,如果以不很常规的方式将式(1.36)看作 $X_{(1)}$ 的置信区间,可能将会更令人感兴趣;即使 $X_{(1)}$ 是随机的,也是如此。虽然在这里不详细地证明这一点,但是当式(1.35)中的自举观测值的分布趋向于原始观测值的分布时,这样做是合理的。在一定的正则条件(Regularity Condition)下,有

$$\Pr(s(p,\hat{\phi}_c) \leq X_{(1)} \leq t(p,\hat{\phi}_c)) \rightarrow 1-p \tag{1.39}$$

随着 $c \rightarrow \infty$ 概率为1,式中 $\hat{\phi}_c = (\hat{\mu}_c, \hat{\omega}_c, \hat{\sigma}_c)$,是来自 c 个观测的随机搜索优化

过程得到的估计值,$s(p,\varphi)$满足$F_{X_{(1)}}(s(p,\varphi)) = p/2$,而$t(p,\varphi)$满足$F_{X_{(1)}}(t(p,\varphi)|\varphi) = (1 - p/2)$。可以根据式(1.36)计算得到$X_{(1)}$的自举置信区间来估计后几个值。按照通常方式对式(1.39)进行反转(Inversion),可以得到$X_{(1)}$的置信区间。

1.6.3 拟合度检验

很显然,令人关注的问题是拟合出的X_i分布到底是不是正确的?如Cheng[9]所述,可以使用Anderson-Darling(AD)统计值A^2来进行检验。A^2的关键量是通过参数重抽样得到的,可以用于拟合度检验。唯一需要改变的是对AD统计值进行修改,让它可以应用于式(1.25)中的子样本集。与标准AD统计值[12]相似,将其定义为

$$A^2 = v \int_0^p \frac{(\hat{F}_W - \tilde{F}_W)^2}{\hat{F}_W(\rho - \hat{F}_W)} d\hat{F}_W \tag{1.40}$$

式中:$\hat{F}_W = F_W(\cdot|\hat{\mu},\hat{\omega},\hat{\sigma})$是拟合得到的分布;$\tilde{F}_W$是式(1.25)中的子样本集的经验分布函数。

将式(1.40)展开后,可得

$$A^2 = -\rho\left\{v - 1 + (v - 1)^{-1}\sum_{i=1}^{v-1}(2i - 1)[\log\hat{F}_i + \log(\rho - \hat{F}_i)]\right\} \tag{1.41}$$

式中:$\hat{F}_i = F_W(W_i|\hat{\mu},\hat{\omega},\hat{\sigma})$。

式(1.41)与式(1.40)相比,更容易用于数值计算。应注意,式(1.41)中的累加没有包含$\hat{F}_v$,因为式(1.30)中的条件要求$\hat{F}_v = \rho$。

1.7 组合优化问题

在1.6节中讨论的偏正态模型可能适用的情况之一是组合优化。在这样的问题中解集通常是离散的,但往往具有非常大的基数。从解集中随机搜索得到的点,可以得到一组目标函数值。这时可以用一个连续函数来逼近这些值的分布是合理的考虑或假设。通常不用考虑组合问题的维数。不过,即使能够确定问题的维数,通常也应该是非常巨大的。这些考虑表明,在假设B中给出的统计模型可能适用于这样的问题。本节将把1.6节所述的方法应用于包含一

个随机元素的旅行商问题。

表1.1给出了单位正方形中9个随机生成的点的x、y坐标。将一条巡回路线定义为从给定的点出发,遍历每个点一次又回到出发点。TSP就是要总找出长度X最短的巡回路线。在这个问题中假设采用欧几里得距离作为两点之间的距离。每条巡回路线都是9段距离之和。所以,虽然这样的问题通常没有明显的维度,但是将它看作起点固定,每条巡回路线都与8维空间中的一个点相联系也是合理的。因此,搜索空间中包含着$8!/2=20160$个不同的点,对应于9个原始点所构成的所有不同的巡回路线。这样,在这个问题的搜索空间中有数量合理的点,但是总量又足够小,可以计算出所有巡回路线的长度。

表1.1 旅行商问题的9个点的x、y坐标

x,y	x,y	x,y
0.685,0.991	0.195,0.462	0.656,0.664
0.083,0.964	0.540,0.360	0.054,0.831
0.287,0.111	0.673,0.600	0.095,0.206

为了简化表达,将所有巡回路线的长度都减去最短巡回路线的长度,这样转换后的最短路线长度对应于$x_{min}=0$。如果随机选择巡回路线,每条路线的可能性都相等,那么在这个随机搜索优化问题中,路线长度的分布就具有图1.5所示的概率密度函数。由图可以看到,即使在这样一个相对较小的例子中,分布左侧尾部的形状和正态分布的尾部相似。

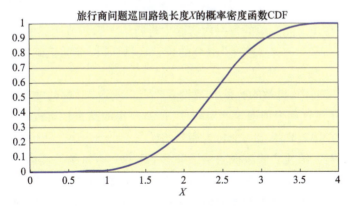

图1.5 假设旅行商问题中所有巡回路线被选中的可能性相等时,20160条路线的长度X_i的概率密度函数

注:所有路线长度都减去了最短路线的长度,所以此时的最短路线长度对应于$\delta=0$。

在我们的问题中,假设不能精确地计算路线的长度,而是带有标准正态误差。这样,此时观测到的路线长度如式(1.3)一样,具有 $\sigma = 1$。

共进行了 3 组元实验(Metaexperiment),每次采用的 c 值为 100、1000 和 10000,以便覆盖实际中 c 值可能取值的范围。每组元实验都由 100 次相互独立,但是其他方面都一样的实验组成。在每次实验中,使用上述 c 值之一进行一次 1.3 节所述的随机搜索优化过程。式(1.7)清晰地表明,当 d 很大时,取的 m 应该远大于 n。所以,取 $m = c/4$ 和 $n = 4$ 以提供 $3c/4$ 的自由度,以便按照 1.6.1 节所述对 σ 进行估计。

随机搜索优化过程产生了一组形如式(1.23)的观测值。在每个观测值中,X_i 是从 20160 条巡回路线中随机选择的,每条路线被选中的可能性都相等,而 ε_{ij} 都是标准正态随机量。然后拟合出假设 B 中的模型,并计算出 1.6.2 节中描述的三个感兴趣量 $\hat{\delta}$、W_1 和 $X_{(1)}$。

这样就得到了随机搜索优化的参数化自举抽样版本,按照 1.6.2 节所述,可以得到 $(\hat{\delta}^{*L}(p), \hat{\delta}^{*U}(p))$、$(W_1^{*L}(p), W_1^{*U}(p))$ 和 $(X_{(1)}^{*L}(p), X_{(1)}^{*U}(p))$ 三个 $100(1-p)\%$ 置信区间。这三个区间被当作 $\delta_{0.05}$ 置信区间,所以式(1.13)中 $q = 0.05$,$x_{\min}$ 分别为 0 和 $X_{(1)}$。使用 90% 置信区间,所以 $p = 0.05$。

在一个真正的随机搜索优化过程中这些数值都是未知的。但是,在我们的实验中这些数值都是已知的,其中 $\gamma = 0$,$\delta_{0.05} = 1.303$,而根据式(1.3)给出的观测很容易得到 $X_{(1)}$。因此,在三种情况下都可以检验置信区间是否覆盖了真值(True Value)。元实验只是将整个实验重复预定 N 次,从而允许根据每个置信区间覆盖真值的频度来估计它们的真实覆盖度。

我们还在每组元实验的每一次实验中进行了 1.3.2 节所述的拟合度测试,测试结果为"拒绝"或者"接受"拟合的统计模型,其标准为正确模型的接受概率为 90%。

在所有实验中,自举的数量 B 都设置为 100。元实验中的重复次数 N 也设置为 100。虽然这两个值取得相对较小,但是获得的结果也可以对该方法在多种条件下的总体表现给出一个相当清晰的视图。

表 1.2 对三组元实验获得的结果进行了汇总。对每组元实验,表中给出了用于拟合模型的样本占主随机搜索优化过程样本数的比例 ρ,以及模型没有被拟合度测试判定为拟合过差而拒绝的实验所占的比例 p_{GoF}。M 行和 SD 行分别是样本的均值和样本的标准差,可以用于估计对应量的真实表现。每次实验还为每个感兴趣量都产生了 100 个自举样本,从而可以得到对应的自举样本均值。对 100 次实验得到的每个感兴趣量的自举均值再次取均值,也就是一组元

实验中所有实验的所有自举样本的总均值,位于 BM 行。每次实验中,每个量的 100 个自举值也用于计算其 90% 的置信区间。记录下每次实验得到的置信区间的半宽(Half Width)可以得到 100 个半宽的样本。这些半宽的样本均值记录在 CI/2 行中。最后一行 PCI 给出了感兴趣量的真实值位于其置信区间内的实验在 100 次实验中所占的比例。

表 1.2 中的 p_{GoF} 值表明,实验中模型的拟合程度是令人满意的。

表 1.2 旅行商问题 c 取不同值的 3 组元实验的结果

	$c = 100$			$c = 1000$			$c = 10000$		
	m	ρ	p_{GoF}	m	ρ	p_{GoF}	m	ρ	p_{GoF}
	25	0.4	0.90	250	0.4	0.91	2500	0.2	0.92
	$\hat{\delta}_{0.05}$	W_1	$X_{(1)}$	$\hat{\delta}_{0.05}$	W_1	$X_{(1)}$	$\hat{\delta}_{0.05}$	W_1	$X_{(1)}$
M	1.140	0.726	1.286	1.330	0.178	1.022	1.318	−0.398	0.837
SD	0.422	0.396	0.417	0.120	0.306	0.404	0.036	0.251	0.388
BM	0.994	0.559	1.155	1.301	0.101	1.011	1.312	−0.446	0.660
CI/2	0.777	0.826	0.856	0.198	0.590	0.729	0.068	0.505	0.722
PCI	0.87	**0.61**	0.90	0.92	**0.99**	0.890	0.92	**0.74**	0.91

正如我们所期望的那样,M 行和 SD 行中的样本均值和样本标准差的精度随着 c 的增加而提高。

将 BM 行中的自举均值和 M 行的均值进行比较,可以在一定程度上表明自举过程的总体可靠性。$\hat{\delta}$ 和 W_1 的 BM 值并不让人特别感兴趣,因为在随机搜索优化过程中可以观测到这两个量的真值,即 M 行给出的值。而由式(1.38)给出的 $X_{(1)}$ 的 BM 值则更令人感兴趣,因为它是对真实 $X_{(1)}$ 值的点估计,在真实的随机搜索优化过程中是未知的。所以在我们的实验中,让人感兴趣的是它的均值与已知的真值对比。

对每个感兴趣的量,CI/2 行中给出的置信区间半宽是对其自举样本散布情况的直接度量。一般认为这个值应该大约是样本标准差的 2 倍,在大多数情况下确实如此。

表 1.2 中最让人感兴趣的是 PCI 值,它对每个量给出了观测到的真值的覆盖范围。用于计算置信区间的标称置信水平是 90%。$\hat{\delta}_{0.05}$ 和 $X_{(1)}$ 的 PCI 值看起来令人满意。而 W_1 的 PCI 值(表中加粗显示)表明,对真实的最小值 δ 而言 W_1 不是特别好的估计算子,它会在 m 较小时高估,而在 m 较大时低估。这种情况是在我们预料之中的,它表明用于估计 $X_{(1)}$ 的低分位数 $\delta_{0.05}$ 的方法是可行的。

1.8 结 论

本章着眼于使用完全正态统计模型和偏正态统计模型，以相对简单的方式对试图使用随机搜索优化(RSO)方法，提高系统性能时所获得的处理结果进行分析。随机搜索优化方法很容易实现，而且与建立仿真模型时和对系统性能进行初步评估时采用的初始探索性仿真运行相比确实有一些不同。

如果仿真模型的运行速度足够快，而且是用于提高系统的性能，那么在涉及对系统进行实时调整的场合就可以利用仿真模型整合成决策工具，以辅助该过程。

在实时条件下期望实现真正的系统最优化可能是不现实的。只要系统性能得到改善，就应该感到满意。通过随机搜索优化得到的用来运行真实系统的最佳方式，确实能够带来一定的改善。本章说明了如何计算一个概率分布，用来估计未知的真实系统按照随机搜索优化方法找到最佳方案运行时的可能表现。由于完全正态模型的计算速度很快，完全可以将之结合进实时决策制定过程，从而让人们了解随机搜索优化方法发现最佳方案运行时的可能表现。

可能有人会认为本章提出的正态模型在一般实际应用中的适用范围太窄。但是，正如本章的数值例子中所显示的，该方法已经足够稳健，能够清晰地表明是否值得采用随机搜索优化过程来进行优化处理。

使用自举，我们可以对感兴趣量的估计结果进行估计质量的度量。特别是，它不仅允许对选择观测到的最佳搜索点作为最佳方案时的实际性能 $X_{(1)}$ 进行估计，还允许对式(1.13)中给出的分位点 δ_q 进行估计；所有可能的解决方案点 θ 中，目标函数值低于(也就是好于) δ_q 的点所占的比例为 q。这样，通过对 $X_{(1)}$ 和 δ_q 的估计值进行比较，不仅可以给出通过搜索找到的目标函数的最优值，还可以说明该值的质量。

参考文献

[1] Mousavi, A., Komashie, A., Tavakoli, S.: Simulation-based real-time performance monitoring(SIMMON): a platform for manufacturing and healthcare systems. In: Jain, S., Creasey, R. R., Himmelspach, J., White, K. P., Fu, M. (eds.) Proceedings of the 2011 Winter Simulation Conference, IEEE, Piscataway, pp. 600-611(2011).

[2] Huang, Y. -L., Suh, W., Alexopoulos, C., Fujimoto, R., Hunter, M.: Statistical issues in adhoc simulations. In: Jain, S., Creasey, R. R., Himmelspach, J., White, K. P., Fu, M. (eds.) Proceedings of the 2011 Winter Simulation Conference, IEEE, Piscataway, pp. 612 – 624(2011).

[3] Cheng, R. C. H.: Determining efficient simulation run lengths for real time decision making. In: Henderson, S. G., Biller, B., Hsieh, M. -H., Shortle, J., Tew, J. D., Barton, R. R. (eds.) Proceedings of the 2007 Winter Simulation Conference, IEEE, Piscataway, pp. 340 – 345(2007).

[4] Cheng, R. C. H.: Simulation assisted optimization by random search. In: Kotiadis, K., Currie, C. S. M., Robinson, S., Taylor, S. J. E. (eds.) Proceedings of the 2008 Operational Research Society Simulation Workshop(SW08), OR Society, pp. 79 – 85(2008).

[5] Cheng, R. C. H.: Random search in high dimensional stochastic optimization. In: Johansson, B., Jain, S., Montoya – Torres, J., Hugan, J., Yücesan, E. (eds.) Proceedings of the 2010 Winter Simulation Conference, IEEE, Piscataway, pp. 1012 – 1023(2010).

[6] Cheng, R. C. H.: Fitting statistical models of random search in simulation studies. ACM Trans. Model. Comput. Simul. 23, 15(2013).

[7] Chia, Y. L., Glynn, P. W.: Optimal convergence rate for random search. In: Chen, C. -H., Henderson, S. G. (eds.) Proceedings of the 2007 INFORMS Simulation Society Workshop(2007).

[8] Pickands, J.: Statistical inference using extreme order statistics. Ann. Stat. 3, 119 – 131(1975).

[9] Cheng, R. C. H.: Validating and comparing simulation models using resampling. J. Simulat. 1, 53 – 63 (2006).

[10] Bickel, P. J., Freedman, D. A.: Some asymptotic theory for the bootstrap. Ann. Stat. 9, 1196 – 1217 (1981).

[11] Davison, A. C., Hinkley, D. V.: Bootstrap Methods and Their Application. Cambridge University Press, Cambridge(1997).

[12] Anderson, T. W., Darling, D. A.: Asymptotic theory of certain 'goodness of fit' criteria based onstochastic processes. Ann. Math. Stat. 23, 193 – 212(1952).

第2章

基于元模型的稳健仿真优化概述

Gabriella Dellino, Jack P. C. Kleijnen, Carlo Meloni

2.1 简 介

仿真优化过程的目的是通过利用系统本身的仿真模型进行评估,从而确定可以让系统性能达到最佳的输入参数。由于测量误差或者其他具体实现上的问题,仿真模型中涉及的参数往往是带有噪声的,这在决策过程中是无法控制或者改变的。而且,某些参数可能就是由环境决定的,而不是由管理者或者决策者来决定的。因此,通过仿真推定的最优方案,有可能是次优的甚至是不可行的。稳健优化(Robust Optimization)要解决的就是受不确定性影响而带来的问题,从而确保所提供的解决方案,在某种程度上,对于模型参数中存在的扰动(Perturbation)不敏感。

现已经有数种可选的方法用于在基于仿真的优化问题中,以获得稳健性,它们采用了不同的实验性设计(Experimental Design)和/或元建模技术(Meta-modeling Technique)。本章将对目前最先进的稳健优化方法进行综述,重点关注被仿真的系统。将2.2节对稳健数学规划(Robust Mathematical Programming)进行总结;2.3节讨论20世纪70年代提出的田口方法(Taguchi's Approach)及其扩展方法;2.4节考虑使用元模型来解决稳健性的方法,尤其是克里格法;2.5节通过一些经典库存模型(Inventory Model)的变型,来对由此产生的方法加以说明;2.6节做出结论,并进一步讨论未来的研究方向。

Gabriella Dellino,意大利国家研究委员会马乌罗·皮科内应用计算研究所。

Jack P. C. Kleijnen,荷兰蒂尔堡大学经济和管理学院信息管理系/经济研究中心。

Carlo Meloni,意大利巴里理工学院电气与信息工程系。

2.2 通过不确定集进行稳健数学规划

文献[6]提出的稳健优化方法,研究了选择不同的不确定集(Uncertainty Set)来对数据的不确定性进行建模,以描述优化问题中对应的稳健性相关部分的结构特点。特别是,他们的研究主要集中在为线性规划(Linear Programming, LP)、混合整数规划(Mixed Integer Programming, MIP)、二阶锥规划(Second Order Cone Programming, SOCP)和半定规划(Semidefinite Programming, SDP)问题建立稳健模型。对于这一大类问题,一个很基本的问题在于对应其经典最优解(Classic Optima)的解决方案的可行性。尤其需要应对的挑战是,在问题参数值为给定不确定集范围内的任意可能值时,都要保证能够满足约束条件(Constraint)。同时,对确定性问题和与其对应的稳健性问题的计算复杂度也进行了专题研究,以保证问题是处于计算上能够处理的范围内。

虽然这种方法具有很强的理论背景,但存在很多原因,仍然有一些实际问题不能应用该方法[11]。该方法最主要的缺点在于,它需要使用线性模型来对现实问题进行建模,该模型最多只带有二次曲线约束或二次项约束。而且,为了满足令该方法适用的各种假设,近似模型可能会变得非常复杂和难以管理。最后,如果不能通过数学表达式来定义目标函数(Objective Function),而是只能通过仿真来计算,那么将无法直接使用该方法。

Zhang[67]针对上述部分情况提出了一种数学构想,对 Ben-Tal 的方法进行了扩展,使其可以应用于参数化非线性规划(Nonlinear Programming),包括等式约束(Equality Constraint)和不等式约束(Inequality Constraint)条件。其中的不等式约束条件必须得到严格满足,称为安全约束(Safety Constraint)。Zhang 指出,他的方法尤其适用于对安全约束的满足至关重要的应用场合。但是,该稳健问题的构想假设前提是不确定参数的合理估计值可以获得,并且不确定参数的变化范围相对较小。Zhang 证明了在目标函数和不等式约束条件都是线性的,并且等式约束中不存在不确定性时,他的构想可以简化成 Ben-Tal 模型。无论如何,都需要进一步研究开发相关的算法,才能有效地解决他提出的构想。

Bertsimas 主要基于 Ben-Tal 方法提出了一种使用不确定集来解决随机动态优化问题的构想,该方法超越了一般的随机规划方法,不要求对随机参数的基本概率分布有完整的了解。Bertsimas 和 Sim[7]基于线性规划和混合整数规划提出了一种稳健优化方法,来寻找随机需求(Stochastic Demand)条件下对供应链的最优控制策略。他们的方法以确定性的形式结合了需求的随机性,对需求的随机分布特性没有任何特定的假设要求。他们首先给出了一个用于简单的单站无容量限制条件下的稳健模型,然后对订单和库存两侧均引入容量限制,最后对供应链网络进行了考虑。数值实验表明,如果需求分布只有均值和方差是已知的,与标准优化方法或者是假设完全了解需求的分布特性但假设有误的方法相比,该稳健方法通常均可以取得更好的结果。他们还证明了标准的供应链问题和与之对应的稳健问题,在复杂性(Complexity)上是相当的,稳健模型不会受到"维数灾难"(Curse of Dimensionality)的影响。该方法可以保证,只要发生变化的系数的数量小于某个预定的值,得到的稳健解就是可行的;而且,如果变异系数(the Coefficient of Variation)影响了更多的因素,他们也从概率的角度,保证了所得到的解具有高度的可行性。文献[8-9]中都应用了该方法。

文献[10]提出了一种方法来解决特定类型的稳健优化问题。该类问题中没有明确可用的目标函数,但是可以从仿真模型中推导出来。为此,采用了迭代式局部搜索方法(Iterative Local Search Method),沿着最差情况下成本函数的下降方向移动。该方法的第一步是探索当前点的(恰当定义的)邻域,然后通过解决二阶锥规划(SOCP)问题,得到目标函数在该点的下降方向(Descent Direction)。稳健局部搜索被设计为在稳健的局部极小值(Local Minimum)处终止,该极小值就是按照该种算法、没有可以对其进行性能提升的方向的点。

2.3 稳健优化:田口方法及其扩展

在20世纪70年代末,日本纺织工程师田口玄一提出了提高质量的新思想,引出了可以减少产品和流程变化的创新性参数设计方法[61]。他的方法已经在美国成功应用于许多重要行业,如福特汽车公司和施乐。

田口认为,在设计过程中存在三个阶段:①系统设计(System Design),是用于设计一个流程的一般方法,包括定义系统的目标和目的;②参数设计(Parameter Design),包括定义感兴趣的响应并根据其均值和方差进行优化;③容差设计(Tolerance Design),通过控制影响上一个阶段优化过的变量因素,对其进行微调。

值得注意的是,后两个阶段看起来可能会非常相似,所以要区分它们可能会比较困难[11]。实际上,从数学的角度来看,参数设计和容差设计只是在对设计参数进行处理时的粒度(Granularity)有所区别。另外,从实践的角度出发,区分这两个阶段非常重要,因为它们可能是在区别相当大的约束条件下进行的,如一个针对设计时,另一个针对运行时。田口重点关注参数设计,他在设计一个产品或流程时将相关因素区分成两类:

(1)控制或决策因素,是指用户可以控制的(采用 $d_j(j=1,\cdots,n_d)$ 来表示)。例如,在库存管理中订货量可能是可控的。

(2)噪声或环境因素,是指在流程运行或使用产品时不能被控制的(采用 e_k $(k=1,\cdots,n_e)$ 来表示)。例如,库存问题中的需求率(Demand Rate)。

注意,在实践中某个因素的可控性取决于具体的情况。例如,在生产管理或者库存管理中,决策者可能会通过促销活动来影响需求率。

一些人将不确定性区分为环境不确定性(Environmental Uncertainty)(如需求的不确定性)和系统不确定性(System Uncertainty)(如产量的不确定性)[11,46]。实施过程中的误差也可能导致不确定性。在实践中要求对某些控制因素采用推荐(最优)值时,就可能出现这类误差[60]。在实践中难以实现连续值,因为可能达到的精度是有限的。例如,经济订货量(Economic Order Quantity,EOQ)模型的最优解可能是某个表达式的平方根,实际上能够订购商品的计数单位只能是一些离散的数字。除了实施中的误差,还有仿真模型与真实系统相比存在的验证误差,以及元模型和仿真模型相比存在的验证误差[36]。

在处理稳健参数设计时,田口的基本思想是:在实验性设计中考虑环境(噪声)因素,在决策(可控)因素上找出对噪声因素的变化最不敏感的,或者最稳健的系统配置。

就实验策略而言,田口采用两个实验设计的乘积所产生的交叉表,一个设计改变决策因素 d (获得田口所称的"内表(Inner Array)"),另一个设计改变环境因素 e (获得"外表(Outer Array)")。它们结合起来可以等同于在可控因素构成空间的不同点上,考虑不可控(环境)因素的变化。田口进一步将影响因素区分为具有定位(Location)效果的因素和具有散布(Dispersion)效果的因素,前者会改变系统响应或目标函数的均值,后者将影响过程的方差。因此,在优化过程中田口考虑了目标函数分布的前两阶矩,并使用信噪比(Signal–to–Noise Ratio,SNR)把它们结合起来。田口建议考虑三类问题:

第一类"越小越好":在内表中选择令下式取值最大的因素组合(Factor Combination),即

$$\text{SNR}_s = -10\log \sum_{i=1}^{n_0} \frac{w_i^2}{n_0} \tag{2.1}$$

式中: $w_i = w(\boldsymbol{d}, e_i)$; n_0 为外表的运行次数。

第二类"越大越好":在内表中选择令下式取值最大的点(Point),即

$$\mathrm{SNR}_L = -10\log\frac{1}{n_0}\sum_{i=1}^{n_0}\frac{1}{w_i^2} \qquad (2.2)$$

第三类"正中目标最好"。田口提出了一个两步骤的方法,并举了两种情况作为说明:

(1) w 的均值 μ_w 与其标准偏差 σ_w 无关。在这种情况下,两个步骤分别是:

①选择部分控制因素,令下式最大化:

$$\mathrm{SNR}_{T1} = -\log s^2 \qquad (2.3)$$

式中: s^2 为外表观测值的样本方差。

②选择(之前没有改变的)其他内表因素,令

$$\bar{w} \approx T \qquad (2.4)$$

其中: $\bar{w}$ 为外表观测值的均值; T 为要达到的质量特性目标。

(2)若 σ_w 与 μ_w 成比例(这是实践中很可能出现的情况),则两个步骤分别是:

①选择部分控制因素,令下式最大化:

$$\mathrm{SNR}_{T2} = -\log\frac{\bar{w}^2}{s^2} \qquad (2.5)$$

②选择部分之前没有改变的其他控制因素,令

$$\bar{w} \approx T$$

由于假设标准偏差与均值成正比,可控因素会改变均值,但是不会让 $\bar{w}^2/s^2$ 的比例改变很多。

田口方法的扩展

田口方法的某些方面遭到了严厉的批判[20,47-48],争论最多的问题主要是以下四个方面:

(1)一个外表没有变化的数据集和一个外表变化非常大的数据集,可能会产生相同的信噪比,因此信噪比在稳健参数设计中可能是低效的。

(2)没有考虑实验性设计的计算代价(Computational Cost)。实际上,采用交叉表设计,往往要求大量的运行次数,这在某些工业过程中会让人望而却步。

(3)该方法不允许对设计变量进行柔性建模(Flexible Modeling),也没有考

虑决策因素之间、决策因素与环境因素之间的相互作用。标准的 ANOVA①(方差分析)方法就足以确定影响信噪比的控制因素[48,53]。

(4)某些因素可能同时具有定位效果(Location Effect)和散布效果(Dispersion Effect),因此提出的两步骤方法可能在实践中是不够充分的。此外,采用信噪比来表示性能特性,似乎限制得过于严格[51],可能会混淆均值和方差带来的影响;相反,如果能让它们相互隔离,可能更好地了解过程的表现。

一些学者[62]的看法虽然是基于田口在设计过程中对不确定性进行建模的观点,但是他们建议直接将系统的响应看作决策因素和环境因素的函数来建模而不是使用信噪比。假设测量了 q 个性能指标 $w_1,\cdots,w_q$,用 $w_i(d,e)$ 表示控制因素和环境因素取值分别为 (d,e) 时第 i 个性能指标的值,而 $l[w_1(d,e),\cdots,w_q(d,e)]$ 表示相应的损失。稳健设计方法就是要找到一组控制因素组合,在考虑到随机向量 e 的条件下,令期望损失最小化。若 e 的分布不依赖于 d,则目标函数为

$$L(d) = \int l[w_1(d,e),\cdots,w_q(d,e)]p(e)\mathrm{d}e \tag{2.6}$$

式中:$p(e)$ 表示 e 的概率密度函数。

现在的问题是统计学家们如何令式(2.6)最小化。一个数值优化程序将按照下面的方式来回答这个问题:

(1)选择一个设计,指定要对 w_i 进行估值的 (d_j,e_j),该方法将产生一个单行的"组合"表(Combined Array),而不是内表和外表(Inner and Outer Array)。

(2)使用 $w_i(d_j,e_j)$ 来估算易于计算的代理模型(Surrogate Models)$\hat{y}_j$。

(3)使用下式中的代理目标函数(Surrogate Objective Function)来进行优化:

$$\hat{L}(d) = \int l[\hat{y}_1(d,e),\cdots,\hat{y}_q(d,e)]p(e)\mathrm{d}e \tag{2.7}$$

文献[55]提出的稳健方法以田口的方法为基础,结合了元建模方法。针对离散事件仿真模型确定了一些性能特征量,用 $w(d)$ 表示(其中的 d 是决策因素向量)以及与之相关的目标值 T。优化过程的目标是选择适当的决策因素,令目标函数的值刚好是目标值 T,而且方差为 0。然而这只是一种理想情况,在现实情况下是难以实现的。因此,为了在性能的均值和可变性之间找到一个平衡点,Sanchez 提出使用二次损失(Quadratic Loss)函数:假设 $w(d)$ 达到目标 T 时没有损失,可以将二次损失函数写为

---

① ANOVA,Analysis of Variance,方差分析。——译者

$$l(w(\boldsymbol{d})) = c\,[w(\boldsymbol{d}) - T]^2 \qquad (2.8)$$

式中：c 是比例缩放因子，用于完成可能需要的单位转换。

根据式(2.8)，与配置 $\boldsymbol{d}$ 相关的期望损失为

$$E[l(w(\boldsymbol{d}))] = c[\sigma^2 + (\mu - T)^2] \qquad (2.9)$$

式中：μ 和 σ^2 为输出函数 w 的真实均值和方差。

就稳健设计而言，Sanchez 试图将系统行为描述为只是控制因素的函数。首先要规划一个恰当的实验性设计，对决策因素和环境因素都要加以考虑；然后对每一种决策因素的配置 i 和环境因素的配置 j 形成的组合，都要计算样本均值 $\bar{w}_{ij}$ 和样本方差 s_{ij}^2，通过适当的截断(Truncation)来消除初始化偏差；最后对每个决策因素配置 i 的环境空间(Environmental Space)，累计其中所有的测量值，即

$$\bar{w}_{i.} = \frac{1}{n_e}\sum_{j=1}^{n_e}\bar{w}_{ij} \qquad (2.10)$$

$$\bar{V}_{i.} = \frac{1}{n_e - 1}\sum_{j=1}^{n_e}(\bar{w}_{ij} - \bar{w}_{i.})^2 + \frac{1}{n_e}\sum_{j=1}^{n_e}s_{ij}^2 \qquad (2.11)$$

式中：n_e 为环境设计中组合的数目。

使用回归多项式(Regression Polynomial)建立两个初始元模型，一个用于性能均值，另一个用于性能的可变性。对于离散事件仿真实验，Sanchez 建议采用的设计至少要能够拟合二次项的影响。通过结合来自均值元模型和方差元模型的信息，在式(2.9)中使用来自式(2.10)和式(2.11)的估计值替代真实均值和方差，可以确定出稳健配置(Robust Configuration)。如果稳健设计所得到的配置没有包含在最初测试过的配置之中，就需要进一步的实验。不过在这种情况下，可以通过对实验中涉及的决策因素进行筛选来节省计算时间。

Al-Aomar[1] 提出了一个迭代式方案来解决基于仿真的优化问题。他的工作成果是设计了一个离散时间仿真模型，其中，一系列(可控制的)设计参数表示为 $d_1,\cdots,d_n$；进而，使用指标 $w_1,\cdots,w_q$ 来对它们的性能进行评估度量。然后，定义一个整体效用函数(Overall Utility Function) U，来将多个性能度量值结合到一个函数中。系统所涉及问题的总体构成定义为

$$\begin{cases} \max \quad U(w_1,\cdots,w_q) \\ \text{s.t. } w_i = f_i(d_1,\cdots,d_n), \quad 1 \leq i \leq q \\ d_j \in S, \quad 1 \leq j \leq n \end{cases} \qquad (2.12)$$

式中：S 为控制变量 $\boldsymbol{d}$ 的可行取值空间。该迭代方案包括 4 个模块：

(1) 仿真建模(Simulation Modeling, SM)模块，使用离散事件仿真模型，估算

与每个可选方案相联系的性能指标,从而得到其均值和方差。

(2)稳健性模块(Robust Module,RM),将每个性能指标的均值和方差转换成信噪比,从而支持采用田口方法。

(3)熵权法(Entropy Method,EM)模块,用适当的权值将性能阈值线性组合起来,建立效用函数(Utility Function),这些权值在每次迭代中将进行动态更新。

(4)遗传算法(Genetic Algorithm,GA)模块,用于实现全局优化器,根据整体效用函数在每个方案点上的取值,来处理一组可能的解决方案。每个步骤结束时收敛性检测,将控制优化过程是否达到了任一停止准则(达到最大的代数或者达到预定的收敛率)。更为详细的讨论参见文献[27]。

由于对信噪比存在批评意见,部分学者(如文献[48])建议采用双响应曲面(Dual Response Surface)方法,为系统性能的均值和方差建立分离的模型。该方法的主要优点包括:

(1)可以在控制性设计变量取值空间的任意位置,提供对均值和标准偏差的估计。

(2)可以更加深入地了解这些变量在控制该过程的均值和方差时所发挥的作用。

(3)易于将处理过程结合到过程优化之中,所采用的标准是平方误差损失准则,即 $\hat{E}_e(w-T)^2 = [\hat{E}_e(w) - T]^2 + \hat{\sigma}_e^2(w)w$;或者是令田口方法"越大越好"情形中的估算分位点 $\hat{E}_e(w) - 2\hat{\sigma}_e(w)$ 最大化;或者是令田口方法"越小越好"情形中的 $\hat{E}_e(w) + 2\hat{\sigma}_e(w)$ 最小化。

(4)允许使用受约束的优化:选择目标值 $\hat{\mu}_e[w(\boldsymbol{d},\boldsymbol{e})]$,或者更确切地说一个阈值 T,低于其值就不能接受相关的方案。因此,必须解决以下问题:

$$\min_{\boldsymbol{d}} \sigma_e^2[w(\boldsymbol{d},\boldsymbol{e})] \\ \text{s. t.} \quad \hat{\mu}_e[w(\boldsymbol{d},\boldsymbol{e})] \leq T \tag{2.13}$$

T 可能有多个取值,以反映用户的不同考虑。

双响应曲面方法已经成功应用于稳健过程优化[20],事实上,它的目标常常是让制造某种产品的过程达到需要的性能。例如,让生产过程的运行成本或者某种质量特性的变异最小化,或者是让制造过程的产出最大化。显然,在实际问题中经常需要考虑多个响应,而它们有时甚至是相互矛盾的。然而,由于数据中的噪声和/或影响模型中某些参数的不确定性,我们期望能够获得系统性能的表现是稳健的。

Miró-Quesada 和 del Castillo[45]指出,经典的双响应曲面方法只考虑了噪声因素带来的不确定性,而他们发现了参数估计中的不确定性所产生的另一类影响成分。因此,他们提出了一种对双响应曲面的扩展方法,即在目标函数中引入额外的参数估值方差,目标函数将其与噪声因素的方差结合起来。对这样的目标函数进行优化,可以获得对噪声因素的变化和对参数估计的不确定性都保持稳健的过程。响应预测值的方差就是这类函数中的一个,它同时考虑了模型参数估计值的方差以及噪声因素的方差。

稳健性也是设计优化的核心问题之一。许多工程应用问题,都必须对设计中系统组件产生影响的不确定性进行处理。如果忽略不确定性的来源,而简单地假定某些参数精确已知而且不变,那么将可能导致所设计的系统无法充分应对环境设置发生变化的情况。

Bates 等[3]比较了不同的稳健优化方法,将它们应用于解决一个机械部件的稳健设计优化问题:该问题的目标是达到预定的平均周期运动时间,同时让该周期运动时间的标准偏差最小化。Bate 等讨论了以下方法:使用交叉表(Crossed-Array)设计将信噪比最大化的田口方法;同时包括决策因素和环境因素,并考虑了因素之间相互作用的响应模型(Response Model)分析,以及双响应曲面方法。他们提出了随机仿真器策略(Stochastic Emulator Strategy)框架,包括以下正在构建的组成部分:

(1)实验设计(Design of Experiments,DoE),将设计因素和噪声因素包含到一个表中,倾向于使用空间填充(Space-Filling)式设计(如拉丁超立方采样)或者网格式(Lattice)设计,而不是使用正交表(Orthogonal Arrays)或者零散阶乘(Fractional Factorial),从而实现对输入空间更为一致的覆盖。

(2)元模型(或称仿真器)拟合,以表达所有因素(不管是决策因素,还是环境因素)以及选中的响应之间的关系。

(3)元模型预测,估计机械部件在一组给定的因素取值上的周期运动时间,并通过研究该时间受因素取值微小变化的影响来评估噪声对输出的影响。

(4)优化过程,在平均周期时间为目标值的条件下让输出的变化最小化。

Lee 和 Park[40]基于克里格元模型(Kriging Metamodel)提出了一种算法,在基于确定性仿真的系统中解决稳健优化问题。他们使用模拟退火(Simulated Annealing)算法来解决优化问题。该算法基本上就是田口提出的方法,使用均值和方差作为统计量来研究系统响应对噪声因素的可能变化的不敏感性。

使用克里格法作为一种近似技术是有道理的,因为克里格法为高度非线性的函数提供了可靠的近似模型,而这一特性在稳健优化中比在一般的经典优化中更有用。因为,一般而言,系统响应的方差非线性程度会比均值的非线性程度高。文献[32]也推荐了克里格法,比较了一些元建模方法,基于对数学函数和更复杂的案例研究的实验结果,他们得出了克里格模型比其他模型精度更高的结论。不过,文献[2]在运行次数特别低的情况下,不应该轻易抛弃回归建模(Regression Modeling)方法。

Lee 和 Park[40]的目标是确定一个设计点 d,具有要求的响应值 $\bar{\mu}_w$,且方差 σ_w^2 最小化。因此,他们将稳健优化问题表述为

$$\min \quad \sigma_w^2 \tag{2.14}$$
$$\text{s. t.} \quad \mu_w \leqslant \bar{\mu}_w \tag{2.15}$$

由于并不总是可以使用解析方法来计算给定系统响应 w 的均值和方差(花费时间太多或者难度太大),使用一阶泰勒展开来近似这两个统计量[40]:

$$\mu_w \approx w(d,e)_{\bar{d},\bar{e}} \tag{2.16}$$

$$\sigma_w \approx \sum_{i=1}^{n_d} \left(\frac{\partial w}{\partial d_i}\right)_{\bar{d}}^2 \sigma_{d_i}^2 + \sum_{j=1}^{n_e} \left(\frac{\partial w}{\partial e_j}\right)_{\bar{e}}^2 \sigma_{e_j}^2 \tag{2.17}$$

式中:$\bar{d}$、$\bar{e}$ 分别为控制因素向量和噪声因素向量的均值;$\sigma_{d_i}^2$、$\sigma_{e_j}^2$ 分别为第 i 个控制变量和第 j 个噪声变量的方差。

式(2.16)和式(2.17)只对单调函数(Monotonic Functions)才是有效的近似,而这一点对于黑盒仿真(Black-box Simulation)模型是难以保证的。

文献[40]中的方法存在以下问题:

(1)作者使用单个元模型来拟合整个控制因素-噪声因素空间(Control-by-Noise Factors Space)。他们建议该模型要高度精确,因为将使用它来得到方差的近似模型。

(2)为了得到系统响应均值的模型,他们使用式(2.16)提供的近似方法,将它应用于计算得到的元模型。

(3)为了得到方差的模型,他们使用蒙特卡洛仿真(Monte-Carlo Simulation),不过使用的不是原始仿真模型而是一开始得到的(更容易计算的)元模型。

(4)他们指出,由于响应均值和方差(更严重)的非线性,以及基于响应函数均值元模型来拟合方差元模型时的近似误差,后处理(Post-Process)可能是必需的。后处理要解决下面的优化问题,将搜索区域限制在目前找到的最优解邻域:

$$\min \quad \hat{\sigma}_w^2 = \sum_{i=1}^{n_d} \left(\frac{\partial \hat{y}}{\partial d_i}\right)^2 \sigma_{d_i}^2 + \sum_{j=1}^{n_e} \left(\frac{\partial \hat{y}}{\partial e_j}\right)^2 \sigma_{e_j}^2 \tag{2.18}$$

$$\text{s.t.} \quad \hat{y}(d,e)_{\bar{d},\bar{e}} \leq \bar{\mu}_w \tag{2.19}$$

这一后处理的目的是进一步精化稳健最优值，但是实验结果通常显示其改善效果微不足道。

（5）作为进一步研究的内容，他们建议采用两个不同的元模型，来近似真实响应值和真实方差。他们建议对非线性很强的模型采用此方法，尤其是方差模型。

在我们的方法中，将保持田口关于稳健性的主要想法，即针对具体的性能度量值来进行优化，同时最大限度地减少其可能的变化[22-23]。不过，我们并未使用田口所使用的标称损失函数（Scalar Loss Function），而是使用非线性规划（参见式(2.20)）方法。在我们的方法中，要将特性指标之一，即主仿真输出的均值 $E(w)$，作为要最小化的目标函数；而另一个特性，即目标输出的标准偏差 s_w，则要满足给定的约束条件（文献[41]也在满足方差约束的条件下将均值最小化，他们使用的是贝叶斯方法）：

$$\begin{cases} \min E(w) \\ \text{s.t.} \quad s_w \leq T \end{cases} \tag{2.20}$$

由于我们假定仿真的成本很高，所以采用了元模型辅助的优化；也就是说，使用克里格近似值来代替 $E(w)$ 和 s_w。接下来将改变约束式(2.20)中的阈值 T，并估算其帕累托最优效率边界（简称帕累托边界），也就认为均值和标准偏差取得了平衡的位置。这是解决具有多个准则的优化问题的经典方法（参见文献[43]）。有关稳健优化的进一步讨论参见文献[11,21,24,31,34,48,51,64]。

2.4 使用克里格元模型进行稳健仿真优化

为解决稳健仿真优化问题，我们提出了下面两种使用克里格元模型的方法（这两种方法首先由文献[23]提出）：

（1）受文献[22]的启发，我们拟合了两个克里格元模型，一个用于均值，另一个用于标准偏差，两者都是根据仿真的输入/输出数据进行的估计。

（2）受文献[40]的启发，我们拟合了单个克里格元模型，使用的是决策变量 d 和环境变量 e 的相对较少的组合形式，如 n 种。接下来使用该元模型来计算在 $N \gg n$ 种 d 和 e 的组合形式下，仿真输出 w 的克里格预测值（Kriging Prediction），以处理 e 的分布问题。

第一种方法为单层克里格元建模（One-Layer Kriging Metamodeling，1L-KM）。在该方法中通过对决策因素和环境因素的交叉（组合）设计来选择仿真模型的输入组合(就像田口设计中的传统方法一样),也就是说,将决策变量 $\boldsymbol{d}$ 的 n_d 个组合和环境变量 $\boldsymbol{e}$ 的 n_e 个组合结合到一起。这 n_d 个决策变量组合是空间填充式的,所以可以避免在使用克里格元模型进行预测时要进行外推(Extrapolation);克里格法给出的外推结果较差[63]。而 n_e 个环境变量组合,则是从它们的输入分布中抽样得到的,在这里采用拉丁超立方采样(Latin Hypercube Sampling,LHS)方法。对这 $n_d \times n_e$ 个组合进行仿真可以得到输出 $w_{i,j}$($i=1,\cdots,n_d; j=1,\cdots,n_e$)。根据这些输入/输出数据,可以通过下面的估计算子得到 n_d 个条件均值和方差:

$$\bar{w}_i = \frac{\sum_{j=1}^{n_e} w_{i,j}}{n_e}, \quad i = 1,\cdots,n_d \tag{2.21}$$

$$s_i^2 = \frac{\sum_{j=1}^{n_e}(w_{i,j} - \bar{w}_i)^2}{n_e - 1}, \quad i = 1,\cdots,n_d \tag{2.22}$$

这两个估计算子是无偏(unbiased)的,因为它们并没有假设任何元模型;元模型只是近似值,所以它们的拟合度可能较差。

值得注意的是,虽然响应曲面法(RSM)①并不要求这样做,但是文献[22]采用了交叉设计(Crossed Design)。代替交叉设计的方法是文献[18]提出的 split-plot 设计,或者是文献[44]提出的同时扰动随机近似(Simultaneous Perturbation Stochastic Approximation,SPSA)法。此外,均值的估计算子的可变性远远小于方差的估计算子的可变性。例如,在正态假设下,$\text{var}(\bar{w}) = \sigma^2/n_e$,而 $\text{var}(s^2) = 2(n_e - 1)\sigma^4/n_e^2$。文献[38]也研究了这一问题。

第二种方法为两层克里格元建模(Two-Layer Kriging Metamodeling,2L-KM)[23]。在该方法中,我们为仿真模型选择了相对较小的输入组合数量 n,采用的方法是对 $k+c$ 个输入因素(k 和 c 分别代表决策因素和环境因素的数量)进行空间填充式设计;也就是说,环境因素并不是通过对其分布进行抽样得到的。然后,使用输入/输出仿真数据来为输出 w 拟合一个克里格元模型。最后,对于有 N 个组合的较大设计,对决策因素采用空间填充式设计,而对环境因素采用拉丁超立方采样方法,以考虑它们的分布。没有对这个更大的设计进行 N 个组合的仿真,而是计算输出的克里格预测值。使用类似于式(2.21)和式

---

① 原文仅有 RSM 的缩写,未提及具体含义。结合上下文和专业知识,译者认为 RSM 是响应曲面法的缩写,即 Response Surface Methodology。——译者

(2.22)的公式来推导出条件均值和标准偏差,也就是在式(2.21)和式(2.22)的右侧用 N_e 和 N_d(相对于小样本 n_e 和 n_d 的大样本数量)来代替 n_e 和 n_d,用代表克里格预测值的 $\hat{y}$ 代替 w。这些预测值用于拟合出两个元模型,分别用于输出的均值和标准偏差。

下一节将通过一些库存管理的例子来进一步说明这两种方法。在说明过程中,假定仿真模型是很昂贵的,虽然实际上会利用一些并不太昂贵的库存仿真模型来说明这两种方法。

这两种方法都使用它们针对均值和标准偏差估计出的克里格元模型来估算稳健的最优结果,该结果在让均值最小化的同时满足有关标准偏差的约束条件,即式(2.20)的要求。改变该约束条件右侧的值可以得到估计出的帕累托边界(Pareto Frontier)。

该帕累托边界是基于对输出值的均值和标准偏差的估计值得到的。显然,估计值是随机的,所以希望能够对估计出的均值和标准偏差的可变性进行量化。为了达到这一目的,自举法是一种用途很广泛的统计方法[26,35]。文献[22]采用了参数自举法,而文献[23]采用了非参数自举(Nonparametric Bootstrapping)法或无分布自举(Distribution – Free Bootstrapping)法,也就是说,它们对原始仿真观测(可能具有任意类型的分布而不必须是正态分布)进行了重抽样和替换。而且(无论是参数法还是非参数法)自举法假定原始观测是独立同分布的(Independently and Identically Distributed, IID)。由于在稳健优化过程中对于决策变量和环境变量的设计进行了交叉,在给定的环境因素组合下输出的 n_d 个观测值是非独立的(可以将这种依赖性和在随机仿真中使用共同随机数(Common Random Number)造成的依赖性进行比较,文献[16]对此进行了研究)。因此,可以对 n_e 个 $w_j(1,\cdots,n_e)$ 向量进行重抽样和替换。重抽样可以得到 n_e 个自举观测值 $w_j^* = (w_{1,j}^*, \cdots w_{n_{d,j}}^*)$,上标星号"*"通常用于表示自举值。(Simar 和 Wilson[59]也使用了无分布自举法,不过是用于数据包络分析(Data Envelopment Analysis, DEA),而不是帕累托边界。)与式(2.21)和式(2.22)类似,可以估计 n_d 个自举的条件均值和方差:

$$\bar{w}_i^* = \frac{\sum_{j=1}^{n_e} w_{i,i}^*}{n_e}, \quad i = 1,\cdots,n_d \qquad (2.23)$$

$$s_i^{2*} = \frac{\sum_{j=1}^{n_e} (w_{i,j}^* - \bar{w}_i^*)^2}{n_e - 1}, \quad i = 1,\cdots,n_d \qquad (2.24)$$

对式(2.23)和式(2.24)计算得到的估计值分别应用克里格方法。

为了减少自举时的抽样误差,重复这一抽样过程 B 次,B 称为自举样本规模。这一样本规模给出了 B 个自举的条件均值和方差 $\bar{w}_{i;b}^{*}$ 和 $s_{i;b}^{2*}$($b=1,\cdots,B$)(参见式(2.23)和式(2.24))。接下来将克里格方法应用于 $\bar{w}_{i;b}^{*}$ 和 $s_{i;b}^{2*}$。对于每个属于"原始"(非自举的)帕累托边界的最优解 $\hat{d}^{+}$,对 B 个自举的元模型计算其输出平均值和标准偏差的估计值,记为 $\bar{w}_{i;b}^{+*}$ 和 $s_{i;b}^{+*}$。通过运用 B 个自举观测值,我们可以为输出均值和标准偏差计算得到与之相应的置信区间(Confidence Region),即获得了这两个输出的联立置信区间(Simultaneous Confidence Interval,称为置信区间)。通过运用这些置信区间,我们可以形成与该阈值相关的管理的风险态度。更具体地说,计算下述的无分布自举置信区间[26]:

$$\left[\hat{\bar{y}}_{(\lfloor B(\alpha/2)/2\rfloor)}^{+*}, \hat{\bar{y}}_{(\lceil B(1-(\alpha/2))/2\rceil)}^{+*}\right] \tag{2.25}$$

式中:$\hat{\bar{y}}_{(\cdot)}^{+*}$ 表示克里格模型对估计的帕累托最佳决策变量 $\hat{d}^{+}$ 预测出的自举输出均值;下标(·)表示排序计数值(将 B 个自举观测值从小到大排序);$\lfloor\cdot\rfloor$ 表示向下取整函数(得到整数部分);$\lceil\cdot\rceil$ 表示向上取整函数;$\alpha/2$ 给出了双边置信区间,Bonferroni 的不等性意味着该区间每个输出的 I 类错误率要除以输出的数量(在这里是两个,即均值和标准偏差)。

下面给出输出值的标准偏差的置信区间与式(2.25)类似:

$$\left[\hat{s}_{(\lfloor B(\alpha/2)/2\rfloor)}^{+*}, \hat{s}_{(\lceil B(1-(\alpha/2))/2\rceil)}^{+*}\right] \tag{2.26}$$

下一节将通过一些库存管理仿真优化的例子,来详细说明这一处理过程。

克里格元建模

本节对我们在稳健仿真优化中使用的克里格方法进行说明。在优化过程中仍然是从田口法的角度来看待被仿真的系统,不过使用克里格法作为元建模方法。我们将采用不仅限应用于稳健优化的符号系统来说明克里格元建模方法的特点。同时还参阅了文献[42,54,56]中对克里格方法理论和实现的详细阐述。其中,克里格模型为

$$y(\boldsymbol{x}) = f(\boldsymbol{x}) + Z(\boldsymbol{x}) \tag{2.27}$$

式中:$f(\boldsymbol{x})$ 为 n 维向量 $\boldsymbol{x}$ 的函数,是原始函数的全局模型;$Z(\boldsymbol{x})$ 是一个具有零均值和非零方差的随机过程,代表全局模型的一个局部偏离。通常,$f(\boldsymbol{x})$ 为

$$f(\boldsymbol{x}) = \sum_{i=1}^{p}\beta_{i}f_{i}(\boldsymbol{x}) \tag{2.28}$$

式中:$f_i: \mathbb{R}^n \to \mathbb{R}$ ($i=0,\cdots,p$)为多项式项(通常为 0 阶、一阶或二阶);系数β_i($i=1,\cdots,p$)为回归参数。这$p+1$个回归函数可以看作一个向量的分量:

$$f(x) = [f_0(x),\cdots,f_p(x)]^T \quad (2.29)$$

假设,设计点是$(x_1,\cdots,x_{N_s})$,$x_i \in \mathbb{R}^n$ ($i=1,\cdots,N_s$)。可以通过估算向量$f(x)$在各设计点的值计算矩阵F:

$$F = \begin{bmatrix} f^T(x_1) \\ \vdots \\ f^T(x_{N_s}) \end{bmatrix} = \begin{bmatrix} f_0(x_1) & \cdots & f_0(x_{N_s}) \\ \vdots & & \vdots \\ f_p(x_1) & \cdots & f_p(x_{N_s}) \end{bmatrix} \quad (2.30)$$

$Z(x)$的协方差为

$$\text{cov}[Z(x_j), Z(x_k)] = \sigma^2 R(x_j, x_k), \quad j,k = 1,\cdots,N_s \quad (2.31)$$

式中:σ^2为过程方差;R为由元素$R_{jk} = R_\theta(x_j, x_k)$构成的相关矩阵,每个元素代表$N_s$个样本中的任意两个$x_j$和$x_k$在未知参数$\theta$下的相关函数。$R$为$N_s \times N_s$的对称矩阵,对角线元素等于 1。可以从文献中提出的多种函数中选择相关函数$R_\theta(x_j, x_k)$的形式。不过,指数函数形式是最常用的,即

$$R_{\theta,p}(x_j, x_k) = \prod_{i=1}^{n} \exp(-\theta_i |x_{ji} - x_{ki}|^{p_i}) \quad (2.32)$$

式中:n为输入变量的维数。

当$p_i = 2$时,式(2.32)称为高斯相关函数。参数p_i决定了相关函数的光滑度;例如,$p_i = 2$时,就是无限可微函数(Differentiable Function)。

可以将克里格预测算子写成观测响应的线性组合:

$$y(x) = c^T(x) y_s \quad (2.33)$$

式中:y_s是响应函数在N_s个设计点上估计值的向量,$y_s = [y(x_1),\cdots,y(x_{N_s})]^T$。

令均方误差(Mean Squared Error,MSE)最小化,可以得到权值$c(x)$:

$$\text{MSE}[y(x)] = E[(c^T(x) y_s - y(x))^2] \quad (2.34)$$

为了保证预测算子无偏,必须满足约束条件

$$F^T c(x) = f(x) \quad (2.35)$$

式(2.34)中的均方误差可以重写为

$$\text{MSE}[y(x)] = \sigma^2 [1 + c^T(x) R c(x) - 2 c^T(x) r(x)] \quad (2.36)$$

式中:$r(x) = [R(x_1, x),\cdots,R(x_{N_s}, x)]^T$是$Z(x_i)$和$Z(x)$的相关向量。

在令$c(x)$满足式(2.35)约束的条件下,将式(2.36)中的均方误差最小化,可以得到克里格预测算子:

$$\hat{y}(x) = \hat{c}^T(x) y_s = \hat{r}^T \hat{R}^{-1}(y_s - F\hat{\beta}) + f^T \hat{\beta} \quad (2.37)$$

式中

$$\hat{\boldsymbol{\beta}} = (\boldsymbol{F}^{\mathrm{T}}\hat{\boldsymbol{R}}^{-1}\boldsymbol{F})^{-1}\boldsymbol{F}^{\mathrm{T}}\boldsymbol{R}^{-1}\boldsymbol{y}_s \tag{2.38}$$

服从广义最小二乘(Generalized Least-Squares, GLS)准则或最大似然估计(Maximum Likelihood Estimation, MLE)准则。

假设随机过程 $Z(\boldsymbol{x})$ 是高斯分布的,最大似然估计方法使用数值优化法,确定一个估计值 $\hat{\theta}$,令似然函数最大化[54]。似然函数依赖于回归模型中的系数 $\boldsymbol{\beta}$、过程方差 σ^2 和相关参数 $\boldsymbol{\theta}$。在给定相关参数 $\boldsymbol{\theta}$ 和由之得到的 $\boldsymbol{R}$ 的条件下,式(2.38)给出了 $\boldsymbol{\beta}$ 的最大似然估计,而 σ^2 的最大似然估计为

$$\hat{\sigma}^2 = \frac{1}{N_s}(\boldsymbol{y}_s - \boldsymbol{F}\hat{\boldsymbol{\beta}})^{\mathrm{T}}\boldsymbol{R}^{-1}(\boldsymbol{y}_s - \boldsymbol{F}\hat{\boldsymbol{\beta}}) \tag{2.39}$$

因此,R 的最大似然估计服从

$$\min_{\boldsymbol{\theta}} (\det \boldsymbol{R})^{1/N_s} \hat{\sigma}^2 \tag{2.40}$$

这是一个全局非线性优化问题,要求采用一个启发式的过程来加以解决。在我们的实验中,采用的是普通克里格(Ordinary Kriging)法:

$$y(\boldsymbol{x}) = \mu + Z(\boldsymbol{x}) \tag{2.41}$$

式中:$\mu = \beta_0$,$f_0 \equiv 1$。

2.5 库存仿真优化实例

把上述方法应用到一些库存模型上来进行说明。首先是著名的经济订货量(Economic Order Quantity, EOQ)库存模型[68],它使用了下列符号和假设:①需求是已知的、不变的,每单位时间需要 a 个单位;②订购量为 Q 单位;③总成本包括每一订单的设置成本(Setup Cost)K、每单位产品的购买或生产成本 c,以及单位时间内单位库存的储备成本(Holding Cost)h。管理的目标是在无限的时间跨度内尽量减少每单位时间的总成本 C。

对于这一问题,很容易得到如下所示的真实输入/输出函数(True I/O Function),用它来检查我们的仿真结果:

$$C = \frac{aK}{Q} + ac + \frac{hQ}{2} \tag{2.42}$$

这一函数隐含了经济订货量:

$$Q_0 = \sqrt{\frac{2aK}{h}} \tag{2.43}$$

其对应的最小成本为

$$C_0 = C(Q_0) = \sqrt{2aKh} + ac \tag{2.44}$$

在我们的例子中，使用来自经典运筹学教材[30]上的参数值：$a = 8000$，$K = 12000$，$c = 10$，$h = 0.3$。将这些值代入式(2.43)和式(2.44)，通过计算得到 $Q_0 \approx 25298$，$C_0 \approx 87589$。

为了对稳健仿真优化进行研究，我们按照文献[22-23]中的方法提出了经典 EOQ 模型的一种变型，即假定需求率（Demand Rate）和成本系数（Cost Coefficient）是未知的。文献[66]也考察了 EOQ 模型的稳健性，不过使用的准则和方法与我们的不一样（文献使用了两个极小极大准则和解析方法，而不是仿真）。此外，文献[12]所给出了有关于"参数估计中存在不准确性的"EOQ 文章（然后进行了敏感性分析，而不是稳健性分析）。

不确定需求率和成本系数条件下的稳健优化

受文献[13]的启发，我们对文献[22]中提出的简单库存模型的稳健形式进行了扩展，让其可以考虑固定的但是不确定的成本参数（储备成本和设置成本），以及未知的（但为固定的）需求率。假设所有的环境因素都服从正态分布，其均值等于标称值（Nominal Value，即没有不确定性时假设的值；也就是需求率 $\mu_a = 8000$，储备成本 $\mu_h = 0.3$，设置成本 $\mu_K = 12000$），每个因素的标准偏差等于其标称值的10%。这一标准偏差可能导致最后取值为负数，在这种情况下会重新进行抽样直到取得非负值。同时，假设这三个因素相互独立。在此基础上，采用 2.4 节中给出的两种克里格方法进行处理。

1. 1L-KM 方法：基于仿真输入/输出数据来估计均值和标准偏差的克里格模型

我们采用了一种交叉设计方法，使用归一化空间填充式设计（Uniform Space Filling Design）。其中，决策因素 Q 的取值范围为[15000, 45000]，数量 $n_Q = 10$；对环境因素 a、h 和 K 的三维空间使用拉丁超立方采样（LHS）方法进行设计，数量 $n_e = 120$。这样得到了 $n_Q \times n_e$ 个输入组合，通过仿真模型的运行可以得到成本值 $C_{i,j}(i=1,\cdots,n_Q; j=1,\cdots,n_e)$。

对环境因素取均值，得到一组共计 n_Q 个输出值，可以用它们来计算均值和标准偏差，即

$$\overline{C_i} = \frac{\sum_{j=1}^{n_e} C_{i,j}}{n_e}, \quad i = 1, \cdots, n_Q \tag{2.45}$$

$$s_i = \left[\frac{\sum_{j=1}^{n_e} (C_{i,j} - \overline{C_i})^2}{n_e - 1} \right]^{-1/2}, \quad i = 1, \cdots, n_Q \tag{2.46}$$

后一个估计算子是有偏的,因为 $E(\sqrt{s^2}) = E(s) \neq \sqrt{E(s^2)} = \sqrt{\sigma^2} = \sigma$,忽略该偏差。

基于这些输入/输出数据,可以对两个输出分别拟合出一个克里格元模型,分别如图2.1和图2.2中的实线所示。图2.1和图2.2也同时显示了真实成本函数(图中虚线)。

成本均值:

$$E(C) = \left(\frac{\mu_K}{Q} + c\right)\mu_a + \frac{\mu_h Q}{2} \tag{2.47}$$

真实的标准偏差:

$$\sigma_C = \sqrt{\sigma_a^2 \left(c^2 + \frac{2c\mu_K}{Q} + \frac{\sigma_K^2 + \mu_K^2}{Q^2}\right) + \frac{\mu_K^2 \sigma_K^2}{Q^2} + \frac{\sigma_h^2 Q^2}{4}} \tag{2.48}$$

采用留一交叉验证(Leave – One – Out Cross – Validation)方法来验证这两个元模型。鉴于相对预测误差均小于1%,决定接受这两个元模型。

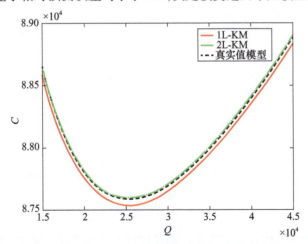

图2.1 在需求率和成本系数不确定的条件下,EOQ模型期望总成本的克里格元模型,分别通过1L – KM(红色实线)和2L – KM(绿色点画线)得到(黑色虚线代表了真实值模型)

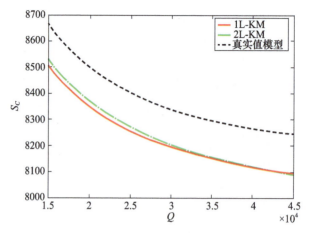

图 2.2　在需求率和成本系数不确定的条件下，EOQ 模型成本的期望标准偏差的克里格元模型，分别通过 1L‒KM（红色实线）和 2L‒KM（绿色点画线）得到（黑色虚线代表了真实值模型）

令阈值 T 在 $[8200,8600]$ 的区间中变化（和参考文献[22]用于只有需求率不确定的 EOQ 模型一样），从而给出估计的帕累托边界，如图 2.3 所示。

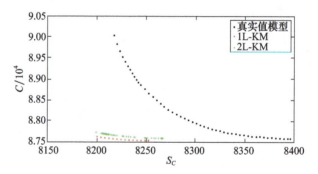

图 2.3　在需求率和成本系数不确定的条件下，EOQ 模型的帕累托边界，分别通过 1L‒KM（红色实线）和 2L‒KM（绿色点画线）得到（黑色虚线代表了真实值模型）

2. 2L‒KM 方法：基于克里格中间预测值来估计均值和标准偏差的克里格模型

按照 2L‒KM 方法，首先为 4 个输入因素构造一个拉丁超立方采样设计，而不去区分决策因素和环境因素。选择设计的大小为 $n=1200$，与 1L‒KM 方法中的样本大小保持一致。

对这 n 个输入组合运行仿真模型，得到对应的输出值 $C_i(i=1,\cdots,n)$。接下来,基于这 n 个输入/输出组合拟合出一个克里格元模型。

通过将订单数量 Q 的归一化空间填充式设计和考虑了三个环境因素分布的拉丁超立方采样设计进行交叉,得到了一个更大的实验设计。总的设计大小是 $N = N_Q \times N_e = 30 \times 200 = 6000$。注意,$N$ 的取值更大并不意味着昂贵的计算任务。这是因为这个更大的设计是用来计算克里格预测值,而不是用来运行仿真模型的。

对前面使用 n 个输入组合的较小实验使用仿真模型进行计算,利用这些结果估计出其克里格元模型,再使用得到的元模型来为后面的 N 个输入组合计算其克里格预测值 $\hat{C}_{i,j}(i = 1, \cdots, N_Q; j = 1, \cdots, N_e)$。

使用类似于式(2.45)和式(2.46)的方式,同样计算成本预测值的样本均值和成本的样本标准偏差,不过这里所使用的元模型为

$$\hat{C}_i = \frac{\sum_{j=1}^{n_e} \hat{C}_{i,j}}{N_e}, \quad i = 1, \cdots, N_Q \qquad (2.49)$$

$$\hat{\sigma}_i = \left[\frac{\sum_{j=1}^{n_e} (\hat{C}_{i,j} - \hat{C}_i)^2}{N_e - 1}\right]^{1/2}, \quad i = 1, \cdots, N_Q \qquad (2.50)$$

得到了两个克里格元模型:一个是基于式(2.49)得到的 N_Q 个均值估计值,用于预期成本;另一个是基于式(2.50)得到的 N_Q 个标准偏差估计值,用于成本的标准偏差。结果见图2.1和图2.2(图中点画线)。

仍然采用留一交叉验证方法来验证这些元模型。两个元模型给出的相对预测误差都很小,大约为 10^{-6}。所以接受这两个元模型作为充分的近似。

最后在区间[8200,8600]里均匀地取了100个值作为阈值 T,用它们对应的最优解来估计帕累托边界,结果见图2.3。

3. 自举置信区间

正如在2.4节中讨论过的,由于需求率和成本系数的不确定性,使用随机仿真输出值 $C_{i,j}$(通过运用1L-KM或2L-KM方法得到)来估计帕累托边界。因此,要了解两种方法的性能,进一步分析这一边界的统计变化就很重要。为了估计它的可变性,使用式(2.23)和式(2.24)所述的与分布无关的自举(Bootstrapping)方法来得到自举输出(Bootstrapped Output)数据 $\bar{C}_b^*$ 和 s_b^*($b = 1, 2, \cdots, B$),进而使用它们来拟合出自举的克里格元模型(Bootstrapped Kriging Metamodelt),共计 B 对。

图2.4给出了1L-KM方法的结果,接下来将说明图中竖线的含义。图

2.4 中显示出的自举曲线包括原始曲线和真实值曲线。特别是,针对原始(非自举的)帕累托边界,使用自举的元模型对来研究最优解 $\hat{Q}^+$ 的变化性。这种分析基于帕累托边界来研究不确定性对决策的影响(根据 $\hat{Q}^+$)。事实上,给定原始帕累托边界后,管理者选择他们所希望的库存成本均值和标准偏差的组合,例如,$\hat{C} = 87538.28, \hat{s} = 8251.94$。让标准偏差不超过其阈值($T = 8600$),意味着特定的订单量,即 $\hat{Q}^+ = 25291.39$,见图 2.2。实际上,这一订单量可能会给出一个与图 2.4 中的"原始"值不同的均值和标准偏差。见图 2.4(a)和(b)中的竖线,$Q = \hat{Q}^+ = 25291.39$。

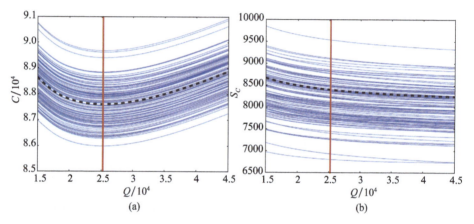

图 2.4 (a)1L－KM 方法原始克里格元模型自举估计的平均成本,以及真实的平均成本(虚线);(b)1L－KM 方法原始克里格元模型自举估计的成本标准偏差,以及真实的标准偏差(虚线)

在使用帕累托边界作为"决策工具"时必须考虑管理者选择的解 $\hat{Q}^+$ 会受到可变性的影响。采用自举方法来研究这种可变性,所以这一估计所得到的帕累托最优订单量 $\hat{Q}^+$ 对应于 B 对自举的均值和标准偏差。从这 B 对自举值中,根据最优订单量 $\hat{Q}^+$ 采用式(2.25)和式(2.26)估计出成本的均值和标准偏差的置信区间。图 2.5 中显示了对应于原始帕累托估计曲线上两个点的矩形置信区间。图 2.5(a)对应于相对较小的阈值 $T = 8250$,所以 1L－KM 方法的 $\hat{Q}^+ = 25531.91$,2L－KM 方法的 $\hat{Q}^+ = 29943.98$;图 2.5(b)对应于较大的阈值 $T = 8600$,所以得到的 $\hat{Q}^+$ 较小,1L－KM 方法的 $\hat{Q}^+ = 25291.39$,2L－KM 方法的 $\hat{Q}^+ = 24001.84$。这两个阈值分别反映了规避风险(Risk－Averse)和寻求风险

(Risk – Seeking)的管理方式。两种克里格方法给出的置信区间都覆盖了真实解所在的点,不过2L – KM方法的置信区间更小。

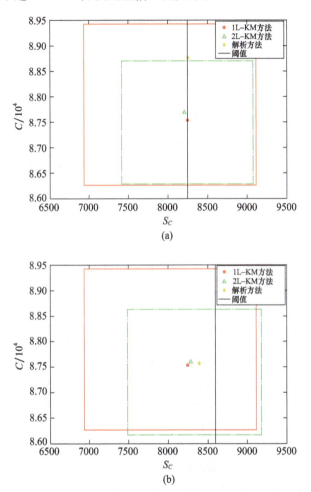

图2.5　使用1L – KM(实线矩形)和2L – KM(点画线矩形)得到的自举克里格方法的置信区间,x轴为σ_C,y轴为$E(C)$

注:图(a)中$T = 8250$,图(b)中$T = 8600$(分别对应图中的竖线)。星号和三角形分别代表根据式(2.47)和式(2.48)得到的1L – KM和2L – KM"真实"解,即(a)$\hat{Q}^+_{1L-KM} = 25531.91$处($\hat{\bar{C}}_{1L-KM} = 87538.62, \hat{s}_{1L-KM} = 8248.49$)以及$\hat{Q}^+_{2L-KM} = 29943.98$处($\hat{\bar{C}}_{2L-KM} = 87703.95, \hat{s}_{2L-KM} = 8205.61$);(b)$\hat{Q}^+_{1L-KM} = 25291.39$处($\hat{\bar{C}}_{1L-KM} = 87538.28, \hat{s}_{1L-KM} = 8251.94$)以及$\hat{Q}^+_{2L-KM} = 24001.84$处($\hat{\bar{C}}_{2L-KM} = 87605.84, \hat{s}_{2L-KM} = 8287.48$)。

标准偏差的置信区间显示,由于元模型的可变性,原始的帕累托最优订单量估计值可能会给出超过阈值的标准偏差(图 2.4(b))。实际上,也可以使用得到的置信区间来估计一个解的不可行程度(the Degree of Infeasibility,也就是对于给定的 T,得到的最优解由于不确定性而变得不可行的概率),它对应于超过了优化问题中使用的阈值 T(在其右侧)的那一部分所对应的面积。面对这种可能性,管理者可能会倾向于采用一个不可行的、可能性较小(根据置信区间来估计)的解,接受较高的成本。例如,管理者可能会放弃图 2.5(a)中相对较小的阈值(对应较大的 Q),转而使用图 2.5(b)中较大的阈值(对应较小的 Q)。然而,关于随机输出结果进行选择的问题,如何实现形式化,超出了本书讨论的范围,关于这方面内容参见文献[33]。我们还会在 2.6 节中涵盖下一步研究的问题。

2.6 结论与未来研究

可以采用田口的观点来看待对仿真系统的稳健优化,将影响因素划分为决策变量(Decision Variable)和环境变量(Environmental Variable)。对前者可以进行优化,而后者则会始终保持为不确定的状态,但是在优化时必须加以考虑。不过,田口的统计方法也可以采用克里格的元模型(代替低阶多项式)及其采用的空间填充式设计,如拉丁超立方采样(代替田口式设计或响应曲面法设计)来代替。我们考虑了 1L-KM 和 2L-KM 两种基于克里格的方法。前者使用仿真数据,为均值和标准偏差分别拟合出一个克里格元模型;后者使用相对较少的仿真样本,拟合出一个克里格元模型,然后利用这一元模型来计算更大的样本克里格预测值。在库存管理的例子中,基于昂贵的仿真运行次数所耗费的计算成本相同的限制条件下,2L-KM 方法给出的预测值比 1L-KM 方法更准确。此外我们还指出,提高 1L-KM 的元模型准确性的唯一方法是额外进行更多次昂贵的仿真,这必然增加该方法的计算成本。与之相反的是,可以任意提高通过 2L-KM 方法获得的元模型的准确性,而需要的新增计算成本几乎可以忽略,因为不再需要进行仿真。不过,这要求在第一层运算处理所得到的元模型足够准确,才可能提供"可靠的"预测值。

换言之,2L-KM 方法第一层所得到的总库存成本元模型的高准确性意味着,基于该元模型计算得到的预测值可以被当作仿真得到的数据。事实上,从这一点开始两种方法进行的计算是相同的。因此,2L-KM 方法可以使用相同的计算成本,却提供比 1L – KM 方法更好的结果。

通过分布无关的自举方法可以进一步增强整个基于克里格法的稳健优化方法。该自举法对稳健优化结果估计值的可变性进行了量化,从而有助于做出最终的妥协决策[21]。通过自举法为两种克里格方法所得到的置信区间,在本章所考虑的库存管理例子中,明确证实了,2L – KM 方法比 1L – KM 方法的表现更好。

将来的研究可能会针对以下问题。可能会让仿真输出的特定分位点最小化[4-5,37],或者令条件风险价值(Conditional Value at Risk,CVaR)最小化[17,19,28,50],而不是在方差约束下令均值最小化。文献[65]对均值 – 方差的妥协也进行了批判。除了条件风险价值,文献[58]还对其他的风险度量值进行了考察,包括在精算领域科技文献中流行的"在 p 水平上的预期短缺"。还可能会将建立的基于克里格的方法与其他方法进行比较,这些方法是基于不同的元建模方法(如在克里格法文献中讨论,并在工程中应用于经典优化和稳健优化的泛克里格方法(Universal Kriging),和文献[22]中提出的 RSM(低阶多项式线性回归)模型,以及文献[39]提出的广义线性模型(Generalized Linear Model));或者是采用了不同的优化解算器(如文献[14]提出的用于噪声系统稳健优化的进化算法(Evolutionary Algorithm),以及文献[31]提出的用于多目标规划稳健优化的进化算法)。也可能会对其他实验设计的性能展开研究[18]。考虑到自举过程提供了令人满意的结果,计划进一步探索和完善这种分析。进一步的研究方向还包括:①调整考虑的方法来适应随机的仿真模型,这意味着在认知型不确定性(Epistemic Uncertainty)之外的偶然型不确定性(Aleatory Uncertainty)(文献[25,29]讨论了这两种不确定性);②将该方法应用于复杂的供应链模型(Supply Chain Model)[15,49,52,57]。

参考文献

[1] Al – Aomar, R.: A robust simulation – based multicriteria optimization methodology. In: Yücesan, E., Snowdon, C. – H., Charnes, J. M. (eds.) Proceedings of the Winter Simulation Conference, pp. 1931 – 1939(2002).

[2] Allen, T. T., Bernshteyn, M. A., Kabiri – Bamoradian, K.: Constructing meta – models for computer experiments. J. Qual. Technol. 35, 264 – 274(2003).

[3] Bates, R. A., Kenett, R. S., Steinberg, D. M., Wynn, H. P.: Achieving robust design from computer simulations. Qual. Tech. Quant. Manag. 3, 161 – 177(2006).

[4] Batur, D., Choobineh, F.: A quantile – based approach to system selection. Eur. J. Oper. Res. 202, 764 –

772(2010).

[5] Bekki, J. M. , Fowler, J. W. , Mackulak, G. T. , Kulahci, M. : Simulation-based cycle-time quantile estimation in manufacturing settings employing non-FIFO dispatching policies. J. Simul. 3, 69–83 (2009).

[6] Ben-Tal, A. , Nemirovski, A. : Selected topics in robust convex optimization. Math. Program. 112, 125–158(2008).

[7] Bertsimas, D. , Sim, M. : The price of robustness. Oper. Res. 52, 35–53(2004).

[8] Bertsimas, D. , Thiele, A. : A robust optimization approach to supply chain management. Integer Programming and Combinatorial Optimization. Lecture Notes in Computer Science, vol. 3064, pp. 86–100. Springer, Heidelberg(2004).

[9] Bertsimas, D. , Thiele, A. : A robust optimization approach to inventory theory. Oper. Res. 54, 150–168 (2006).

[10] Bertsimas, D. , Nohadani, O. , Teo, K. M. : Robust optimization for unconstrained simulationbased problems. Oper. Res. 58, 161–178(2010).

[11] Beyer, H. , Sendhoff, B. : Robust optimization—a comprehensive survey. Comput. Methods Appl. Mech. Eng. 196, 3190–3218(2007).

[12] Borgonovo, E. : Sensitivity analysis with finite changes: an application to modified EOQ models. Eur. J. Oper. Res. 200, 127–138(2010).

[13] Borgonovo, E. , Peccati, L. : Global sensitivity analysis in inventory management. Int. J. Prod. Econ. 108, 302–313(2007).

[14] Branke, J. , Schmidt, C. , Schmeck, H. : Efficient fitness estimation in noisy environments. In: Proc. of Genetic and Evolutionary Computation, pp. 243–250(2001).

[15] Cannella, S. , Ciancimino, E. : Up-to-date supply chain management: The coordinated. S;R/ order-up-to. In: Dangelmaier, W. , et al. (eds.) Advanced Manufacturing and Sustainable Logistics: 8th International Heinz Nixdorf Symposium, pp. 175–185. Springer, Berlin(2010).

[16] Chen, X. , Ankenman, B. , Nelson, B. L. : The effects of common random numbers on stochastic Kriging metamodels. ACM Transactions on Modeling and Computer Simulation 22, 2, Article 7(2012).

[17] Chen, Y. , Xu, M. , Zhang, Z. G. : A risk-averse newsvendor model under CVaR criterion. Oper. Res. 57, 1040–1044(2009).

[18] Dehlendorff, C. , Kulahci, M. , Andersen, K. : Designing simulation experiments with controllable and uncontrollable factors for applications in health care. J. R. Stat. Soc. Ser. C Appl. Stat. 60, 31–49(2011).

[19] Dehlendorff, C. , Kulahci, M. , Merser, S. , Andersen, K. : Conditional value at risk as a measure for waiting time in simulations of hospital units. Qual. Technol. Quant. Manag. 7, 321–336(2010).

[20] Del Castillo, E. : Process Optimization: A Statistical Approach. Springer, New York(2007).

[21] Dellino, G. , Meloni, C. : Quantitative methods to analyze simulation metamodels variability. In: R. M. Spitaleri(ed.) Proceedings of the 11th Meeting on Applied Scientific Computing and Tools. IMACS Series in Computational and Applied Mathematics, vol. 17, pp. 91–100(2013).

[22] Dellino, G. , Kleijnen, J. P. C. , Meloni, C. : Robust optimization in simulation: Taguchi and response surface methodology. Int. J. Prod. Econ. 125, 52–59(2010).

[23] Dellino, G., Kleijnen, J. P. C., Meloni, C.: Robust optimization in simulation: Taguchi and Krige combined. INFORMS J. Comput. 24(3), 471–484(2012).

[24] Dengiz, B.: Redesign of PCB production line with simulation and Taguchi design. In: Rossetti, M. D., Hill, R. R., Johansson, B., Dunkin, A., Ingalls, G. (eds.) Proceedings of the 2009 Winter Simulation Conference, pp. 2197–2204(2009).

[25] De Rocquigny, E., Devictor, N., Tarantola, S.: Uncertainty settings and natures of uncertainty. In: De Rocquigny, E., Devictor, N., Tarantola, S. (eds.) Uncertainty in Industrial Practice. Wiley, Chichester (2008).

[26] Efron, B., Tibshirani, R. J.: An Introduction to the Bootstrap. Chapman & Hall, New York(1993).

[27] El-Haik, B., Al-Aomar, R.: Simulation-Based Lean Six-Sigma and Design for Six-Sigma. Wiley, New York(2006).

[28] García-González, J., Parrilla, E., Mateo, A.: Risk-averse profit-based optimal scheduling of a hydro-chain in the day-ahead electricity market. Eur. J. Oper. Res. 181, 1354–1369(2007).

[29] Helton, J. C.: Conceptual and computational basis for the quantification of margins and uncertainty. SANDIA Report SAND2009-3055(2009).

[30] Hillier, F. S., Lieberman, G. J.: Introduction to Operations Research, 7th edn. McGraw Hill, Boston (2001).

[31] Jin, Y., Sendhoff, B.: Trade-off between performance and robustness: an evolutionary multiobjective approach. In: Fonseca, C. M., Fleming, P. J., Zitzler, E., Deb, K., Thiele, L. (eds.) Evolutionary Multi-Criterion Optimization. LNCS, vol. 2632, pp. 237–252. Springer, Heidelberg(2003).

[32] Jin, R., Du, X., Chen, W.: The use of metamodeling techniques for optimization under uncertainty. Struct. Multidiscip. Optim. 25, 99–116(2003).

[33] Keeney, R. L., Raiffa, H.: Decisions with Multiple Objectives: Preferences and Value Tradeoffs. Wiley, New York(1976).

[34] Kenett, R., Steinberg, D.: New frontiers in design of experiments. Qual. Progr. 39(8), 61–65(2006).

[35] Kleijnen, J. P. C.: Design and Analysis of Simulation Experiments. Springer, New York(2008).

[36] Kleijnen, J. P. C., Sargent, R. G.: A methodology for the fitting and validation of metamodels in simulation. Eur. J. Oper. Res. 120, 14–29(2000).

[37] Kleijnen, J. P. C., Pierreval, H., Zhang, J.: Methodology for determining the acceptability of given designs in uncertain environments. Eur. J. Oper. Res. 209, 176–183(2011).

[38] Koch, P. K., Mavris, D., Allen, J. K., Mistree, F.: Modeling noise in approximation-based robust design: a comparison and critical discussion. In: ASME Design Engineering Technical Conferences, Atlanta(1998).

[39] Lee, Y., Nelder, J. A.: Robust design. J. Qual. Technol. 35, 2–12(2003).

[40] Lee, K. H., Park, G. J.: A global robust optimization using Kriging based approximation model. J. Jpn. Soc. Mech. Eng. 49, 779–788(2006).

[41] Lehman, J. S., Santner, T. J., Notz, W. I.: Designing computer experiments to determine robust control variables. Stat. Sin. 14, 571–590(2004).

[42] Lophaven, S. N., Nielsen, H. B., Søndergaard, J.: DACE: a MATLAB Kriging toolbox(version 2.0).

Technical Report IMM-TR-2002-12, Technical University of Denmark, Lyngby(2002).

[43] Miettinen, K. M.: Nonlinear Multiobjective Optimization. Kluwer Academic, Boston(1999).

[44] Miranda, A. K., del Castillo, E.: Robust parameter design optimization of simulation experiments using stochastic perturbation methods. J. Oper. Res. Soc. 62, 198–205(2011).

[45] Miró-Quesada, G., del Castillo, E.: Two approached for improving the dual response method in robust parameter design. J. Qual. Technol. 36, 154–168(2004).

[46] Mula, J., Poler, R., García-Sabater, J. P., Lario, F. C.: Models for production planning unde runcertainty: a review. Int. J. Prod. Econ. 103, 271–285(2006).

[47] Myers, R. H., Khuri, A. I., Vining, G.: Response surface alternatives to the Taguchi robust parameter design approach. Am. Stat. 46, 131–139(1992).

[48] Myers, R. H., Montgomery, D. C., Anderson-Cook, C. M.: Response Surface Methodology: Process and Product Optimization Using Designed Experiments, 3rd edn. Wiley, New York(2009).

[49] Narasimhan, R., Talluri, S. (eds.): Special issue: perspectives on risk management in supply chains. J. Oper. Manag. 27, 114–118(2009).

[50] Natarajan, K., Pachamanova, D., Sim, M.: Constructing risk measures from uncertainty sets. Oper. Res. 57, 1129–1141(2009).

[51] Park, G.-J., Lee, T.-H., Lee, K. H., Hwang, K.-H.: Robust design: an overview. AIAA J. 44, 181–191(2006).

[52] Rao, S., Goldsby, T. J.: Supply chain risks: a review and typology. Int. J. Log. Manag. 20, 97–123 (2009).

[53] Robinson, T. J., Borror, C. M., Myers, R. H.: Robust parameter design: a review. Qual. Reliab. Eng. Int. J. 20, 81–101(2004).

[54] Sacks, J., Welch, W. J., Mitchell, T. J., Wynn, H. P.: Design and analysis of computer experiments. Stat. Sci. 4, 409–435(1989).

[55] Sanchez, S. M.: Robust design: seeking the best of all possible worlds. In: Joines, J. A., Barton, R. R., Kang, K., Fishwick, P. A. (eds.) Proceedings of the Winter Simulation Conference, pp. 69–76 (2000).

[56] Santner, T. J., Williams, B. J., Notz, W. I.: The Design and Analysis of Computer Experiments. Springer, New York(2003).

[57] Shukla, S. K., Tiwari, M. K., Wan, H.-D., Shankar, R.: Optimization of the supply chain network: simulation, Taguchi, and psychoclonal algorithm embedded approach. Comput. Ind. Eng. 58, 29–39 (2010).

[58] Sordo, M. A.: Comparing tail variabilities of risks by means of the excess wealth order. Insur. Math. Econ. 45, 466–469(2009).

[59] Simar, L., Wilson, P. W.: Sensitivity analysis of efficiency scores: how to bootstrap in nonparametric frontier models. Manag. Sci. 44, 49–61(1998).

[60] Stinstra, E., den Hertog, D.: Robust optimization using computer experiments. Eur. J. Oper. Res. 191, 816–837(2008).

[61] Taguchi, G.: System of Experimental Designs, vols. 1 and 2. UNIPUB/ Krauss International, White Plains

(1987).

[62] Trosset, M. W.: Taguchi and Robust Optimization, Dept. of Computational and Applied Mathematics, Rice University, Technical Report 96-31, Houston(1997).

[63] Van Beers, W. C. M., Kleijnen, J. P. C.: Kriging interpolation in simulation: a survey. In: Ingalls, R. G., Rossetti, M. D., Smith, J. S., Peters, B. A. (eds.) Proc. of the 2004 Winter Simulation Conference, pp. 113-121(2004).

[64] Wu. J., Li, J., Wang, S., Cheng, T. C. E.: A note on mean-variance analysis of the newsvendor model with stockout cost. Omega 37, 724-730(2009).

[65] Yin, Y., Madanat, S. M., Lu, X.-Y.: Robust improvement schemes for road networks under demand uncertainty. Eur. J. Oper. Res. 198, 470-479(2009).

[66] Yu, G.: Robust economic order quantity models. Eur. J. Oper. Res. 100, 482-493(1997).

[67] Zhang, Y.: General Robust-Optimization Formulation for Nonlinear Programming, Dept. of Computational and Applied Mathematics, Rice University, Technical Report 04-13, Houston(2004).

[68] Zipkin, P. H.: Foundations of Inventory Management. McGraw-Hill, New York(2000).

第 3 章

基于仿真的随机均衡建模

Leonidas Sakalauskas

3.1 简 介

在经济和金融等领域中经常会出现随机均衡(Stochastic Equilibrium)现象,通常将其作为随机纳什(Nash)和/或斯塔克尔伯格(Stakelberg)均衡进行分析。多重决策往往与多个寻求自身利益的决策者或参与者之间的竞争有关。这些参与者通常是非合作的,他们的决策相互抵触,从而带来了寻找纳什均衡(Nash Equilibrium)的问题。几十年来,为了研究具体的实际决策问题提出了各种随机纳什均衡模型,这些模型涉及随机数据以及处于竞争关系中的多个决策者[11,15-16,30-32]。

经济和工程领域中大部分的均衡问题也可以通过两层决策-响应(Decision - Reactions)模型进行覆盖。在这样的模型中参与的顺序(the Order of Play)具有特别的意义。这些模型通常称为双层规划(Bi - Level Planning)或者是斯塔克尔伯格博弈(Stakelberg Game),它是一种参数优化问题,其目标是针对设定的参数获得价值,从而让相关问题的最优解具有期望的特性。这些问题包含了一些重要的应用,在这些应用中负责在上层让总体目标最大化(最小化)的领导者(Leader)要根据位于下层的追随者(Follower)的响应来选择控制变量,而追随者反过来也会追求个体利益的最大化[5,7,9,12,17]。如极大极小问题(Mini - max Problem)、递阶优化(Hierarchical Optimization)等经典问题都可以表述为双层规划问题。

Leonidas Sakalauskas,立陶宛维尔纽斯大学数学与信息学院。

随机均衡的一个重要属性是参与者活动时所处环境的不确定性。在某些情况下不确定性来自测量误差,而在另一些情况下误差则来自对于待建模系统的未来状态的不准确预测。由于模型不考虑不确定性的来源,还将忽略优化中可能出现的变化,那么其结果如果应用在实践中将可能会付出较高的代价。

通常情况下可以用某种概率分布模型来表示参与者所处环境的不确定性。在随机规划中,当不确定参数的概率分布已知时,常使用抽样逼近(Sampling Approximations)。这样做的目的是用足够多的样本来尽可能接近地对整个不确定参数空间进行建模,从而提高每次迭代的概率目标函数值。在基于抽样的方法中,为了实现这一目标,做法是通过模型仿真一定数量的样本,然后计算概率函数(如目标函数的期望值或者特定事件的概率)。最常用的两种方法是基于抽样的分解[3,18,21,25,27,33]和序贯随机搜索[2,6,10,22-23]。由于仿真样本的量可以非常大,方法的关键之处在于减少为了获得待优化概率函数的可靠的统计估计所需要的场景数量(the Number of Scenarios)。

本章针对随机均衡问题研究了使用合理数量的仿真样本进行具有可接受准确度的、基于仿真的搜索。本章的结构如下:3.2 节给出了对目标函数、约束函数,以及用于函数估计和迭代式随机搜索的蒙特卡洛仿真系统的基本定义;3.3 节给出了将基于仿真的方法应用于随机非线性纳什均衡问题的一个例子,对电力市场进行建模。3.4 节和 3.5 节着重采用基于仿真的方法来解决特定的随机非线性双层规划问题。根据可能采用的规划方法的不同,双层随机规划问题本身就存在差异,所以我们将问题限制于使用双层框架来考虑重要性抽样(Importance Sampling)和条件风险价值(CVaR)的随机规划。也就是,3.4 节建立和说明了非线性随机规划的重要性抽样方法,3.5 节考虑对目标和约束中带有条件风险价值的情况进行优化,两者都分别提供了数值例子。

3.2 假设和符号定义

考虑有 m 个参与者,那么他们的策略由 m 个向量的集合表示为

$$x = (x_1, x_2, \cdots, x_m)(x_j \in D_j \subset \Re^{n_j}), \quad n = \sum_{j=1}^{m} n_j (1 \leq j \leq m) \quad (3.1)$$

假设参与者在随机环境中采取行动,该环境定义为概率空间 (Ω, Σ, P_x),其中度量值 P_x 是绝对连续的,并在整体上依赖于策略集(the Set of Strategies),即它是由参数化概率密度 $p: D \times \Omega \to \Re^+$ 定义的,其中 $D = D_1 \otimes D_2 \otimes \cdots \otimes D_m \in$

$\Re^n$ 是可行策略的集合。当然,第 j 名参与者的目标同时依赖于他的策略以及其他参与者的策略,考虑随机场景 $\zeta \in \Omega$:

$$f_j : D \times \Omega \to \Re, \quad 1 \leq j \leq m \tag{3.2}$$

假设目标函数是凸的利普希茨(Lipshitzian)函数。第 j 名参与者的策略效能(Efficiency of the Strategy)由其概率目标函数来表示:

$$F_j(x_1, x_2, \cdots, x_m) = E f_j(x_1, x_2, \cdots, x_m, \zeta), \quad 1 \leq j \leq m \tag{3.3}$$

式中: E 表示数学期望。

随机梯度(Stochastic Gradient)的概念对探讨随机目标函数的可微性非常重要。因此,如果

$$\nabla_x F_j(x) = E g_j(x, \zeta) \tag{3.4}$$

成立,则将随机向量 $g_j : \Re^n \times \Omega$ 称为光滑可微函数 $F_j(x), x \in \Re^n$ 的随机梯度[1]。

由于利普希茨条件,对于每个场景 ζ 函数 $f_i(x, \zeta) (i = 0, 1, \cdots, m)$ 的次梯度(Subgradient)都是存在的[1]。由于是通过一个绝对连续的度量值来描述不确定性,上述公式的期望是光滑可微函数[1,20]。若概率密度 p 也符合利普希茨特性,则概率目标函数是光滑二次可微的[1]。因此,首先,可以在相当宽泛的条件下将参与者的概率目标函数及其梯度视为光滑可微函数来对待;其次,这些概率目标函数及其梯度可以在特定概率空间中表述为期望值[22,25]。

由于随机两阶段线性目标函数具有广泛的适应性,所以我们对其感兴趣:

$$\begin{cases} F_j(x) = \sum_{i=1}^m c_j^i \cdot x_i + E\{q_j \cdot y_j\} \to \min_{x_j} \\ \text{s. t.} \quad \sum_{i=1}^m A_i \cdot x_i = b_j, \quad x_i \in \Re_+^{n_i} \\ y_j = \arg \min_y \left[v_j \cdot y \mid W_j \cdot y + \sum_{i=1}^m T_j^i \cdot x_i \leq h_j, y \in \Re_+^{l_j} \right] \end{cases} \tag{3.5}$$

第二阶段的依赖被假设为完全依赖,这一阶段的解是单例(Singleton), $A_j \in \Re^{r_j \times s_j}, b_j \in \Re^{s_j}, c_j^i \in \Re_+^{n_i}$,部分向量 $q_j \in \Re_+^{l_j}, v_j \in \Re_+^{l_j}, h_j \in \Re^{r_j}$ 和/或矩阵 $W_j \in \Re^{r_j \times l_j}, T_j^i \in \Re^{r_j \times n_i} (1 \leq i, j \leq m)$ 可以是随机的。度量值 P_x 通常表示为随机向量和矩阵的分布 $\zeta = (q_j, v_j, h_j, W_j, T_j, 1 \leq j \leq m)$。

随机两阶段线性目标函数在金融、商业和市场建模中具有很多应用。例如,模型中 $W_j \cdot y + \sum_{i=1}^m T_j^i \cdot x^i \leq h_j$ 的约束可以描述对相应的资源和服务的未来需求,取决于随机因素 h_j,而在制定第一阶段决策时还不能确定该因素的取值。

第 j 名参与者的可行策略集是 $D_j = \{x_j \mid \sum_{i=1}^{m} A_j^i \cdot x_i = b_j, x_j \in \Re_+^{n_j}\}$, $1 \leq j \leq m$,在随机场景下,根据度量值 P_x 的分布,其中的策略同样依赖于第二阶段线性优化问题:

$$\min_{\substack{w_j \cdot y + \sum_{i=1}^{m} T_j^i \cdot x_i \leq h_j \\ y \in \Re_+^{l_j}}} v_j \cdot y \tag{3.6}$$

这样,根据给定的场景,该参与者的随机目标函数为

$$f_j(x,\zeta) = \sum_{i=1}^{m} c_j^i \cdot x_i + q_j \cdot y_j \tag{3.7}$$

式中:y_j 是式(3.6)中线性问题的解,$1 \leq j \leq m$。

注意,如果第二阶段变量 y 的系数在第一层和第二层是一致的,即 $q \equiv v$,那么式(3.5)的目标函数就对应于标准的两阶段随机线性问题。

考虑式(3.5)中随机两阶段线性函数的梯度。事实上,线性规划问题的解对约束向量的敏感性矩阵刚好是基本的单纯矩阵(Simplex Matrix)的逆[29]。因此,式(3.7)中第 j 名参与者的随机线性目标函数的次梯度可以由基本的单纯矩阵 $W_{b,j}$ 来定义,在单纯化过程的最后一步采用下面的方法:

$$q_j \cdot \partial y_j = -q_j \cdot W_{b,j}^{-1} \cdot T_j^i, \quad 1 \leq j \leq m \tag{3.8}$$

这样,式(3.5)的目标函数的随机梯度为

$$\partial x_i f_j = c_j^i - q_j \cdot W_{b,j}^{-1} \cdot T_j^i \tag{3.9}$$

数学期望的特性意味着函数 $F_j(x)$ 的梯度具有表达式[22-23,33]:

$$\nabla_{x_j} F_j(x) = E(c_j^i - q_j \cdot W_{b,j}^{-1} \cdot T_j^i) \tag{3.10}$$

注意,如果 $q \equiv v$,那么随机梯度可以表示为

$$g_j(x_j,\zeta) \equiv \partial x_j f_j = c_j - T_j^i \cdot u_j^* \tag{3.11}$$

式中:u_j^* 是双线性问题的解,即

$$(h_j - \sum_{i=1}^{m} T_j^i \cdot x_i)^T \cdot u_j^* = \max_u [(h_j - \sum_{i=1}^{m} T_j^i \cdot x_i) \mid u \cdot W_j^T + q_j \geq 0, u \in \Re_+^{n_j}]$$

在用特定概率空间的期望来表示目标函数和它们的梯度时,就可以使用抽样逼近的方法来建立具有可接受的精度的均衡。定义蒙特卡洛估计量来近似概率目标函数及其梯度。简单起见,假设只有式(3.5)中第二阶段目标函数右侧的向量 h 是随机的。

假设对任意可行解 $x \in \Re^n$,可以通过蒙特卡洛方法仿真得到数量为 N 的样本:

$$H = (h^1, h^2, \cdots, h^N) \tag{3.12}$$

式中：$h^j (1 \leqslant j \leqslant N)$ 是独立随机向量，具有共同的分布密度 $p(x,h)$，可以用来计算出目标函数的样本 η_j^k，以及它们的随机梯度的样本 g_j^k，其中 $\eta_j^k = f_j(x, h^k)$。

使用这些样本可以计算得到抽样估计量：

$$\tilde{F}_j(x) = \frac{1}{N} \sum_{k=1}^{N} \eta_j^k \tag{3.13}$$

$$\tilde{G}_j(x) = \frac{1}{N} \sum_{k=1}^{N} g_j^k \tag{3.14}$$

式中：$1 \leqslant j \leqslant m$。

假设随机目标函数存在二阶矩，则可以计算目标函数的抽样方差：

$$D_j^2(x) = \frac{1}{N} \sum_{k=1}^{N} (\eta_j^k - F_j(x))^2 \tag{3.15}$$

这可以帮助我们估计式(3.13)中估计值的置信区间。把不同参与者的随机梯度连成一个向量 $g^k = (g_1^k, g_2^k, \cdots, g_m^k)(1 \leqslant k \leqslant N, 1 \leqslant j \leqslant m)$，梯度的估计量也连成一个向量 $\tilde{G} = (\tilde{G}_1, \tilde{G}_2, \cdots, \tilde{G})_m, G_j = G_j(x), 1 \leqslant j \leqslant m$。引入随机梯度的抽样协方差矩阵：

$$Q(x) = \frac{1}{N} \sum_{k=1}^{N} (g^k - G(x)) \cdot (g^k - G(x))^T \tag{3.16}$$

它将进一步用于将随机梯度归一化。

3.3 搜索随机纳什均衡

考虑有 m 名处于竞争关系的参与者的随机均衡问题：

$$F_j(x_1, x_2, \cdots, x_m) = Ef(x_1, x_2, \cdots, x_m, \zeta) \to \min_{x_j \in D_j \subset \Re^{n_j}} \tag{3.17}$$

其中，参与者的目标函数符合前述的条件和假设。

若目标函数是光滑可微的，则它们的梯度

$$G_j : \Re^n \to \Re^{n_j}, \text{即 } G_j(x_1, x_2, \cdots, x_m) = \frac{\partial F_j(x_1, x_2, \cdots, x_m)}{\partial x_j}, 1 \leqslant j \leqslant m$$

就是可以得到的。

式(3.17)问题的解 $x^+ = (x_1^+, x_2^+, \cdots, x_m^+)$ 必须满足"定点"(Fixed Point) 条件[26]：

$$G_j(x_1^+, x_2^+, \cdots, x_m^+) = 0, \quad 1 \leqslant j \leqslant m \tag{3.18}$$

假设给定的初始策略集为 $x^0 \in D \subset \mathfrak{R}^n$，初始蒙特卡洛仿真得到了式(3.12)中的 N_0 个样本，并计算得到了式(3.13)~式(3.16)相应的估计值。用于搜索式(3.17)中均衡点的基于仿真迭代式方法为

$$x_j^{t+1} = x_j^t - \rho_j \cdot \tilde{G}_j(x^t) \quad (3.19)$$

式中：ρ_j 是特定的步长系数，$\rho_j > 0$，$\tilde{G}_j(x^t)$ 是式(3.14)的梯度抽样估计量，$1 \leq j \leq m$。

通过式(3.19)所示处理过程所得到的策略集的顺序在本质上是随机的，其趋势只是关于问题的解近似。这一近似的精度主要取决于蒙特卡洛样本的多少。有时，为了保证在所有迭代中都具有可接受的精度，样本的数量会选择得相当多。不过，在搜索开始时没有必要让蒙特卡洛估计量具有很高的精度，而是只要得到朝向均衡问题的解的大致方向就可以了。因此，最开始的样本数量可以较少，以后再增加样本数量；只在需要决策是否找到了所求解时，才对大量的样本进行仿真[22-23]。通过让样本数量与随机梯度在适当度量下范数的平方成反比可以实现这样的方法，规则如下：

$$N^{t+1} = \left[\frac{n \cdot \text{Fish}(\gamma, n, N^t - n)}{\rho \cdot (\tilde{G}(x^t))^T \cdot (Q(x^t))^{-1} \cdot \tilde{G}(x^t)} \right] + n \quad (3.20)$$

式中：$\text{Fish}(\gamma, n, N^t - n)$ 是具有 $(n, N^t - n)$ 自由度的 Fisher 分布的分位点；γ 是显著性。

为了避免样本数量出现大的波动，设定样本数量的上下限将是很有帮助的，如 $N_{\min} \approx 20, \cdots, 50$，$N_{\max} \approx 1000, \cdots, 5000$。

每轮迭代都要检查是否找到了具有可接受精度的均衡点。由于只有目标函数的蒙特卡洛估计量及其梯度可用，所以只需要对逼近的最优性进行统计假设检验。只要满足两个条件，就可以认为式(3.19)得到的近似是对式(3.17)问题的解的充分近似：首先，式(3.18)中梯度等于 0 的统计假设不被拒绝；其次，目标函数估计值的置信区间达到了合适的宽度。为了建立用来检验后面的假设的相应统计准则，需要注意的是根据 CLT ①，式(3.13)和式(3.14)中估计值的概率分布随着样本数量的增加是高斯渐近的。这样，式(3.18)中多个梯度等于 0 的假设可以通过多元霍特林(Hotelling) T^2 统计来检验：

$$T_t^2 \equiv (N^t - n) \cdot (\tilde{G}(x^t))^T \cdot (Q(x^t))^{-1} \cdot (\tilde{G}(x^t))/n \leq \text{Fish}(\mu, n, N^t - n) \quad (3.21)$$

---

① 原文如此，仅出现"CLT"缩写，未给出具体含义。译者认为此处的"CLT"是指"中心极限定理(Central Limit Theorem)"，供读者参考。——译者

接下来可以再次使用渐近正态性来判定置信区间的宽度是否以概率 β 小于某个预定的值 ε，如果 T_t^2/F_μ①，则

$$\eta_\beta \cdot \tilde{D}_j(x^t)/\sqrt{N^t} \leq \varepsilon, \quad 1 \leq j \leq m \quad (3.22)$$

式中：η_β 是标准正态分布的 β 分位点。

如果式(3.21)和式(3.22)中至少有一个条件得不到满足，那么就要重复式(3.19)中的过程。根据式(3.20)得到样本数量，仿真新的式(3.12)中的样本，并在点 x_j^{t+1} 处计算式(3.13)~式(3.16)的估计值。不过，如果式(3.21)和式(3.22)中的准则都得到了满足，就没有理由拒绝最优性假设，这时就可以终止搜索均衡点，转而去判定这个解是否具有可接受的精度。在参与者目标函数的凸性和光滑性满足一定条件的前提下，搜索过程应该依概率收敛于均衡点[22-23]。因此，可以建立具有可接受的精度的均衡，搜索过程在随机但是有限的仿真样本数量下终止。

例1（电力市场的随机纳什均衡）。考虑一个具有 M 家供电商的电力现货市场，这些供电商在用电调度上是相互竞争的。假设，逆需求函数（Invers Demand Function）$p(Q,\zeta(\omega))$ 为市场价格，其中的 Q 是对市场的总供电量，而 $\zeta:\Omega\to\Re$ 是描述需求不确定性的随机变量（更多细节请参见文献[33]）。第 i 家供电商选择的发电和供电量为 q_i，则第 i 家供电商的预期利润为

$$R_i(q_i, Q_{-i}) = E[q_i p(Q,\zeta) - C_i(q_i) + H_i(p(Q,\zeta))] \quad (3.23)$$

式中：$Q_{-i} = Q - q_i$，代表第 i 家供电商的所有竞争对手向市场提供的供应量；$C_i(q_i)$ 代表第 i 家供电商生产 q_i 电力所需要的成本；$H_i(p(Q,\zeta))$ 代表与合同有关的报酬，是供电商在进入现货市场前与销售商签订的，$1 \leq i \leq M$。

合同用于对冲市场需求的不稳定性而带来的风险。通过卖出执行价格为 f 的看涨期权（Call Option），如果 $p > f$，那么第 i 家供电商要向合同持有人支付 $w_i \cdot (p-f)$；但是，若 $p < f$，则供电商无须支付，其中 w_i 是供电商在合同中签订的执行价格为 f 的供电量，即

$$H_i(p(Q,\zeta)) = -w_i \max(p(Q,\zeta) - f, 0) \quad (3.24)$$

第 i 家供电商的决策问题在于选择最佳的供电量 q_i，让其预期利润最大化。因此，假设每家供电商都要让它的利润达到最大化，它们在电力市场上的竞争就可以表述为随机纳什均衡问题：

$$-E(q_i p(Q,\zeta) - C_i(q_i) - w_i \max(p(Q,\zeta) - f, 0) \to \min_{0 \leq q_i \leq q_{i,\max}} \quad (3.25)$$

---

① 原文如此，仅出现这一部分公式，未说明具体的判据标准或原则。译文尊重了原文。——译者

式中:$q_{i,\max}$是第i家供电商的最大供电量,$1 \leq i \leq M$。

例如,考虑有3家供电商参与竞争,逆需求函数为$p(q,\zeta) = \alpha \cdot \zeta + \alpha_0 - q$,其中,$\alpha = 20, \alpha_0 = 30$,执行价格$f = 22$,$\zeta$是$[0,1]$之间均匀分布的随机数。表3.1中给出了3家供电商的看涨期权和成本函数。

表3.1 看涨期权和成本函数

供电商	w_i	$C_i(q_i)$
1	10	$q_1^2 + 2q_1$
2	8	$2q_2^2 + 2q_2$
3	0	$2q_3^2 + 3q_3$

整个任务的解决过程从策略集$q = (10,10,10)$开始,随后仿真出蒙特卡洛样本,再根据式(3.19)以序贯方式选择策略(q_1,q_2,q_3),并采用根据式(3.20)得到样本数量N^t。表3.2给出了计算机仿真结果,同时还给出了通过解析方法得到的这一问题的解以供比较。为了表述的简洁起见,使用了$F_\mu = \text{Fish}(\mu, n, N^t - n)$。根据表3.2中给出的结果可以得出结论:为了得到均衡策略,只需要仿真少量的样本。

表3.2 准确的均衡点和计算的均衡点

t	q_1	q_2	q_3	Q	$E[p(Q,\zeta)]$	R_1	R_2	R_3	N^t	T_t^2/F_μ
1	10	10	10	30	10.274	-17.26	-117.26	-127.26	2	6.4×10^3
2	7.827	5.827	5.727	19.382	20.708	65.91	25.69	35.81	9	70.263
3	7.784	5.132	4.634	17.550	22.324	70.64	30.05	46.60	204	2.474
4	7.983	5.000	4.250	17.233	22.547	72.65	30.62	46.95	2283	1.004
5	8.151	4.961	4.079	17.191	22.959	74.33	30.70	48.14	926	0.999
6	8.358	5.022	4.036	17.416	22.505	73.38	30.02	46.14	4085	1.002
7	8.440	4.992	3.968	17.401	22.793	74.58	30.21	47.05	10316	0.970
8	8.532	5.011	3.963	17.506	22.540	74.79	30.58	46.03	3656	1.000
9	8.552	4.980	3.936	17.468	22.384	74.37	30.46	45.31	2538	1.000
10	8.544	4.944	3.906	17.394	22.609	74.93	30.48	46.08	39748	0.252
解析解										
q^*	8.642	4.980	3.923	17.547	21.687	75.70	30.70	46.50		

3.4 通过重要性抽样进行双层随机规划

很多均衡问题是作为双层优化问题解决的：

$$\begin{cases} F(x,y) = Ef(x,y,\zeta) \to \min_{x \in D \subset \Re^n} \\ \Psi(x,y) = E\varphi(x,y,\zeta) \to \min_{y \in B \subset \Re^m} \end{cases} \quad (3.26)$$

在双层规划的术语中，第一个问题称为领导者问题（Leader Problem），后一个问题称为追随者问题（Follower Problem）[5]。假设式（3.26）中的目标函数服从 3.2 节中所提出的条件和假设。

为了显示进行序贯双层随机规划（Sequential Bi-level Stochastic Programming）的方法，考虑在随机规划中采用重要性抽样的例子。重要性抽样是一种减少方差的技术，可以用来减少随机规划的抽样逼近过程中模拟场景的数量。重要性抽样背后的想法是，仿真中输入随机变量的某些值会比其他值对待估计的参数产生更大的影响[4,8,13]。如果抽样过程更频繁地强调这些"重要的"值，就可以减少估计量的方差。因此，重要性抽样的基本方法就是选择一个可以"鼓励"重要值的分布。实现重要性抽样仿真的根本问题是选择一个新的分布，来鼓励输入变量的重要区域。因此，对重要性抽样分布的选择被看作追随者问题，而主优化问题则是作为领导者问题来解决。

假设要解决的问题是对期望的优化：

$$F(x) = Ef(x,\zeta) \to \min_{x \in D \subset \Re^n} \quad (3.27)$$

在做出的假设条件下，将待考虑问题的目标函数写作多元积分形式：

$$F(x) \equiv \int_{\Omega} f(x,s) p(x,s) \mathrm{d}s \quad (3.28)$$

通过引入依赖于特定参数 $y \in \Re^m$ 的新密度 $\varphi: \Re^m \times \Omega \to \Re_+$，运用测度转换方法（对它的选择将在后文讨论）。式（3.28）中的目标函数变成了对这一新的随机向量的期望：

$$F(x) \equiv \int_{\Omega} (f(x,s) \cdot q(x,y,s)) \cdot \varphi(y,s) \mathrm{d}s \quad (3.29)$$

式中

$$q(x,y,s) = \frac{p(x,s)}{\varphi(y,s)}$$

此外，假设对于任何 $s \in \Omega$ 都有 $\varphi(y,s) > 0$。式(3.29)期望值中进行积分的随机函数的二阶矩为

$$D(x,y) = \int_\Omega (f(x,s) \cdot q(x,y,s))^2 \cdot \varphi(y,s)\mathrm{d}s = \int_\Omega \frac{(f(x,s) \cdot p(x,s))^2}{\varphi(y,s)}\mathrm{d}s \tag{3.30}$$

式(3.29)中进行积分的随机函数的方差显然就是 $D(x,y) = F(x)^2$，如果式(3.30)中的二阶矩减少，该方差就会减少。因此，通过以适当方式改变式(3.30)中的变量 y，就有可能减少方差。所以此方法可以用于在这种情况下进行优化。为此，必须解决双层随机优化问题：

$$F(x) \equiv \int_\Omega f(x,s) \cdot q(x,y,s) \cdot \varphi(y,s)\mathrm{d}s \to \min_{x \in D \subset \Re^n} \tag{3.31}$$

$$D(x,y) \equiv \int_\Omega (f(x,y) \cdot q(x,y,s))^2 \cdot \varphi(y,s)\mathrm{d}s \to \min_y \tag{3.32}$$

其中，前一个问题是领导者问题，后一个问题是追随者问题。

将解决式(3.5)中的两阶段随机线性问题时考虑的方法应用于此：

$$\begin{cases} F(x) = c \cdot x + E\{\min_y [q \cdot z | W \cdot z + T \cdot x \leq h, z \in \Re_+^m]\} \to \min \\ Ax = b, x \in \Re_+^n \end{cases} \tag{3.33}$$

其中的矩阵 W、T、A 和向量 c、q、h、b 具有适当的大小，$c = q$，向量 h 是多元正态随机量 $N(\mu, \Sigma)$，μ 是均值向量，Σ 是协方差矩阵。将正态分布向量 $N(y, \Sigma)$ 的密度函数记为 $p(\cdot, y): \Re^m \to \Re_+$，并使用此密度通过改变均值向量 y 来改变测度值，减小式(3.32)给出的方差。

令

$$f(x,h) = \min_{\substack{W \cdot z + T \cdot x \leq h \\ z \in \Re_+^m}} q \cdot z \tag{3.34}$$

经过简单的操作可以确定：

$$F(x) \equiv \int_\Omega f(x,h) \cdot q(y,h) \cdot p(h,y)\mathrm{d}h \tag{3.35}$$

式中

$$q(y,h) = \frac{p(h,\mu)}{p(h,y)} = \exp(-(\mu - y)^\mathrm{T} \cdot \Sigma^{-1} \cdot (\mu + y - 2h)) \tag{3.36}$$

由此可得

$$D(x,y) = \int_\Omega \frac{(f(x,h) \cdot p(h,\mu))^2}{p(h,y)}\mathrm{d}h \tag{3.37}$$

式(3.37)中的方差相对于参数向量 y 的梯度为

$$B(x,y) \equiv \frac{\partial D(x,y)}{\partial y} = \int_\Omega (y-h) \cdot \sum\nolimits^{-1} \cdot b(x,y,h) \cdot p(h,y) \mathrm{d}h \tag{3.38}$$

式中

$$b(x,y,h) = (f(x,h) \cdot q(y,\mu))^2 \tag{3.39}$$

注意,式(3.33)中的目标函数关于变量 x 的梯度可以由式(3.11)表示为向量函数 $g(x,y)$ 的数学期望。由于目标函数 $F(x)$、$D(x,y)$ 以及它们的梯度都表示为期望,基于蒙特卡洛仿真的方法就成为解决式(3.31)和式(3.32)中双层问题的工具。

通过使用式(3.31)和式(3.32)进行重要性采样,来定义蒙特卡洛估计量及迭代过程,以解决式(3.33)中的随机规划问题。假设将要计算式(3.12)中的随机样本,其分布服从密度函数 $p(\cdot,\cdot)$;还要计算式(3.33)目标函数和式(3.37)方差所对应的式(3.13)中的蒙特卡洛估计值,即 $\tilde{F}(x,y)$ 和 $\tilde{D}(x,y)$。此外,还基于式(3.10)和式(3.18)中的期望值,根据式(3.14)计算了梯度 $\tilde{G}(x,y)$ 和 $\tilde{B}(x,y) = \frac{1}{N}\sum_{j=1}^{N}(h^j-y) \cdot \sum\nolimits^{-1} \cdot b(x,y,h^j)$ 的估计值。式(3.16)中的抽样协方差矩阵是目标函数的随机梯度的一个样本,同样将其计算用于进一步随机梯度归一化。

通过随机梯度 ε 投影法[23-24],为解决两阶段随机线性问题建立了一个基于仿真的重要性抽样方法。假设给定初始近似 $x^0 \in D \subset \Re^n$,$y^0 = \mu$,选择了某个初始样本规模 N^0,则可以定义随机序列 $\{x^t,y^t,N^t\}_{t=0}^{\infty}$ 为

$$x^{t+1} = x^t - \rho \cdot \tilde{G}_\varepsilon(x^t,y^t) \tag{3.40}$$

$$y^{t+1} = y^t - \alpha \cdot \tilde{B}(x^t,y^t) \tag{3.41}$$

$$N^{t+1} = \frac{1}{b^t} \cdot N^t \tag{3.42}$$

式中:$\tilde{G}_\varepsilon(x^t,y^t)$ 是随机梯度向一个可行集的 ε 投影[23-24];$\rho>0, \alpha>0, b^t>0$ 是该方法的一些参数。

可以使用鞅方法(Martingale Approach)证明,通过为该方法选择适当的参数,式(3.40)和式(3.41)中的序列按概率收敛于式(3.31)和式(3.32)问题的解。同时,根据式(3.42)选择的样本规模会无限增长[22-23]。注意,根据式(3.42)选择蒙特卡洛样本的数量,这一数量与式(3.20)相似,也与随机梯度

的平方成反比,只通过仿真合理数量的随机样本就能够解决问题。

此外,必要的最优性条件意味着目标函数的梯度在最优解处等于0。因此,优化过程在领导者问题的梯度小于特定的可容许值时将终止。实际上,当目标函数梯度等于0的统计检验不被拒绝时,就可以停止迭代过程;而且目标函数估计值的置信区间也具有适当的宽度。由于样本数量在优化过程中增加,蒙特卡洛估计量的分布会逼近正态法则,由此可以构造类似于式(3.21)和式(3.22)的统计性终止规则[23-24]。

例2 在解决来自 http://www.math.bme.hu/~deak/twostage/l1/20x20.1 的数据库中的两阶段随机线性优化测试问题时,已经通过计算机仿真对前面建立的重要性抽样方法进行了探索[24]。该任务的维度如下:第一阶段有10行和20个变量;第二阶段有20行和30个变量。数据库中给出的对目标函数最优值的估计值是182.94234 ± 0.066。

已经使用前面建立的方法对这个例子进行了100次测试,参数为 $\rho = 0.0005, \alpha = 0.1, b'$ 是按照文献[24]中所述的方法进行选择的。在终止条件第一次得到满足(梯度等于0的统计假设在 $1 - \mu = 0.95$ 的概率下不被拒绝,而且目标函数估计值的置信区间不超过容许值 $\varepsilon = 2$)时,检查迭代的次数。

图3.1(a)给出了目标函数值对迭代次数的平均依赖,分别来自带有重要性抽样(重要性)和不带重要性抽样(经典)的序贯优化。在图3.1(a)中可以看到两种方法都获得了收敛。图3.1(b)给出了终止次数的依赖关系,显示出在使用重要性抽样终止时的迭代次数减少了。优化中使用的蒙特卡洛样本总数量以及每次当前迭代中的蒙特卡洛样本数量显示在图3.1(c)和(d)中,表明重要性抽样能够将优化所需的样本数量大约减少一半。

因此,通过上述所获得的结果可得出结论:重要性抽样可以减少达到终止条件所需的迭代次数,同时在每次迭代中减少蒙特卡洛样本的数量。

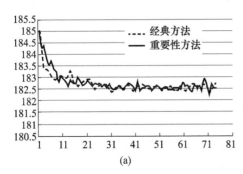

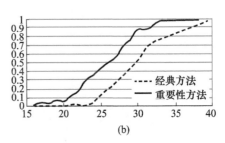

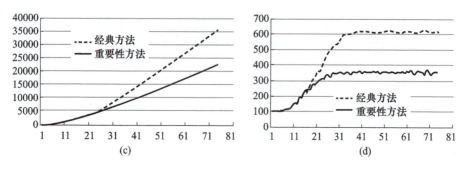

图 3.1 平均结果

(a)目标函数值;(b)终止次数;(c)蒙特卡洛样本总数;(d)蒙特卡洛样本数。

3.5 使用 CVaR 进行随机规划

Rockafellar 和 Uryasev 对条件风险价值给出了一个便于操作的定义[19]:

$$\text{CVaR}_\alpha(x) = \min_{u \in \Re}\left(u + \frac{1}{1-\alpha}E\left[f(x,\zeta) - u\right]^+\right) \quad (3.43)$$

式中:$[t]^+ = \max(0,t)$;$0 < \alpha < 1$ 是风险的概率;$f: D \times \Omega \to \Re$ 是随机目标函数。

采用加权和的形式来表示风险规避的水平,权值 θ 是函数要优化的目标,而风险度量值的权值为 $1-\theta$,其中 $0 \leq \theta \leq 1$。考虑在多个条件风险价值约束下的风险规避水平优化问题:

$$\begin{cases} F_0(x) = \theta \cdot E[f_0(x,\zeta)] + (1-\theta) \cdot \text{CVaR}_{\alpha_0}[f_0(x,\zeta)] \to \min_x \\ F_i(x) = \text{CVaR}_{\alpha_i}[f_i(x,\zeta)] \leq \eta_i, \quad i = 1,2,\cdots,m \end{cases} \quad (3.44)$$

其中,条件风险值遵循式(3.43)的定义,$0 < \alpha_i < 1(i=0,1,2,\cdots,m)$,目标函数 f 和概率密度 p 服从 3.2 节中的假设。

可以将式(3.44)中的问题写作双层随机优化的样式:

$$\begin{cases} F_0(x) = \theta \cdot \int_{R^l} f_0(x,z) \cdot p(x,z)\mathrm{d}z + (1-\theta) \\ \qquad \cdot \left(u_0 + \frac{1}{\alpha_0} \cdot \int_{R^l} (f_0(x,z) - u_0)^+ \cdot p(x,z)\mathrm{d}z\right) \to \min_{x, u_0} \\ F_i(x) = \min_{u_i \in \Re}\left(u_i + \frac{1}{\alpha_i} \cdot \int_{R^l} (f_i(x,z) - u_i)^+ \cdot p(x,z)\mathrm{d}z\right) \leq \eta_i, i = 1,2,\cdots,m \end{cases}$$

$$(3.45)$$

注意,式(3.45)中问题的标准拉格朗日展开是 $F_0(x) + \sum_{i=1}^{m} \lambda_i \cdot F_i(x)$。要计算该值,必须解决式(3.43)的第二层问题。引入扩展拉格朗日函数(Lagrange Function,LF):

$$L(x,\lambda,u) \equiv El(x,\lambda,u,\zeta) = \theta \cdot \int_{R^l} f_0(x,z) \cdot p(x,z)\mathrm{d}z$$
$$+ \sum_{i=0}^{m} \lambda_i \cdot \left(u_i - \eta_i + \frac{1}{\alpha_i} \cdot \int_{R^n} (f_i(x,z) - u_i)^+ \cdot p(x,z)\mathrm{d}z\right)$$

(3.46)

以及扩展约束函数(Constraint Function,CF):

$$L_i(x,u) \equiv El(x,u,\zeta) = u_i - \eta_i + \frac{1}{\alpha_i} \cdot \int_{R^n} (f_i(x,z) - u_i)^+ \cdot p(x,z)\mathrm{d}z$$

(3.47)

可以将它们分别看作随机拉格朗日函数

$$l(x,\lambda,u,\zeta) = \theta \cdot f_0(x,\zeta) + \sum_{i=0}^{m} \lambda_i \cdot \left(u_i - \eta_i + \frac{(f_i(x,\zeta) - u_i)^+}{\alpha_i}\right)$$

(3.48)

的期望和随机约束函数

$$l_i(x,u,\zeta) = u_i + \eta_i + \frac{(f_i(x,\zeta) - u_i)^+}{\alpha_i}$$

(3.49)

的期望,其中,$\lambda = (\lambda_0, \lambda_1, \cdots, \lambda_m)$,$\lambda_i \geq 0$,$i = 1, 2, \cdots, m$,$\lambda_0 = 1 - \theta$,$\eta_0 = 0$,$u = (u_0, u_1, \cdots, u_m)$。

注意,函数 $l(x,\lambda,u,\zeta)$ 和 $l_i(x,u,\zeta)$ ($i = 1, 2, \cdots, m$) 对于 x 和 u 是满足利普希茨条件的,因此,它们的次梯度是存在的,可以看作随机梯度。根据 3.2 节有关目标函数可微性的分析,扩展拉格朗日函数 $L(x,\lambda,u)$ 和约束函数 $L_i(x,u)$ 是光滑可微的,可以使用期望值来表示它们。因此,将扩展拉格朗日函数的梯度记为 $G(x,\lambda,u) = Eg(x,\lambda,u,\zeta)$,扩展约束函数的梯度记为 $G_i(x,u) = Eg_i(x,u,\zeta)$,$i = 1, 2, \cdots, m$。

用 $x^* \in \Re^n$ 表示式(3.44)随机规划问题的解。根据 Karush–Kuhn–Tucker 定理和 CVaR 差分规则[19] $\lambda_i^* \geq 0$,有

$$\begin{cases} G(x,\lambda,u) \equiv \nabla F_0(x^*) + \sum_{i=0}^{m} \lambda_i^+ \cdot G_i(x,u) = 0 \\ \lambda_i^* \cdot (L_i(x,u) - \eta_i) = 0, \quad i = 1, 2, \cdots, m \\ \Pr(f_i(x^*,\zeta) \geq u_i^*) = \alpha_i, \quad i = 1, 2, \cdots, m \end{cases}$$

(3.50)

如果随机目标函数 $f_i(x^*,\zeta)(i=0,1,\cdots,m)$ 是线性的,就可以将该问题转化成大型线性规划(Linear Programming,LP)问题,并通过样本均值逼近(Sample Average Approximation,SAA)方法来解决它。但是,由此而得到的线性规划问题可能非常大,会需要巨量的计算资源才能解决。另外,如果函数 $f_i(x^*,\zeta)$,$i=0,1,\cdots,m$ 中有一部分是非线性的,目前还不清楚应该如何解决这一问题。因此,使用蒙特卡洛样本序列的基于仿真的方法是令人感兴趣的。

假设要仿真式(3.12)中的随机样本,并计算与之对应的函数 $l(x,\lambda,u,\zeta)$ 和 $l_i(x,u,\zeta)$ 的样本,以及随机梯度 $g(x,\lambda,u,\zeta)$ 和 $g_i(x,u,\zeta)(i=1,2,\cdots,m)$。这样,可以分别计算拉格朗日函数、约束函数以及它们梯度的蒙特卡洛估计值 $L(x,\lambda,u)$、$L_i(x,u)$、$\tilde{G}(x,\lambda,u)$ 和 $\tilde{G}_i(x,u)(i=1,2,\cdots,m)$;将相应的随机约束函数的抽样方差记为 $\tilde{D}_i^2(x,u)(i=1,2,\cdots m)$,拉格朗日函数的随机梯度抽样协方差矩阵记为 $Q(x,\lambda,u)$(见式(3.15)和式(3.16))。此外,记比值:

$$\Pr_i = \frac{N_i}{N} \quad (3.51)$$

式中:$N_i(i=0,1,\cdots,m)$ 是事件 $\{u_i:F_i(x,z^j)\geq u_i\}$ 在式(3.12)蒙特卡洛样本中的频度。

为了找到式(3.44)中问题的解,使用前面提出的蒙特卡洛估计量。文献[22]中已经提出了用于基于蒙特卡洛方法的随机非线性优化的最速下降法(the Steepest Descent Method),但是对于 Hessian 矩阵定义不良的函数,最速下降法的收敛速度很缓慢。因此,考虑随机变量度量(Stochastic Variable Metric,SVM)方法,它有助于加快收敛速度[28]。因此,假设给定起始点 $x^0\in\Re^n$、起始向量 $\lambda^0,u^0\in\Re_+^m$,根据式(3.12)产生特定起始数量 N^0 的随机样本,并计算对应于式(3.13)~式(3.16)的蒙特卡洛仿真值。这时,可以使采用下面的随机变量度量随机过程:

$$\begin{cases} x^{t+1}=x^t-(Q^t)^{-1}\cdot\tilde{G}(x^t,\lambda^t,u^t) \\ \lambda_i^{t+1}=\max[0,\lambda_i^t+\gamma_i(\tilde{L}_i(x^t)+\mu_\beta\cdot\tilde{D}_i(x^t))],\quad i=1,2,\cdots,m \\ u_i^{t+1}=u_i^t+\pi_i\cdot\left(\frac{\Pr_i}{\alpha_i}-1\right),\quad i=1,2,\cdots,m \end{cases} \quad (3.52)$$

式中:$\gamma_i>0$;$\pi_i>0$ 是归一化乘数;μ_β 是标准正态分布的 β 分位数;随机梯度协方差矩阵 Q 用于改变变量的度量范围。

注意,为了保证约束在可接受的信度 β 下的有效性,在计算拉格朗日乘数 λ

时,对约束使用了上界,其中的 μ_β 是标准正态分布的分位数。

用于这里采用的蒙特卡洛方法是随机的,在一般情况下,会采用类似于式(3.20)的样本数量调节方法,让样本的数量与拉格朗日函数梯度估计值的平方范数成反比。对算法的终止同样也是以统计的方式来进行的,对拉格朗日函数梯度等于 0 这一统计假设进行检验,并验证式(3.50)中的 CVaR 和 VaR 约束。因此,算法的终止条件是根据类似于式(3.20)的准则,拉格朗日函数梯度等于 0 这一统计假设不被拒绝,约束条件按照给定的概率 β 弱化:

$$\tilde{f}_i(x^t) + \mu_{\beta_i} \cdot \tilde{D}_{f_i}(x^t) \leq 0, \quad i=1,2,\cdots,m \tag{3.53}$$

目标函数以及约束的置信区间的估计长度不超过给定的准确度(ε_i):

$$2\eta_{\beta_i} \cdot D_{F_i}/\sqrt{N} \leq \varepsilon_i, \quad i=0,1,\cdots,m \tag{3.54}$$

式中:η_{β_i} 是标准正态分布的 β_i 分位数。

适当地选择参数 u 来估计 CVaR:

$$|\Pr_i - \alpha_i| \leq \eta_{\tau_i} \cdot \sqrt{\frac{\Pr_i \cdot (1-\Pr_i)}{N}}, \quad i=1,2,\cdots,m \tag{3.55}$$

如果这些条件是有效的,就可以终止优化,以容许的精度根据找到的最佳结果做出决策。如果这些条件没有得到完全满足,就生成下一个样本继续优化。

例 3 对使用条件风险价值(CVaR)进行基于序贯仿真的随机规划方法,基于蒙特卡洛仿真进行了测试,模拟了分段线性(Piecewise-Linear)测试函数:

$$f_i(x,\zeta) = \max_{1 \leq k \leq k_n} \left(a_{0,k} + \sum_{j=1}^n a_{j,k} \cdot (x_j + \zeta_j) \right), \quad 0 \leq i \leq m \tag{3.56}$$

式中:系数 $a_{j,k}$ 是随机选取的。

对不同的变量数目 $n=2,5,10,20,50,100$,仿真了 $M=100$ 组正态分布的系数 $a_{j,k}$,取值为 $a_{0,0}=\vartheta, a_{1,0}=1+3\vartheta, a_{i,k}=a'_{i,k}-\frac{1}{k_n} \cdot \sum_{k_1=1}^{k_n} a'_{i,k1}, a'_{0,k}=2\vartheta, a'_{1,k}=\vartheta, 1 \leq k \leq k_k, m=0,1$,式中的 ϑ 是标准正态分布的。表 3.3 给出了测试问题的数据。

表 3.3 测试问题的数据

n	u_0	u_1	η_1	ε	k_n	最小迭代次数	最大迭代次数	平均迭代次数
2	3.34	3.46	4.5	0.015	5	8	16	9.4
5	4.93	6.82	7	0.1	11	8	22	12.5
10	8.33	8.63	9	0.1	21	6	14	7.7

续表

n	u_0	u_1	η_1	ε	k_n	最小迭代次数	最大迭代次数	平均迭代次数
20	12.42	9.59	11.5	0.075	31	14	53	26.6
50	20.84	14.01	15	0.1	76	44	88	59.9

条件风险价值的置信水平为 $\alpha_0=0,\alpha_1=1$，CVaR 约束中 η_1 的值列在表 3.3 中。对式(3.20)、式(3.54)和式(3.55)中的约束条件使用 0.95 的概率进行了检验。

对式(3.56)中的测试函数分别按照文献[14]的方法得到问题式(3.45)期望解(Expected Value Solution，EVS)，其中变量 ζ_k 为正态分布 $N(0;0,5)$。表 3.3 中给出了条件风险价值阈值变量 u_0 和 u_1 的期望解，用作式(3.54)和式(3.55)定义的方法中的初始逼近。

这种方法的优化结果列于表 3.3 中，并通过图 3.2(a)~(f)加以说明。左边的一列图是 $n=2$ 的结果，右边的一列图是 $n=50$ 的结果。图 3.2(a)~图 3.2(c)还显示了目标函数值和条件风险价值概率对迭代次数的平均依赖，说明了该方法的收敛性。样本的所有检验问题都在容许的精度条件下得到解决，也就是在一定次数的迭代后，根据式(3.20)、式(3.54)和式(3.55)的准则终止。终止检验函数的最大、最小和平均迭代次数取决于变量数目 n 以及置信区间的容许宽度 ε，相关结果也在表 3.3 中。图 3.2(d)给出了在一定迭代次数以内终止的频度。图 3.2(e)给出了 Hotelling 准则值相对于相应 Fisher 分布分位点的比值随迭代次数的变化，这一比值的趋势是临界终止于 1。图 3.2(f)给出了每次迭代时蒙特卡洛样本数量的平均值，说明了样本数量在仿真过程中的调整。由此，蒙特卡洛仿真的结果表明了这种方法的收敛性，以及在目标函数和约束中所包含的 CVaR，并且以统计方法来对待容许精度的条件下，解决随机规划问题的能力。

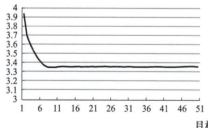 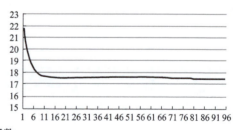

目标函数
(a)

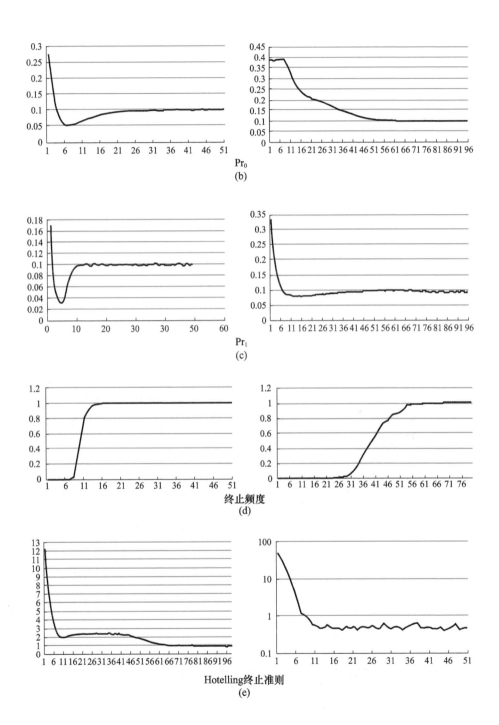

(b) Pr_0

(c) Pr_1

(d) 终止频度

(e) Hotelling终止准则

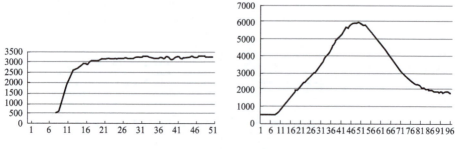

蒙特卡洛样本数量
(f)

图 3.2 仿真的平均结果

（a）目标函数值；（b）频度 Pr_0；（c）频度 Pr_1；（d）终止频度；
（e）式（3.20）Hotelling 条件值与 Fisher 分布 0.95 分位点的比值；（f）迭代的蒙特卡洛样本数量。
注：$n=2$ 的结果在左列，$n=50$ 的结果在右列。

3.6 讨论和结论

本章建立了基于仿真的序贯方法以有限序列的蒙特卡洛样本解决随机均衡问题。该方法基于随机终止程序和蒙特卡洛样本数量的迭代式调整。此外，该方法还让我们能够考虑随机模型的风险。

样本数量与蒙特卡洛估计值的梯度范数的平方成反比，这样的调整能够让我们以合理的计算量解决随机平衡问题，同时又保证收敛。此外，我们建议的终止程序能够对最优假设进行检验，并以统计方法估算目标函数和约束函数的置信区间。数值研究和实际例子都进一步证实了理论结论。虽然使用重要性抽样的随机两阶段规划和使用条件风险价值的随机规划，将自身限制于随机纳什均衡问题，但是这种方法也可以应用于各种其他的随机规划问题。

参考文献

[1] Bartkute, V., Sakalauskas, L.: Simultaneous perturbation stochastic approximation for nonsmooth functions. Eur. J. Oper. Res. 181(3), 1174–1188(2007). ISSN: 0377–2217.

[2] Bayraksan, G., Morton, D. P.: A sequential sampling procedure for stochastic programming. Oper. Res. 59(4), 898–913(2011).

[3] Birge, J. R. , Louveaux, F. : Introduction to Stochastic Programming. Springer Series in Operations Research. Springer, New York(2010).

[4] Bucklew, J. A. : Introduction to Rare Event Simulation. Springer, New York(2004).

[5] Bard, J. F. : Practical Bilevel Optimization. Nonconvex Optimization and Its Applications, vol. 30. Kluwer Academic, Dordrecht(1988).

[6] Cairoli, R. , Dalang, R. C. : Sequential Stochastic Optimization. Wiley Series in Probability and Statistics. Wiley, New York(1996).

[7] Carrión, M. , Arroyo, J. M. , Conejo, A. J. : A bilevel stochastic programming approach for retailer futures market trading. IEEE Trans. Power Syst. 24(3), 1446 – 1456(2009).

[8] Changhe, Y. C. , Druzdzel, M. J. : Importance sampling algorithms for bayesian networks: principles and performance. Math. Comput. Model. 43(9 – 10), 1189 – 1207(2006).

[9] Colson, B. , Marcotte, P. , Savard, G. : An overview of bilevel optimization. Ann. Oper. Res. 153(1), 235 – 256(2007).

[10] Dempster, M. A. H. : Sequential importance sampling algorithms for dynamic stochastic programming. Trans. St. Petersburg Steklov Math. Inst. 312, 94 – 129(2004).

[11] Henrion, R. , Römisch, W. : On M – stationary point for a stochastic equilibrium problem under equilibrium constraints in electricity spot market modeling. Appl. Math. 52, 473 – 494(2007).

[12] Kosuch, S. , Le Bodic, P. , Leung, J. , Lisser, A. : On a stochastic bilevel programming problem. Networks 59(1), 107 – 116(2012).

[13] Kurtz, N. , Song, J. : Cross – entropy – based adaptive importance sampling using Gaussian mixture. Struct. Saf. 42, 35 – 44(2013).

[14] Maggioni, G. , Wallace, S. : Analyzing the quality of the expected value solution in stochastic programming. Ann. Oper. Res. 200(1), 37 – 54(2012).

[15] Mockus, J. : On simulation of the Nash equilibrium in the stock exchange contest. Informatica 23(1), 77 – 104(2012).

[16] Ngo, M. H. , Krishnamurthy, V. : Game theoretic cross – layer transmission policies in multipacket reception wireless networks. IEEE Trans. Signal Process. 55, 1911 – 1926(2007).

[17] Patriksson, M. , Wynster, L. : Stochastic nonlinear bilevel programming. Comput. Chem. Eng. 28, 767 – 773(2004).

[18] Ponce – Ortega, J. M. , Rico – Ramirez, V. , Hernandez – Castro, S. , Diwekar, U. M. : Improving convergence of the stochastic decomposition algorithm by using an efficient sampling technique. Comput. Chem. Eng. 28(5), 767 – 773(2004).

[19] Rockafellar, R. T. , Uryasev, S. : Optimization of conditional value – at – risk. J. Risk 2, 21 – 41(2000).

[20] Rubinstein, R. Y. , Melamed, B. : Modern Simulation and Modeling. Wiley Series in Probability and Statistics: Applied Probability and Statistics. Wiley, New York(1998).

[21] Ruszczynski, A. : Decomposition methods. In: Ruszczynski, A. , Shapiro, A. (eds.) Handbook in Operations Research and Management Science, vol. 10, pp. 141 – 212. Elsevier Science, Amsterdam(2003).

[22] Sakalauskas, L. : Nonlinear stochastic programming by Monte – Carlo estimators. Eur. J. Oper. Res. 137, 558 – 573(2002).

[23] Sakalauskas, L.: Nonlinear stochastic optimization by Monte – Carlo estimators. Informatica 15(2), 271 – 282(2004).

[24] Sakalauskas, L., Žilinskas, K.: Epsilon – projection method for two – stage SLP. Lith. Math. J. 48/49, 320 – 326(2008).

[25] Shapiro, A.: Stochastic programming with equilibrium constraints. J. Optim. Theory Appl. 128(1), 223 – 243(2006).

[26] Shoham, Y., Leyton – Brown, K.: Multiagent Systems: Algorithmic, Game – Theoretic, and Logical Foundations. Cambridge University Press, New York(2009).

[27] Sutiene, K., Makackas, D., Pranevicius, H.: Multistage K – Means clustering for scenario tree construction. Informatica 21(1), 123 – 138(2010).

[28] Uryasev, S.: A stochastic quasi – gradient algorithm with variable metric. Ann. Oper. Res. 39, 251 – 267 (1992).

[29] Vanderbei, R. J.: Linear Programming: Foundations and Extensions. International Series in Operations Research & Management Science. Springer, Berlin(2008).

[30] Vorobeychik, Y., Wellman, M. P.: Stochastic search methods for Nash equilibrium approximation in simulation – based games. In: Padgham, L., Parkes, D. C., Müller, J., Parsons, S. (eds.) Proceedings of 7th International Conference on Autonomous Agents and Multiagent Systems(AAMAS 2008), pp. 1055 – 1062, 2008.

[31] Waitling, D.: User equilibrium traffic network assignment with stochastic travel times and late arrival penalty. Eur. J. Oper. Res. 175, 1539 – 1556(2006).

[32] Wei, J. – Y, Smeers, Y.: Spatial oligopolistic electricity models with Cournot generators and regulated transmission prices. Oper. Res. 47, 102 – 112(1999).

[33] Xu, H., Zhang, D.: Stochastic Nash equilibrium problems: sample average approximation and applications. Comput. Optim. Appl. 55(3), 597 – 645(2013).

第二部分

不确定性管理手段与措施

第 4 章

使用序贯参数优化进行不确定性管理

Thomas Bartz – Beielstein, Christian Jung, Martin Zaefferer

4.1 简 介

序贯参数优化(Sequential Parameter Optimization, SPO)是一种基于元模型的启发式搜索算法,结合了经典的和现代的统计方法。它最初是用于对诸如模拟退火(Simulated Annealing)、粒子群优化(Particle Swarm Optimization)和进化算法(Evolutionary Algorithm)之类的启发式搜索方法进行分析[6]。本章将把序贯参数优化本身作为一种启发式搜索方法,即直接将序贯参数优化应用于目标函数。在文献[5]中对序贯参数优化方法以最新的 R 语言实现,即序贯参数优化工具箱(Sequential Parameter Optimization Toolbox, SPOT)进行了介绍。

元模型也称为代理模型(Surrogate Model),可以简化仿真优化,这是因为它的运行时间通常远远小于原始函数的估算(仿真运行)时间[2,25]。在工程中,优化成本较高的问题往往具有成本较低、准确度也较低的替代评估方案。这意味着,优化过程存在着两个具有不同保真度(Fidelity)的函数:一个是精函数(Fine Function,昂贵、耗时而准确),另一个是粗函数(Coarse Function)。中间程度的保真度也是可以得到的。本章的其余部分将使用 M_e 来代表昂贵的模型,如计算代价高的仿真或现实世界中的实验,如撞击实验。简化的(廉价的)元模型将被表示为 M_c。来自 M_e 和 M_c 模型的信息结合到一起将称为多保真度分析(Multi – Fidelity Analysis, MFA)[24]。其中,令人感兴趣的两个方面是用于选择新设计点的计算量(函数估算的次数),以及廉价模型和昂贵模型的估算之间的

Thomas Bartz – Beielstein, Christian Jung, Martin Zaefferer,德国科隆应用科技大学计算机科学与工程学院。

关联关系。协同克里格(Co – Kriging, CK)[17]法是一种强大的多保真度技术, 它利用不同保真度水平之间的相关性来改进具有最高保真度函数的元模型。

在现实世界的很多优化问题中都可能出现不确定性, 如来自有噪声的传感器、不完善的模型, 或者是仿真系统本身的固有随机性质。因此, 不确定性处理方法是必不可少的[1,21]。应对不确定性的一个基本方法是增加函数估算的次数。序贯参数优化工具箱集成了锐化(Sharpening, SHRP)方法作为一种简单的处理方法, 可以保证对获得的解进行公平的比较。Lasarczyk[27]和 Bartz – Beielstein 等[3,8]分析了最优计算量分配(Optimal Computing Budget Allocation, OCBA)的更为复杂的控制理论仿真方法, 结合进序贯参数优化工具箱之中。最优计算量分配方法可以智能地确定最有效的副本(Replication)数量[12]。其目标是使用固定的计算量获得最高的决策质量, 或者使用最小的计算量达到需要的决策质量。本章对序贯参数优化工具箱标准方法和 SPOT – OCBA 变型方法在重复次数的增加上进行了对比分析。

Forrester 等[17]描述了确定性条件下的协同克里格法, 将该分析方法扩展到含有噪声的环境中是很让人感兴趣的。目前, 只有很少的文献分析了不确定性条件下的协同克里格法。例如, Wankhede 等[40]针对 2D 燃烧室的设计问题, 对基于协同克里格法的优化策略和基于标准克里格法的优化策略进行了对比分析。

以下的考虑激发了本章所针对的最为重要的问题:

在不确定性条件下, 基于大量廉价数据和少量昂贵数据得到的优化结果, 是否比只基于少量昂贵数据得到的结果更好?

这个问题引发了以下的实验设定。我们将使用两类已经证实在序贯参数优化工具箱框架中有用的元模型: ①基于树的模型, 如随机森林(Random Forest, RF)[9-10,28]; ②随机过程模型(高斯过程, 克里格法)[29,34-35]。对于相对简单的基于树的方法和复杂的克里格法及协同克里格法进行对比分析, 则让人尤为感兴趣。为了让比较更为公平, 在实验中增加了基于拉丁超立方采样的扫描方法。因此, 共使用了 4 种实验方法: ①利用拉丁超立方采样对搜索空间进行简单扫描; ②随机森林; ③克里格法; ④协同克里格模型。这样的设定让我们可以对下列研究问题进行调查:

问题 1: 在存在噪声的情况下, 当结合诸如最优计算量分配方法来处理不确定性时, 协同克里格法表现如何?

问题 2: 与基于克里格法的元模型相比, 基于随机森林的元模型表现如何?

这项研究的结果也适用于其他元模型启发式搜索方法, 如序贯克里格优化

(Sequential Kriging Optimization)[19]。

本章将说明基于元模型的启发式搜索与多保真度分析相结合处理不确定性的方法。4.2 节介绍了序贯参数优化工具箱和本书中所使用的元模型,如随机森林、克里格法和协同克里格法;4.3 节说明了不确定性处理方法;4.4 节给出了实验设定,如目标函数和运行长度、重复次数以及实验的结果;4.5 节列举了一个现实世界的例子;4.6 节对本章进行了总结。

4.2 序贯参数优化变型

4.2.1 序贯参数优化工具箱简明教程

序贯参数优化工具箱以序贯的方式对可用的资源预算(如仿真器的运行、函数估算次数等)进行使用。也就是说,它使用对搜索空间进行探索得到的信息建立一个或多个元模型来指引下一步的搜索。来自元模型的预测值将用于选择新的设计点。我们对元模型进行改进,以增强对搜索空间的了解。序贯参数优化工具箱提供了专门的工具来处理噪声,这些噪声通常存在于现实世界的应用,如随机仿真的运行之中。它保证了搜索点具有可比较的置信度。用户可以收集信息来理解这一优化过程,如采用探索性数据分析(Exploratory Data Analysis,EDA)[11,39]。最后,序贯参数优化工具箱同时提供了交互式调整和自动调整的工具[4,7]。从 CRAN 网站①可以下载该工具箱交互式优化和自动化优化算法的 R 语言版本,也可以从本书的作者获得本书使用的程序和文件。

从算法 1 可以看出,序贯参数优化工具箱需要一个机制来生成初始设计。此外,序贯参数优化工具箱在序贯步骤中还要生成新的设计点。选择拉丁超立方采样方法作为序贯参数优化工具箱的初始步骤和序贯步骤中设计点的生成器。选择拉丁超立方采样的原因在于它易于实现和理解。有很多种 R 语言的设计点生成器,如《CRAN 任务视角:实验设计与实验数据分析》(CRAN Task View: Design of Experiments (DoE) & Analysis of Experimental Data②),予以参考。

---

① 参见 http://cran.r-project.org/web/packages/SPOT/index.html。

② 参见 http://cran.r-project.org/web/views/ExperimentalDesign.html。

在设计生成器和元模型之间存在很强的相互作用,因为设计点的最优性取决于元模型[32,35]。本章修改了序贯参数优化工具箱的元模型,但是并没有改变设计生成器(Design Generator)。在后续的章节中将研究设计生成器的变化对于算法性能所产生的影响。

4.2.2 序贯参数优化工具箱运行中使用的元模型

序贯参数优化工具箱对数据进行序贯处理,即从一个小的初始设计开始,使用元模型来生成后续的设计点。R语言中存在很多种元模型。与设计点生成器类似,用户可以在调整自己的算法时从最先进的元模型中进行选择,也可以自行编写元模型并使用它作为序贯参数优化工具箱的插件。默认的序贯参数优化工具箱安装包含多种元模型。使用R语言实现的randomForest是序贯参数优化工具箱的默认选择。该实现非常稳健,只需要相对少量的计算资源,可以处理分类值和数字值。表4.1中归纳了本书介绍的实验中使用的元模型。

表4.1 本书使用的SPOT元模型

类型	SPOT插件名称	缩写
克里格(高斯过程)	spotPredictForrester	KR
协同克里格(多输出高斯过程)	spotPredictCoForrester	CK
随机森林	spotPredictRandomForest	RF

1. 基于随机森林的参数调整

R语言包中的随机森林方法randomForest实现了Breiman的算法,它基于Breiman和Cutler的原始Fortran代码,可以用于分类和回归[9]。它是以序贯参数优化工具箱插件的形式实现的,可以通过在序贯参数优化工具箱的配置文件中根据表4.1设置seq.predictionModel.func命令来选用。文献[5]给出了对序贯参数优化工具箱配置的详细说明。

2. 基于克里格法的序贯参数优化

克里格法是最具前景的优化问题代理模型之一[26,29]。它提供了一个非常灵活而且有效的方式来对连续场景进行建模,并提供了良好的预测质量,用于在设计空间中找到具有更高最优性的解。克里格法提供了对模型局部不确定性进行估算的方法。对于确定性的问题,不确定性在观察的位置为零,随着与观察位置距离的增加而上升,并随着模型曲率的增加而上升。这种差异估计允许在优化过程中在数据利用和探索①之间进行有效的平衡。Jones 等[22]将该方法看作高效全局优化(Efficient Global Optimization,EGO)。Forrester 等[17]也利用差异估计值作为对于失败目标函数估计的惩罚。

R 语言中有多种对于克里格法的实现,通过 mlegp、DiceKriging、kernlab 或者 fields 等包来进行提供[15,18,23,33]。序贯参数优化工具箱还包括与数个不同实现的接口的示例。值得注意的是,序贯参数优化工具箱中的工具包本身提供了两个实现:一个是基于计算机实验设计与分析(Design and Analysis of Computer Experiments,DACE)的实现[29],另一个是基于 Forrester 等[17]的代码。这两个算法被选中在 R 语言版的序贯参数优化工具箱中重新实现,同样在早先的 Matlab 版序贯参数优化工具箱中也进行了实现。两种算法都具有数值稳健性,并具有良好的性能。前者提供了一个灵活的接口,来选择不同的核函数(Kernel Function)或多项式函数(Polynomial Function);后者包含了一个协同克里格法的实现。接下来将介绍协同克里格法。在本书中使用基于 Forrester 等[17]算法的克里格实现。

3. 协同克里格法

对于现实世界中的许多工程问题而言,可以在不同水平的保真度或粒度上对目标函数进行估值。例如,一个计算流体力学(Computational Fluid Dynamics,CFD)仿真可能有非常耗时但是准确的方法来估算解的质量;也可以通过简化的解析方程来评估同一个解,产生较为廉价但不是非常准确的结果。在基于模型的优化过程中,结合这些不同的保真度水平称为多保真度优化(Multifidelity Optimization)。Kennedy 和 O'Hagan[24]探索了使用具有不同保真度的模型,来推导出最昂贵的、最复杂的或者粒度最细的模型输出结果的方法。

多保真度优化的一种可能方法是协同克里格法。协同克里格法可以定义为克里格法的一种变型,它使用来自额外的高度相关的变量(Correlated Variale)和主变量(Primary Variable)的信息,来对函数值的估计进行改进。Forrester 等使用一个简单的测试函数和一个现实世界的例子来介绍协同克里格法[16]。他们说明了协同克里格法如何利用保真度较低的函数来改进保真度较高的函数模型。4.4 节所描述的实验将对 Forrester 等[16]使用的简单测试函数稍微做一些改变。

必须指出的是,在本书中协同克里格法要求在精目标函数中估算的设计点必须被粗目标函数使用的较大的设计所覆盖。在序贯参数优化工具箱中,要保

---

① 分别指根据仿真数据建立模型和用模型生成新的仿真数据。——译者

证不同保真度的设计都是填满设计空间的。因此,总是基于更上层的设计来建立较低水平的设计。

4. 克里格法/协同克里格法与噪声

标准的克里格模型不是非常适合含噪的问题,因为克里格法是一种严格的内插值方法。这意味着,对均值的预测值完全符合已知的观测值。不过,可以引入一个正则常数(也称为金块效应)来将模型转化成回归模型,从而允许预测值和观测值的背离。如果使用期望改进(Expected Improvement, EI)[22],前述方法会导致已经估算过的设计点产生非零的方差估计值。这可能会导致高效全局优化的探索特性的恶化。不过,可以使用重插值(Reinterpolating)方法来处理这个问题,克里格法[17]和协同克里格法[16]都可以使用这一方法。

除此以外,还要考虑在粗函数中对设计点进行重复估值。4.3 节中对序贯参数优化工具箱中使用的不确定性处理方法,即最优计算量分配和锐化进行了介绍。这些方法都是基于质量和/或方差来选择重新估值的设计点。锐化和最优计算量分配并不能直接应用于来自 M_c 模型的粗函数设计。粗函数的最优值对于真实函数可能是完全没有意义的,这意味着对质量的度量也可能没有意义。因此,合适的方法包括两种:它要么强调对粗函数具有良好的全局拟合(如重复次数的均衡散布),这在对函数的估算确实不需要很多成本时是尤其可行的;或者粗函数的计算要着重强调精函数估值所确定的感兴趣区域。在本书中将较多的重复次数均匀地散布在整个设计空间中。不过,精函数设计点(即蕴含在该粗函数设计所得到的相关结果中,并且被选择用于重复计算)仍然需要通过粗函数进行重新估算。

4.3 不确定性处理方法

4.3.1 锐化

存在噪声的情况下,对函数的多次估值取平均值可能有助于管理不确定性和提高置信度。在进化算法的背景下,Stagge[36]验证了没有必要减少搜索空间中每个点的噪声,而只需要减少最佳点的噪声。求取均值有助于确定哪些是最佳点,但是有可能只需要少量的估算就足以确定最佳点。Stagge[36]通过实验验证了这一思路可以显著减少函数估值的次数。

序贯参数优化工具箱提供了专门工具来在搜索过程中管理不确定性和提高置信度。最初的一些方法增加了重复的次数。一个早期的 SPOT 实现采用了以下过程[6]：

在每一步中，都会生成两个新的设计，重新估算最佳值。这与(1+2)-进化策略中的选择过程相似。若某个设计两次以上表现最佳，则增加(加倍)算法设计的重复运行次数 k。初始值选择为 $k=2$。

在最新的序贯参数优化工具箱版本中，实现了一个稍加修改的方法，称为锐化。锐化分为两个阶段：①模型构造；②序贯改进。阶段①在算法的参数空间中确定一些初始设计，并对每个设计运行 k 次算法。阶段②是一个包括以下部分的循环：通过对获得的数据求取均值，分别构建或者更新模型；然后，生成一个可能较大的设计点集合，并通过对模型进行抽样计算它们的预测值；选择由看似最佳的设计点构成较小的集合，对其中的每个点运行 $k+1$ 次算法；对当前的最佳设计点也运行一次算法，并将 k 递增 1。注意，对运行次数 k 也可以使用其他的更新规则。若没有满足终止准则(通常是对过程预设的总运行预算)，则增加新的设计点，并再次进行循环。这样，不管是当前的最佳设计点保持在队伍的最上面，还是有新生成的设计点成为最佳点，重复次数都会增加 1。由于算法的不确定性反应，有可能在循环结束时在队伍最上面的点对两种情况都不满足。这时，可以有效地缩小 k，以基于相同的重复次数，保证进行公平的性能比较。

4.3.2 最优计算量分配

4.3.1 节中讨论的锐化方法没有使用任何与不确定性(方差)有关的信息。在这方面诸如最优计算量分配(OCBA)的方法可以发挥作用[13-14,20]。开发出最优计算量分配方法的目的在于保证获得较高的正确选择概率(Probability of Correct Selection, PCS)。为了让正确选择概率最大化，将把可以使用的计算量更多地分配给那些对于确定最佳候选点更为关键的过程。最优计算量分配方法在计算量分配过程中将使用样本均值和方差，以实现正确选择概率的最大化。

对于最优计算量分配方法的中心思想可以作如下理解：考虑有一定的仿真重复次数 T，将分配给 m 个设计点，它们的均值和有限方差分别为 $\bar{Y}_1, \bar{Y}_2, \cdots, \bar{Y}_m$ 和 $\sigma_1^2, \sigma_2^2, \cdots, \sigma_m^2$。当

$$\begin{cases} \dfrac{N_i}{N_j} = \left(\dfrac{\sigma_i/\delta_{b,i}}{\sigma_j/\delta_{b,j}}\right)^2, & i,j \in \{1,2,\cdots,m\}, i \neq j \neq b \\ N_b = \sigma_b \sqrt{\sum_{i=1,i\neq b} \dfrac{N_i^2}{\sigma_i^2}} \end{cases} \qquad (4.1)$$

时,正确选择的近似概率(Approximate Probability of Correct Selection,APCS)可以渐近最大化。式中的 N_i 是分配给设计 i 的重复次数,$\delta_{b,j} = \bar{Y}_b - \bar{Y}_i$ 表示第 i 个均值和第 b 个均值的差值,而且 $\bar{Y}_b \leq \min_{i \neq b} \bar{Y}_i$。从式(4.1)中可以看到,分配的计算量与方差成正比,而跟它与最佳设计的差值成反比,Chen 和 Lee 全面介绍了最优计算量分配方法[12]。

Lasarczyk 首先将序贯参数优化工具箱和最优计算量分配方法结合起来[27]。在本书中使用的最优计算量分配方法实现是基于 Lasarczyk 的工作。算法 1 中显示了带有 OCBA 的 SPOT。对元模型建议的新设计点进行了数次(如 2 次)估算。通过修改 SPOT 配置文件中的 init.design.repeats 变量,可以改变估算的次数。在每个 SPOT 处理步骤中,将一定的计算量(从表 4.2 中可以看到这里使用的是 spot.ocba = 3)分配给候选的解,以保证最佳设计点具有较高的正确选择概率。

表 4.2 SPOT 设定

SPOT 设置参数	取值
auto.loop.nevals	100
init.design.size	10
init.design.repeats	2
init.design.func	"spotCreateDesignLhd"
init.design.retries	100
spot.ocba	True | False
seq.ocba.budget	3
seq.design.size	200
seq.design.oldBest.size	3
seq.design.new.size	3
seq.design.func	"spotCreateDesignLhd"

4.4 实验

4.4.1 目标函数

为了说明不同方法的有效性,我们在实验中对 Forrester 等[17]提出的单变量(One-Variable)测试函数(Test-Function)进行考察。虽然这个函数相当简单,但是使用它可以与以前的研究结果进行比较。因此,很适合用来验证特定方法的适用性,尤其是用来找到 4.1 节中所述的问题 1 和问题 2 的答案。为此,与精模型(Fine Model) M_e 相关联的昂贵函数(Expensive Function)定义为

$$f_e(x) = (6x-2)^2 \times \sin(12x-4)$$

与 M_c 相关联的廉价函数(Cheap Function)定义为

$$f_c(x) = 0.5 f_e(x) + 10x - 10$$

在 0~1 之间的单位间隔上进行优化。考虑到实验的目的,两个函数上都加上了噪声。噪声项为零均值、标准偏差为 1 的正态加性噪声(Additive Noise)。

算法 1:SPOT-OCBA

t_0 = init. design. repeats,t = seq. ocba. budget,
l = seq. design. size,d = seq. design. new. size
// 阶段 1,构造模型:
用 F 表示待调整的算法;
// 必要的设计考虑:
生成包括 m 个参数向量的初始设计点集 $X = \{\bar{x}^1, \cdots, \bar{x}^m\}$;
用 t_0 代表确定函数估算值的初始测试数量;
foreach $\bar{x} \in X$ **do**
使用 $\bar{x}$ 对 F 估值 t_0 次,确定 $\bar{x}$ 估算出的函数值 $\hat{y}$;
end

// 阶段 2,使用和改进模型:
while 终止条件不满足 **do**
// OCBA:

用 $B \subseteq X$ 表示具有最佳函数估算值 $\hat{y}$ 的候选解的子集；
用 t 表示 OCBA 可用计算量；
将 t 分配给 B，即生成 OCBA 的分布 O；
// 必要的建模考虑：
基于 X 和 $\{\hat{y}^1, \cdots, \hat{y}^{|x|}\}$ 构建元模型 f；
// 必要的设计考虑：
通过随机抽样生成 l 个新的参数向量构成集合 X'；
for each $\bar{x} \in X'$ **do**
  计算 $f(\bar{x})$ 以确定 $\bar{x}$ 的函数估计值 $f(\bar{x})$；
end
从 X' 中选择具有最佳预测值的 d 个参数向量构成集合 $X''(d \ll l)$；
按照 OCBA 分布 O，使用 B 来估算出 F；// (提高置信度)
对每个 $\bar{x} \in X''$ 估算 F 函数 t_0 次，以确定函数估算值 $\hat{y}$；
扩展设计点集合为 $X = X \cup X''$；
end

图4.1 给出了该函数带有噪声和不带噪声的样本。不带噪声的确定性结果只用于评估找到的最佳解的质量。确定性精函数的最佳值大约位于 $x_{opt} \approx 0.76$ 处，而相应的函数值 $f_e(x_{opt}) \approx -6.02$。

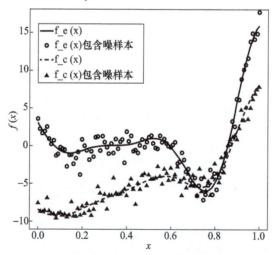

图4.1 用于多保真度优化的单变量测试函数(分别带有噪声和不带噪声)

注：实线用于表示昂贵函数 f_e，虚线用于表示廉价函数 f_c。

4.4.2 实验前的计划

为了基于针对上述测试函数的性能,对不同的建模方法进行比较,使用下面的问题设定。我们测试了两种函数估算可用计算量,分别为 $n = 20$ 和 $n = 50$。对于前者,初始设计大小为 5 个点,而后者的初始设计大小为 10 个点。在两种情况下,初始设计中的点都要估值两次。这种设定将可用计算量分别分配给初始设计点和序贯设计点,用于初始设计点的计算量不超过总量的 50%。

我们测试了 6 种不同的组合方式,建模方法包括随机森林、克里格法和协同克里格法,而不确定性处理方法分别是锐化和最优计算量分配。为了与随机森林方法进行公平的比较,没有使用期望改进准则,从而保证了纯粹只利用模型的情况。虽然可以通过将单独的树结果进行结合,从而估算出随机森林的方差(并由此得到期望改进情况),但是这样的方差估计值所具有的特性与克里格法得到的结果是不同的。所有其他重要的、非默认的设置,对于每种仿真运行都是相同的。表 4.3 归纳了所有的设置。对每种实验都重复 50 次,以获得在统计上良好的结果。

表 4.3 实验运行的 SPOT 配置

参数	取值
代理模型	随机森林、克里格或协同克里格
代理优化	
算法	Bounded Nelder – Mead
重新开始	True
可用计算次数	1000
设计和重复	
初始设计大小	5 或 10
每点初始估值次数	2
每个设计点最大估值次数	10
每步估值新设计点数	1
每步重估旧点数	3
使用 OCBA	True 或 false
粗函数设计点数	20
粗函数每点估值次数	5

为了给出同基于模型的方法(随机森林和克里格法)所进行比较的参考,我们对搜索空间进行了扫描:整个计算量用于对随机产生的设计点进行估值,每个设计点估值两次;采用空间填充式设计(拉丁超立方采样)来覆盖整个搜索空间。如果任何方法的性能差于这一基本的抽样方法,该方法就会被舍弃。

4.4.3 结果:随机森林

图4.2给出了所有实验结果的箱线图[①]。表4.4归纳了随机森林结果的统计特性。随机森林(RF)方法在20次函数估值的可用计算量下表现不好。它的性能没有超过基本的拉丁超立方采样(LHS)方法,最优计算量分配(OCBA)和锐化(SHRP)只带来了微不足道的影响。但是,如果使用更多的估值次数($n=50$),带有锐化的随机森林方法(RF + SHRP)表现得相当不错。虽然它产生离群点(Outlier)的数目比基于克里格法(KR)的模型略微多一些,但至少是一种有竞争力的方法。而结合了OCBA的随机森林(RF + OCBA)仍然没有优于拉丁超立方采样。与只有20次函数估值可用量不同,最优计算量分配和锐化在更多次数的运行中表现有显著差异。

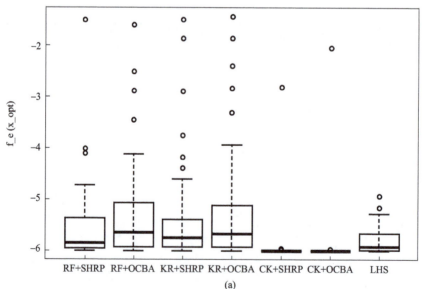

[①] 图4.2和表4.3中各个缩写的含义为:RF表示随机森林方法,KR表示克里格方法,CK表示协同克里格方法,SHRP表示锐化处理,OCBA表示最优计算量分配处理;LHS表示拉丁超立方采样。——译者

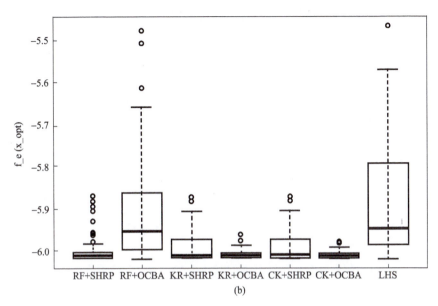

图4.2 使用20次函数估值可用量(a)和50次函数估值可用量(b)得到的优化结果的箱线图

注:图中给出的是优化过程确定的最佳点的真实确定性精函数值$f_e(x_{opt})$。

表4.4 随机森林结果的统计特性

特性	RF + SHRP(S)	RF + OCBA(S)	RF + SHRP(L)	RF + OCBA(L)
最小值	-6.021	-6.016	-6.021	-6.020
第1四分位点	-5.947	-5.944	-6.020	-5.994
中值	-5.867	-5.663	-6.017	-5.955
均值	-5.536	-5.324	-6.000	-5.905
第3四分位点	-5.393	-5.091	-6.007	-5.864
最大值	-1.490	-1.600	-5.871	-5.477

注:S表示短运行次数,即$n=20$的函数估值;L表示长运行次数,即$n=50$次的函数估值。

图4.3给出了随机森林模型的一个例子,是在完整运行了$n=50$次函数估值的长优化后的形状。由图可见,它只是非常粗略地反映了全局结构。可以看到,随机森林模型的表现与选用的不确定性处理方法关系不大,这一点与整体优化性能上的显著差异是不一样的。这一现象可以解释为对初始设计的整体结构的重度依赖,而初始设计对两种方法都是一样的。因此,锐化的优势与模型的实际改进无关,而是与在估值的解中更好地确定出最优点有关。锐化将计

算量集中于最佳的已知解上,这种做法利用率更高。而最优计算量分配允许选择最佳性略低的点进行重复,导致了更具有探索性(Explorative)但是可利用性(Exploitive)较低的表现。由此看来,随机森林模型的结构更适合于可利用性的方法。

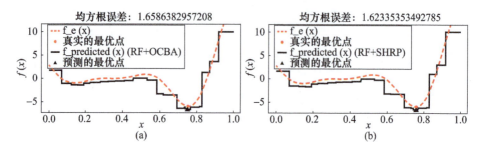

图 4.3　经过 50 次估值的优化运行后最终模型的预测值
(a)使用最优计算量分配的随机森林方法;(b)使用锐化的随机森林方法。

4.4.4　克里格法

在使用 $n=20$ 次函数估值的短优化中,克里格方法的表现和随机森林方法很相似,并且无论选择哪种不确定性处理方法都没能超过拉丁超立方采样方法。对于 $n=50$ 的较长的运行,克里格法的表现有所不同。虽然使用锐化处理的克里格(KR + SHRP)方法表现略差,但使用最优计算量分配的克里格(KR + OCBA)方法产生了良好的结果,其离群点的数量也少于带有锐化的随机森林(RF + SHRP)方法,而其他方面的表现非常相似[①]。可以看到,倾向于最优计算量分配处理的趋势并不明显,但至少最优计算量分配处理没有像运用在随机森林方法中而出现的性能降低的情况,并未降低克里格方法的性能。表 4.5 归纳了克里格法结果的统计特性。可以将图 4.3 中给出的随机森林方法的最终模型的形状与图 4.4 中给出的克里格方法的对应图形进行比较。由此可以清晰地看到,克里格方法模型能够更好地逼近真实的全局形状。这一结果并不出乎意料,因为问题本身是一个连续性问题,采用非连续性的随机森林方法就很难对其进行详细的建模。可见,当需要准确地反映全局面貌时,克里格方法明显优于随机森林方法。

---

①　由图 4.2 可知。——译者

表 4.5 克里格法结果的统计特性

特性	KR + SHRP(S)	KR + OCBA(S)	KR + SHRP(L)	KR + OCBA(L)
最小值	−6.021	−6.021	−6.021	−6.021
第 1 四分位点	−5.949	−5.948	−6.020	−6.018
中值	−5.770	−5.692	−6.012	−6.012
均值	−5.393	−5.242	−5.993	−6.011
第 3 四分位点	−5.409	−5.152	−5.976	−6.007
最大值	−1.490	−1.431	−5.874	−5.963

注:S 表示短运行次数,即 $n = 20$ 的函数估值;L 表示长运行次数,即 $n = 50$ 次的函数估值。

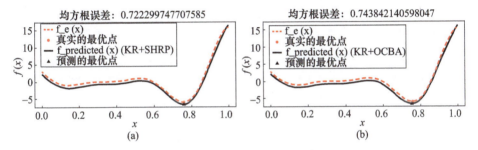

图 4.4　经过 50 次估值的优化运行后最终模型的预测值
(a)使用最优计算量分配的克里格法;(b)使用锐化的克里格法。

4.4.5　协同克里格法

在这个实验中协同克里格法在短优化运行中显著地优于其他方法。不过,它同样表现出了不确定性处理方法对短运行的性能没有影响的共同特性。在较长的运行中,协同克里格法与其他方法的表现相当[①]。因此,在这种情况下可知,协同克里格法是整体上最值得推荐的方法,而且它也是唯一稳定地优于拉丁超立方采样的方法。较长的运行次数并不能带来多少改进的原因,可能是由于简单的克里格模型已经对实验中使用的简单测试函数进行了足够好的建模。在这一设定下,利用粗函数中的额外信息无法带来更多的好处。表 4.6 归纳了协同克里格法结果的统计特性。图 4.4 中克里格模型的形状与图 4.5 中协同克里格模型的形状非常相似,不过协同克里格模型的均方根误差(RMSE)有所

---

① 由图 4.2 可知。——译者

改进。在大部分实验中都可以观察到均方根误差出现这样的改进,但是并没有引起优化性能的提高。

表4.6 协同克里格法结果的统计特性

特性	CK + SHRP(S)	CK + OCBA(S)	CK + SHRP(L)	CK + OCBA(L)
最小值	-6.021	-6.021	-6.021	-6.021
第1四分位点	-6.020	-6.020	-6.019	-6.019
中值	-6.017	-6.017	-6.011	-6.014
均值	-5.951	-5.936	-5.993	-6.012
第3四分位点	-6.014	-6.014	-5.976	-6.009
最大值	-2.807	-2.041	-5.874	-5.981

注:S表示短运行次数,即 $n=20$ 的函数估值;L表示长运行次数,即 $n=50$ 次的函数估值。

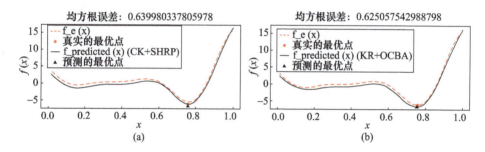

图4.5 经过50次估值的优化运行后最终模型的预测值
(a)使用最优计算量分配的协同克里格法;(b)使用锐化的协同克里格法。

在现实情况下还需要考虑使用协同克里格方法所需要增加的工作,如对粗(假定更廉价)目标函数进行估值,以及更为复杂的模型构建和预测工作。因此,这一方法的实用性将取决于计算粗函数和精函数的时间消耗的差异,以及为给定的设计空间维度和观察点数目构建模型所消耗的时间。

4.4.6 对实验结果的讨论

本章所描述的实验只涉及一个一维的测试函数。这会存在以下影响:首先对于具有不同维度的函数情况可能会有所不同;其次现实世界的问题存在着许许多多的风险挑战,在这里并没有予以考虑,如要处理目标函数估值失败的问题。不过实验结果确实表明,协同克里格法有助于在存在噪声的情况下提高优化的性能。这为问题1提供了一个初步的答案。虽然这个结果相当模糊,但它还是表明协同克里格法即使在不确定性条件下的优化中也是有益的。

这些实验提供的另一个重要的经验教训在于,并不存在对于单个不确定性处理方法的普遍推荐。这显然取决于可用的计算量以及对优化过程参数的选择,如所选择的元模型。问题本身的特性,如噪声的类型,也会产生影响,但在本书中并没有加以考虑。因此,对于问题 2 不存在简单的答案。

最优计算量分配和锐化处理手段对于优化过程的表现确实有不同的影响,要么可以促进探索性过程,要么可以促进利用性过程。对于期望改进可以假定最优计算量分配具有类似的效果,因为该方法同样是倾向于探索性方式。当然还是存在区别的,因为最优计算量分配所进行的探索是设计空间中每个已知位置的样本数目,而期望改进所进行的探索是学习得到的元模型尚不能良好表示的区域。

4.5 现实世界的例子:厚钢板宽度的大幅度减少

4.5.1 钢热轧处理

对钢板和钢带宽度的预测与优化是钢热轧处理中的一个重要质量参数。用于制造诸如卷材的各种扁平钢产品的矩形厚钢板是通过热轧得到的,减少宽度在热轧带钢的生产中变得越来越重要。

轧制过程分为在轧机中的多次通过。每次通过轧机时都可以进行包括厚度(水平轧制)和宽度(垂直轧制)的减少处理。宽度减少只在前向通过时进行,在反向通过时垂直轧制过程不起作用。图 4.6 显示了这一处理过程。

一般而言,垂直轧制过程是在水平轧制过程之前进行的。在垂直轧制过程中会让产品产生"狗骨头"(Dogbone)形状,然后在水平轧制过程中压平。"狗骨头"形状是无法测量的,因为它只存在于垂直和水平钢制轧辊台之间,没有测量系统能够在这一环境中正常地工作。与钢板和钢带的厚度不同,不能直接设定它们在每次通过后的宽度,因此需要一个准确的模型来获得产品正确的宽度形状。每一个不减少宽度的变形步骤都会带来产品宽度的增加。在换向轧辊中通过的次数 N 总是奇数,因为通常产品将传送到更远离炉子的地方进行后续处理。因此,会有 $(N+1)/2$ 次前向通过和 $(N-1)/2$ 次反向通过。通常,换向轧辊只在工作台的出口端装有宽度计,因此只在每次前向通过后进行测量。由

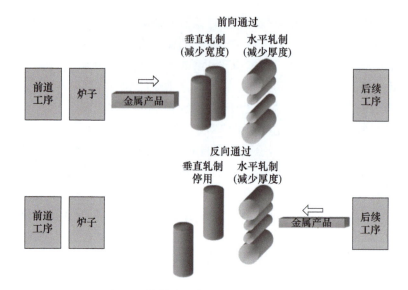

图 4.6　轧制处理步骤的多次通过示意图

注：左侧为入口，每次前向通过后在右侧进行测量，而在左侧不进行测量。
　　轧制过程由多次（如 $N=7$）前向和反向通过的过程组成。

于不能在入口端测量宽度，出现了一个隐藏状态的问题。这些问题导致了很难通过解析方法来描述宽度减少过程所形成的"狗骨头"形状，只能够对几个标准的钢级在很窄的几何尺寸范围内进行这样的分析。因此，对于不同的工作点，必须采用复杂而耗时的方法。"狗骨头"形状的出现会导致在后续的水平轧制过程中出现额外的展宽。假设产品的输入尺寸在第一个变形过程之前是已知的，那么将有两个后续过程会改变产品的宽度。

4.5.2　建模

可以建立多种模型来表示上述过程，它们基于下列输入参数：

（1）产品属性：如几何尺寸（厚度、宽度）、材料成分（化学组成），以及热 - 机特性（Thermo - Mechanical Property）。

（2）工艺参数：如辊缝设置、速度和冷却。

输出参数即是产品的宽度。

为了对完整的物理过程进行建模，需要对每个变形步骤分别独立地进行建模，包括"狗骨头"形状的模型。但是，在垂直和水平轧制步骤之间无法进行测量，所以这是不可能的。因此，要进一步考虑下面两个模型：

（1）一个使用每次通过的输入输出参数来描述该过程的模型,可忽略"狗骨头"形状。

（2）一个忽略反向通过之后的隐藏状态的模型。

为此,可以基于不同的方法来建立这两个模型：

（1）使用数据驱动的方法,处理现实世界的数据。

（2）使用解析模型,如文献[31,37-38]中给出的例子。

这样的分类方式可以产生 4 种不同的模型。我们当前研究的目标是实现使用不同保真度的模型,因此会进一步考虑使用其中的两个模型：第一个是高保真度模型 M_e,也称为数据驱动的模型(Data-Driven Model)。它使用来自现实世界过程的数据来生成一个克里格模型。第二个是粗模型或者说保真度较低的模型 M_c,将使用简单的解析公式来描述输入-输出之间的关系。第二个模型也称为解析模型(Analytical Model)。协同克里格法将进一步利用来自低保真度解析模型的信息。注意,对所有数据驱动的模型而言,昂贵的数据预处理是必不可少的。

4.6 结 论

本章说明了协同克里格法可以在粗目标函数和精目标中存在噪声的情况下工作,并且可以和序贯参数优化工具箱中包含的不确定性处理方法相结合。我们的实验分析的出发点是协同克里格法的测试函数,该函数是由 Forrester 等提出的[17]。我们验证了协同克里格法在不确定性环境中是有益的。不出所料的是,对于不确定性处理方法并不存在一般性的通用建议,而是每种实验设定都有不同的要求。对于可用计算量的改变,如将函数估算次数 n 从 20 增加到 50 就会产生不同的结果。作为一个经验法则,可以说像克里格法这样的复杂方法会比像随机森林这样的简单方法需要更多的计算量。不过,如果可以将来自廉价模型和昂贵模型的信息结合起来,二者之间的这个差异就会消失。对于高成本的现实世界优化问题,协同克里格法似乎是一种很有前景的方法。

热轧过程是现实世界中的一类重要优化问题,我们对此进行了介绍。目前,我们正在对这一问题进行研究。在此,我们提出了一种建模方法,它结合了来自简单的数学模型的信息和来自昂贵的数据驱动的克里格模型的信息。这只是多保真度模型显示其重要意义的现实世界重大问题之一,这种模型也可以适用于其他的领域。

参考文献

[1] Arnold, D. V., Beyer, H. - G.: A comparison of evolution strategies with other direct search methods in the presence of noise. Comput. Optim. Appl. 24(1), 135 – 159(2003).

[2] Barton, R. R., Meckesheimer, M.: Metamodel - based simulation optimization. In: Henderson, S. G., Nelson, B. L. (eds.) Simulation. Handbooks in Operations Research and Management Science, vol. 13, pp. 535 – 574. Elsevier, Amsterdam(2006).

[3] Bartz - Beielstein, T., Friese, M.: Sequential parameter optimization and optimal computational budget allocation for noisy optimization problems. CIOP Technical Report 02/11, Research Center CIOP(Computational Intelligence, Optimization andData Mining), Cologne University of Applied Science, Faculty of Computer Science and Engineering Science, Jan 2011.

[4] Bartz - Beielstein, T., Preuss, M.: The future of experimental research. In: Bartz - Beielstein, T., Chiarandini, M., Paquete, L., Preuss, M. (eds.) Experimental Methods for the Analysis of Optimization Algorithms, pp. 17 – 46. Springer, Berlin/Heidelberg/New York(2010).

[5] Bartz - Beielstein, T., Zaefferer, M.: A gentle introduction to sequential parameter optimization. Technical Report TR 01/2012, CIplus, 2012.

[6] Bartz - Beielstein, T., Parsopoulos, K. E., Vrahatis, M. N.: Design and analysis of optimization algorithms using computational statistics. Appl. Numer. Anal. Comput. Math. (ANACM), 1(2), 413 – 433 (2004).

[7] Bartz - Beielstein, T., Lasarczyk, C., Preuss, M.: The sequential parameter optimization toolbox. In: Bartz - Beielstein, T., Chiarandini, M., Paquete, L., Preuss, M. (eds.) Experimental Methods for the Analysis of Optimization Algorithms, pp. 337 – 360. Springer, Berlin/Heidelberg/ New York(2010).

[8] Bartz - Beielstein, T., Friese, M., Zaefferer, M., Naujoks, B., Flasch, O., Konen, W., Koch, P.: Noisy optimization with sequential parameter optimization and optimal computational budget allocation. In: Proceedings of the 13th Annual Conference Companion on Genetic and Evolutionary Computation, GECCO' 11, pp. 119 – 120. ACM, New York, NY(2011).

[9] Breiman, L.: Random forests. Mach. Learn. 45(1), 5 – 32(2001).

[10] Breiman, L., Friedman, J. H., Olshen, R. A., Stone, C. J.: Classification and Regression Trees. Wadsworth, Monterey, CA(1984).

[11] Chambers, J., Cleveland, W., Kleiner, B., Tukey, P.: Graphical Methods for Data Analysis. Wadsworth, Belmont, CA(1983).

[12] Chen, C. - H., Lee, L. H.: Stochastic Simulation Optimization. World Scientific, Singapore(2011).

[13] Chen, H. C., Chen, C. H., Dai, L., Yücesan, E.: New development of optimal computing budget allocation for discrete event simulation. In: Andradóttir, S., Healy, K. J., Withers, D. H., Nelson, B. L. (eds.) Proceedings of the 1997 Winter Simulation Conference, pp. 334 – 341. IEEE Computer Society, Piscataway, NJ(1997).

[14] Chen, J., Chen, C., Kelton, D.: Optimal computing budget allocation of indifference - zoneselection

procedures. Technical Report, 2003. Working Paper. http://www.cba.uc.edu/faculty/keltonwd. Accessed 6 Jan 2005.

[15] Dancik, G. M., Dorman, K. S.: mlegp: statistical analysis for computer models of biological systems using R. Bioinformatics 24(17), 1966 – 1967(2008).

[16] Forrester, A., Sóbester, A., Keane, A.: Multi – fidelity optimization via surrogate modelling. Proc. Roy. Soc. A Math. Phys. Eng. Sci. 463(2088), 3251 – 3269(2007).

[17] Forrester, A., Sobester, A., Keane, A.: Engineering Design via Surrogate Modelling. Wiley, New York (2008).

[18] Furrer, R., Nychka, D., Sain, S.: Fields: tools for spatial data. R package version 6.3(2010).

[19] Huang, D., Allen, T. T., Notz, W. I., Zeng, N.: Global optimization of stochastic black – box systems via sequential kriging meta – models. J. Glob. Optim. 34(3), 441 – 466(2006).

[20] Jin, Y.: A comprehensive survey of fitness approximation in evolutionary computation. Soft. Comput. 9(1), 3 – 12(2005).

[21] Jin, Y., Branke, J.: Evolutionary optimization in uncertain environments—a survey. IEEE Trans. Evol. Comput. 9(3), 303 – 317(2005).

[22] Jones, D., Schonlau, M., Welch, W.: Efficient global optimization of expensive black – box functions. J. Glob. Optim. 13, 455 – 492(1998).

[23] Karatzoglou, A., Smola, A., Hornik, K., Zeileis, A.: kernlab – an S4 package for kernel methods in R. J. Stat. Softw. 11(9), 1 – 20(2004).

[24] Kennedy, M. C., O'Hagan, A.: Predicting the output from a complex computer code when fast approximations are available. Biometrika 87(1), 1 – 13(2000).

[25] Kleijnen, J. P. C.: Design and Analysis of Simulation Experiments. Springer, New York, NY(2008).

[26] Krige, D. G.: A statistical approach to some basic mine valuation problems on the witwatersrand. J. Chem. Metall. Min. Soc. S. Afr. 52(6), 119 – 139(1951).

[27] Lasarczyk, C. W. G.: Genetische programmierung einer algorithmischen chemie. Ph. D. thesis, Technische Universität Dortmund(2007).

[28] Liaw, A., Wiener, M.: Classification and regression by randomforest. R News 2(3), 18 – 22(2002).

[29] Lophaven, S., Nielsen, H., Søndergaard, J.: DACE—a matlab kriging toolbox. Technical Report IMM – REP – 2002 – 12, Informatics and Mathematical Modelling, Technical University of Denmark, Copenhagen, Denmark(2002).

[30] McKay, M. D., Beckman, R. J., Conover, W. J.: A comparison of three methods for selecting values of input variables in the analysis of output from a computer code. Technometrics 21(2), 239 – 245(1979).

[31] Okada, M., Ariizumi, T., Noma, Y., Yamazaki, Y.: On the behavior of edge rolling in hot strip mills. In: International Conference on Steel Rolling, vol. 1, pp. 275 – 286(1980).

[32] Pukelsheim, F.: Optimal Design of Experiments. Wiley, New York, NY(1993).

[33] Roustant, O., Ginsbourger, D., Deville, Y.: Dicekriging, diceoptim: two r packages for the analysis of computer experiments by kriging – based metamodeling and optimization. J. Stat. Softw. 51, 1 – 55(2010).

[34] Sacks, J., Welch, W. J., Mitchell, T. J., Wynn, H. P.: Design and analysis of computer experiments. Stat. Sci. 4(4), 409 – 435(1989).

[35] Santner, T. J., Williams, B. J., Notz, W. I.: The Design and Analysis of Computer Experiments. Springer, Berlin/Heidelberg/New York(2003).

[36] Stagge, P.: Averaging efficiently in the presence of noise. In: Eiben, A. (ed.) Parallel Problem Solving from Nature, PPSN V, pp. 188 – 197. Springer, Berlin/Heidelberg/New York(1998).

[37] Takei, H., Onishi, Y., Yamasaki, Y., Takekoshi, A., Yamamoto, M., Okado, M.: Automatic width control of rougher in hot strip mill. Nippon Kokan Technical Report 34, Computer Systems Development Department Fukuyama Works(1982).

[38] Takeuchi, M., Hoshiya, M., Watanabe, K., Hirata, O., Kikuma, T., Sadahiro, S.: Heavy width reduction rolling of slabs. Nippon Steel Technical Report. Overseas, No. 21, pp. 235 – 246(1983).

[39] Tukey, J.: The philosophy of multiple comparisons. Stat. Sci. 6, 100 – 116(1991).

[40] Wankhede, M. J., Bressloff, N. W., Keane, A. J.: Combustor design optimization using cokriging of steady and unsteady turbulent combustion. J. Eng. Gas Turbines Power 133(12), 121504(2011).

第 5 章

全局敏感性分析方法综述

Bertrand Iooss, Paul Lemaître

5.1 简 介

在建立和使用数值仿真模型时,敏感性分析(Sensitivity Analysis,SA)方法是非常宝贵的工具。通过这种方法可以研究如何将模型输出中的不确定性分摊给模型输入中不同的不确定性来源[77],可以使用它来将那些对于输出行为有最大贡献的输入变量,确定为无影响(Non-influential)输入或者确定模型中某些相互作用的影响。敏感性分析具有多重作用,可以用于模型验证与理解、模型简化和确定影响因素的重要性顺序。最后,敏感性分析可以在验证计算机代码、指引研究工作和确认系统设计的安全性等方面提供帮助。

存在许多敏感性分析的应用实例。Makowski 等[58]针对作物模型预测分析了 13 种遗传参数对于两种输出的变化贡献。在 Lefebvre 等[52]的工作中给出了另一个例子,他们使用敏感性分析的目的在于,在大量(大约 30 个)输入中确定对于飞机红外特性仿真模型影响最大的输入。在核工程领域,Auder 等[2]研究了在事故场景下发生的热流体力学现象中最具影响力的输入。Iooss 等[37]和 Volkova 等[92]考虑了对工业设施的环境评估。

敏感性分析的首个具有历史性意义的方法为局部方法(Local Approach),该方法研究了输入的微小扰动对模型输出的影响,这些微小的扰动发生在标称值(如某个随机变量的均值)附近,这种确定性的方法包括计算或估算模型在特定点上的偏导数。通过使用基于伴随矩阵的方法,允许处理具有大量输入变量

Bertrand Iooss,法国电力公司研发部,图卢兹数学研究所。
Paul Lemaître,法国电力公司研发部,计算机学与自动化研究院(INRIA)西南分院。

的模型。这种方法常用于对大型环境系统的求解,如在气候建模、海洋学、水文学等领域中的应用(Cacuci[9],Castaings 等[13])。

从20世纪80年代末开始,为了克服局部方法的局限性(线性和正态性假设以及对局部变化的限制),研究人员在统计方法的框架下建立了一类新方法——"全局敏感性分析"(Global Sensitivity Analysis),与局部敏感性分析不同,它考虑了输入的整个变化范围[77]。数值模型的用户和建模者对这些工具显示了极大的兴趣,因为这些工具全面利用了新出现的计算材料和数值方法[19,23,30],从而了解这些方法在工业和环境问题上的应用)。Saltelli 等[78]和 Pappenberger 等[67]强调了在进行敏感性分析之前,必须明确指定研究的目标。这些目标包括以下情况:

(1)确定并优先考虑产生最大影响的输入。

(2)确定无影响输入,以便将其固定为标称值。

(3)如果必要,通过专注于特定的输入域,从而将输出行为映射为输入的函数。

(4)使用可用的信息(观测到的真实输出值、约束等),校准模型的部分输入。

针对这些目标,形成了以敏感性分析为主题的首批研究成果(参见文献[4,19,25,32,43,67])。然而,由于具有众多的启发式算法、图形化工具、实验设计理论、蒙特卡洛方法、统计学习方法等,初学者和非专家型用户会发现自己迅速地迷失在如何为他们的问题选择最恰当方法的困惑之中。本章的目的就在于,在应用方法框架之下提供具有教育意义的敏感性分析方法综述。

首先将模型的输入向量记为 $X=(X_1,\cdots X_d)\in\mathbb{R}^d$。为了简单起见,在研究中将输出结果限制为标量,$Y\in\mathbb{R}$,来自计算机代码(也称为"模型")$f(\cdot)$:

$$Y=f(X) \tag{5.1}$$

在概率设置下,X 是一个由概率分布定义的随机向量,Y 是一个随机变量。在后文中,假设输入 $X_i(i=1,\cdots,d)$ 是独立的。本章最后一节列出了更为先进的研究成果,考虑了 X 的各个分量之间存在依赖关系的情况(参见文献[48],以了解对该问题的介绍)。最后,本章关注的是针对模型输出的全局可变性的敏感性分析,这种可变性通常是通过方差进行测量的。

本章针对一个简单应用模型进行讨论,该模型仿真一条河的高度,并将它与用来保护工业设施的堤坝的高度进行比较,如图5.1所示。当河水的高度超过堤坝的高度时,就会发生洪灾。de Rocquigny[18]和 Iooss[35]都曾经使用该理论模型作为教学例子。该模型是基于对一维圣维南水动力方程的粗略简化,即假

设流量是均匀、恒定的,截面为大的矩形。它有一个涉及河流的延伸特性的方程,即

$$S = Z_v + H - H_d - C_b, H = \left(\frac{Q}{BK_s\sqrt{\frac{Z_m - Z_v}{L}}}\right)^{0.6} \quad (5.2)$$

式中:S 是年度最大溢流量(m);H 是河水的年度最大高度(m)。表 5.1 中给出了其他变量(共计 $d=8$ 个输入)的定义以及它们的概率分布。在模型的输入变量中,H_d 是设计参数,它的变化范围对应于一个设计域。其他变量具有随机性的原因在于其时空可变性,不知道它们的真实取值,或者是对于它们的估计存在有一定的不准确性。同时,假设输入变量是相互独立的。

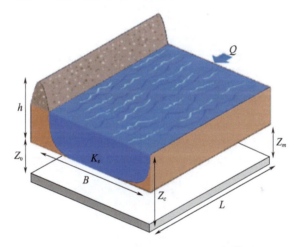

图 5.1　洪灾示例:河流的简化模型①

表 5.1　洪灾模型的输入变量及其概率分布

输入变量	概率分布
年最大流量 $Q/(\text{m}^3/\text{s})$	区间 [500,3000] 上的截尾 Gumbel 分布 $G(1013,558)$
Strickler 系数 K_s	区间 $[15,\infty]$ 上的截尾正态分布 $N(30,8)$
河流下游水位 Z_v/m	三角形分布 $T(49,50,51)$
河流上游水位 Z_m/m	三角形分布 $T(54,55,56)$
堤坝高度 H_d/m	均匀分布 $U(7,9)$

---

① 图中各个符号的具体含义见表 5.1。——译者

续表

输入变量	概率分布
堤坝水位 C_b/m	三角形分布 $T(55,55.5,56)$
河流延伸长度 L/m	三角形分布 $T(4990,5000,5010)$
河流宽度 B/m	三角形分布 $T(295,300,305)$

此外,还需要考虑模型的另一个输出:堤坝的相关成本(百万欧元)为

$$C_p = 1\mid_{S>0} + [0.2 + 0.8(1-\exp^{-\frac{1000}{S^4}})]1\mid_{S\leq 0} + \frac{1}{20}(H_d 1\mid_{H_d>8} + 8 1\mid_{H_d\leq 8}\mid)$$

(5.3)

其中,$1\mid_{A(x)}$ 是指示函数,在 $x \in A$ 时等于 1,否则等于 0。在这个公式中,第一项代表由于洪灾($S>0$)造成的成本,其值为 1 百万欧元;第二项对应于堤坝的维护成本($S \leq 0$),第三项是与建造堤坝相关的投资成本。最后一项成本在堤坝高度低于 8m 时是一个常数,超出之后与堤坝高度成比例增长。

5.2 节将讨论筛选(Screening)方法,属于定性的(Qualitative)方法,用于研究包含数十个输入变量的模型的敏感性。5.3 节说明了使用得最多的影响性定量的(Quantitative)度量方法。5.4 节介绍那些更为高级的工具,它们的目的是对模型的输出表现进行精细的探索。5.5 节结论部分为实践者提供了对这些方法的分类和流程,并进一步讨论了敏感性分析中某些有待解决的问题。

5.2 筛选方法

筛选方法是基于输入的取值水平,将它们进行离散化(Discretization)处理,从而允许对代码的行为进行快速探索。这些方法可以适用于大量的输入;但是,实践往往显示只有少量输入是具有影响性的。这类方法的目的是通过对模型的少量调用,以确定出无影响输入,同时对模型的复杂度做出符合现实情况的假设。这样,在使用其他更精细、更为昂贵的敏感性分析方法之前,对模型进行简化。

工程中使用最多的筛选方法是基于"一次一个"(One At a Time,OAT)设计。也就是,每次都只改变一个输入,而将其他输入保持固定(参见文献[74],以了解对于这一基本方法的批判看法)。本节介绍 Morris 方法[65],该方法是最完整的,同时也是成本最高的。不过,当实验的数量必须小于输入的数量时,可

以利用超饱和设计[56]、分组筛选[20]或者序贯分叉方法[5]的实用性。当实验的数目和输入数目处于同一量级时,可以采用经典实验设计理论[64],如所谓的部分析因设计(Factorial Fractional Design)方法。

Morris方法允许将输入分为三类:影响可忽略的输入、具有明显线性影响而没有相互作用的输入,以及具有明显非线性影响和/或相互作用的输入。该方法要求将每个变量的输入空间离散化,然后进行一定数量的"一次一个"式设计。这类实验设计是在输入空间中随机选择的,变化的方向也是随机的。通过重复这些步骤,可以对每个输入的基础影响进行估计,进而根据这些影响可以得到敏感性指标。

将"一次一个"式设计的数量计为 $r^{[78]}$(将 r 设定为 4~10)。将输入空间离散化成 d 维的网格,输入值具有 n 个水平。将第 j 个变量在第 i 次重复时得到的基础影响记为 $E_j^{(i)}$,其定义为

$$E_j^{(i)} = \frac{f(X^{(i)} + \Delta e_j) - f(X^{(i)})}{\Delta} \tag{5.4}$$

式中:Δ 是预设的 $\frac{1}{(n-1)}$ 与标准基向量 e_j 的乘积。

可以得到相应的指标:

(1) $\mu_j^* = \frac{1}{r}\sum_{i=1}^{r} |E_j^{(i)}|$(基础影响绝对值的均值)。

(2) $\sigma_j = \sqrt{\frac{1}{r}\sum_{i=1}^{r}\left(E_j^{(i)} - \frac{1}{r}\sum_{i=1}^{r} E_j^{(i)}\right)^2}$(基础影响的标准偏差)。

对这些指标的解释如下:

(1) μ_j^* 是第 j 个输入对输出的影响的测度。μ_j^* 越大,第 j 个输入对输出散布的贡献就越大。

(2) σ_j 是对第 j 个输入的非线性影响和/或相互影响的测度。σ_j 很小,表示输入变化在基础影响上导致的变化就很小,这样扰动的影响在整个输入范围内都是一样的,意味着在研究的输入和输出之间存在线性关系。σ_j 越大,表示线性假设成立的可能性就越低,这样具有较大的 σ_j 的变量会被认为具有非线性的影响,或者意味着它和至少一个其他变量存在着相互作用。

然后,可以使用一张图将 μ_j^* 和 σ_j 联系起来,以区分前述的三类输入。

将 Morris 方法应用于洪灾模型(式(5.2)和式(5.3)),进行 $r=5$ 次重复,总共需要调用模型 $n = r(d+1) = 45$ 次。图 5.2 以 μ_j^* 和 σ_j 为坐标轴示出了仿真的结果。根据这一可视化结果可以进行如下讨论:

(1) 输出 S：输入 K_s、Z_v、Q、C_b 和 H_d 是有影响性的，其他输入没有影响性。此外，模型的这一输出线性依赖于输入，而且输入之间没有相互作用（因为 $\sigma_j \ll \mu_j^*$，$\forall j$）。

(2) 输出 C_p：输入 H_d、Q、Z_v 和 K_s 有很强的影响性，并且具有非线性和/或相互作用的影响（因为 σ_j 和 μ_j^* 具有相同的数量级）。C_b 有中等程度的影响性，而其他输入没有影响性。

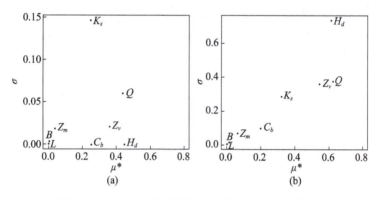

图 5.2　Morris 方法的结果（$r=5$，输入具有 4 个水平）
(a) 输出 S；(b) 输出 C_p。

在完成筛选阶段以后，已经确定了输入 L、B 和 Z_m 对模型的两个输出值没有影响性。那么，在以后的讨论中将这三个输入固定为标称值（分别设置为它们对应的三角形分布的众数(Mode)）。

5.3　重要性测度

5.3.1　基于线性模型分析的方法

如果获得了输入和输出的样本 $(X^n, Y^n) = (X_1^{(i)}, \cdots, X_d^{(i)}, Y_i)_{i=1,\cdots,n}$，只要样本规模 n 足够大（至少 $n > d$），就有可能拟合出一个线性模型，来解释 Y 在给定的 X 取值下的表现。下面给出部分通过研究拟合出的模型来定义的全局敏感性测度：

(1) 皮尔逊相关系数(Pearson Correlation Coefficient)：

$$\rho(X_j, Y) = \frac{\sum_{i=1}^{N}(X_j^{(i)} - \mathrm{E}(X_j))(Y_i - \mathrm{E}(Y))}{\sqrt{\sum_{i=1}^{N}(X_j^{(i)} - \mathrm{E}(X_j))^2}\sqrt{\sum_{i=1}^{N}(Y_i - \mathrm{E}(Y))^2}} \quad (5.5)$$

该系数可以看作变量 X_j 和输出 Y 之间线性水平的测度。如果检验的输入变量与输出关系之间是线性关系,则该系数等于 1 或者 -1。如果 X_j 和 Y 是独立的,则该指数为 0。

(2) 标准回归系数(Standard Regression Coefficient, SRC):

$$\mathrm{SRC}_j = \beta_j \sqrt{\frac{\mathrm{var}(X_j)}{\mathrm{var}(Y)}} \quad (5.6)$$

式中:β_j 是与 X_j 相关的线性回归系数。SRC_j^2 代表了线性假设成立条件下在方差中所对应的部分。

(3) 偏相关系数(Partial Correlation Coefficient, PCC):

$$\mathrm{PCC}_j = \rho(X_j - \hat{X}_{-j}, Y - \hat{Y}_{-j}) \quad (5.7)$$

式中:$\hat{X}_{-j}$ 是线性模型的预测值,代表考虑其他输入时的 X_j;$\hat{Y}_{-j}$ 是不考虑 X_j 时线性模型的预测值。偏相关系数所度量的是在排除了其他输入的影响时,Y 对 X_j 的敏感性。

由于样本数量的有限,对于这些敏感性指标的估计都会受到不确定性估计的影响。为此,可以采用解析公式来估计这种不确定性[15]。

这三种指标都是基于输出和输入之间的线性关系。为此,可以使用统计方法来确定线性假设是否成立,如经典的决定系数(Coefficient of Determination)R^2 和预测系数(Predictivity Coefficient)Q^2(也称为 Nash-Sutcliffe 模型效率):

$$Q^2 = 1 - \frac{\sum_{i=1}^{m}[Y_i^p - \hat{Y}(\boldsymbol{X}^{p(i)})]^2}{\sum_{i=1}^{m}[Y_i^p - \mathrm{E}(Y^p)]^2} \quad (5.8)$$

式中:$(\boldsymbol{X}^{p(i)}, Y_i^p)_{i=1,\cdots,m}$ 是大小为 m 的输入-输出测试样本(未用于模型的拟合);$\hat{Y}(\cdot)$ 是线性回归模型的预测值。

Q^2 的值对应于线性回归模型的结果在输出变化中所占的百分比(该值等于 1 表示完美拟合)。如果输入变量是相互独立的,每个标准回归系数 SRC_i^2 就分别表示输入 X_j 对输出变化所造成的影响。

如果线性假设不成立,通过秩变换(Rank Transformation)仍然可以使用三种重要性测度,即皮尔逊相关系数、标准回归系数和偏相关系数[77]。通过将样本(X^n,Y^n)的值替换为矩阵中每一列的秩,可以将它们转换为样本(R_X^n,R_Y^n)。对于重要性测度,这样可以得到斯皮尔曼相关系数(Spearman Correlation Coefficient,SCC)ρ^S、标准化秩回归系数(Standardized Rank Regression Coefficient,SRRC)和偏秩相关系数(Partial Rank Correlation Coefficient,PRCC)。显然,和前述的情况一样,也需要使用秩的决定系数R^{2*}和预测系数Q^{2*}对单调性假设进行检验。

这些线性的、基于秩的测度是基于抽样的全局敏感性分析方法的组成部分。Helton 和 Davis[31]对它们进行了深入研究,使用拉丁超立方抽样[63]来代替蒙特卡洛样本,以提高敏感性指标的准确性。

将这些方法应用于洪灾模型(式(5.2)和式(5.3)),使用前述筛选过程判定为具有影响性的 $d=5$ 个输入。蒙特卡洛样本数量为 $n=100$,即进行 100 次模型估值。下面是得到的结果:

(1)输出 S:

$\mathrm{SRC}^2(Q)=0.28;\mathrm{SRC}^2(K_s)=0.12;\mathrm{SRC}^2(Z_v)=0.15;\mathrm{SRC}^2(H_d)=0.26;\mathrm{SRC}^2(C_b)=0.03;R^2=0.98$。

$\mathrm{SRRC}^2(Q)=0.27;\mathrm{SRRC}^2(K_s)=0.12;\mathrm{SRRC}^2(Z_v)=0.13;\mathrm{SRRC}^2(H_d)=0.26;\mathrm{SRRC}^2(C_b)=0.02;R^{2*}=0.95$。

(2)输出 C_p:

$\mathrm{SRC}^2(Q)=0.25;\mathrm{SRC}^2(K_s)=0.16;\mathrm{SRC}^2(Z_v)=0.18;\mathrm{SRC}^2(H_d)=0.00;\mathrm{SRC}^2(C_b)=0.07;R^2=0.70$。

$\mathrm{SRRC}^2(Q)=0.26;\mathrm{SRRC}^2(K_s)=0.19;\mathrm{SRRC}^2(Z_v)=0.18;\mathrm{SRRC}^2(H_d)=0.06;\mathrm{SRRC}^2(C_b)=0.03;R^{2*}=0.73$。

对于输出 S 来说,R^2 接近于 1,这说明线性模型对数据的拟合良好。对回归残差(Regression Residual)的分析也证实了这一结果。通过 SRC^2 给出了基于方差的敏感性指标。对于输出 C_p,R^2 和 R^{2*} 都不接近 1,表明关系既不是线性的也不是单调的。可以使用 SRC^2 和 SRRC^2 指标作为粗略的近似,不过还有 30% 的方差是不能归因于这两个指标的。如果使用另一组蒙特卡洛样本,敏感性指标的取值可能会有明显的差异。要提高这些敏感性指标的精度,需要大大地增加样本的数量。

5.3.2 方差的函数分解:Sobol 指标

当模型是非线性、非单调时,仍然可以定义输出方差的分解,并将其用于敏感性分析。对单位超立方体$[0,1]^d$定义一个平方可积函数$f(\cdot)$,可以将该函数表示为一组初等函数的和[33]：

$$f(X) = f_0 + \sum_{i=1}^d f_i(X_i) + \sum_{i<j}^d f_{ij}(X_i,X_j) + \cdots + f_{1,2,\cdots,d}(X) \quad (5.9)$$

这一展开在满足

$$\int_0^1 f_{i_1,\cdots,i_s}(x_{i_1},\cdots,x_{i_s})\mathrm{d}x_{i_k} = 0, 1 \leq k \leq s, \{i_1,\cdots,i_s\} \subseteq \{1,\cdots,d\}$$

的条件时是唯一的[83],这意味着f_0是一个常数。

在敏感性分析框架下,假设使用的随机向量$X=(X_1,\cdots,X_d)$的变量之间相互独立,而$Y=f(X)$是确定性模型$f(\cdot)$的输出。由此可以得到对方差的函数分解,常称为函数ANOVA[22]：

$$\mathrm{var}(Y) = \sum_{i=1}^d D_i(Y) + \sum_{i<j}^d D_{ij}(Y) + \cdots + D_{1,2,\cdots,d}(Y) \quad (5.10)$$

式中:$D_i(Y) = \mathrm{var}[\mathrm{E}(Y|X_i)]$;$D_{ij}(Y) = \mathrm{var}[\mathrm{E}(Y|X_i,X_j)] - D_i(Y) - D_j(Y)$;更高阶的相互作用可以依此类推。

可以得到如下"Sobol指标"或者说"基于方差的敏感性指标"[83]：

$$S_i = \frac{D_i(Y)}{\mathrm{var}(Y)}, \quad S_{ij} = \frac{D_{ij}(Y)}{\mathrm{var}(Y)}, \quad \cdots \quad (5.11)$$

这些指标表达了特定输入或者输入组合在Y的变化中所占的比例。

随着维数d的增长,指标的数量呈指数增长,总共有$2^d - 1$个指标。出于计算时间和易于理解的考虑,实践者估算的指标不应当高于2阶。Homma和Saltelli[34]提出了"总指标"(Total Indice)或者说"总影响"(Total Effect),公式为

$$S_{T_i} = S_i + \sum_{j\neq i} S_{ij} + \sum_{j\neq i,k\neq i,j<k} S_{ijk} + \cdots = \sum_{l \in \#i} S_l \quad (5.12)$$

式中:$\#i$是$\{1,\cdots,d\}$包括i在内的所有子集。

在实践中,当d很大时,只会计算主要影响和总影响,从而给出有关模型敏感性的良好信息。

为了计算Sobol指标,研究人员建立了基于蒙特卡洛抽样的方法:Sobol[83]针对的是一阶指标和相互作用指标,Saltelli[73]针对的是一阶指标和总指标。不幸的是,要获得对敏感性指标的精确估计,从模型调用次数来看,这些方法的成本是很高的(收敛速率与样本数量n的平方根$\sqrt{n}$成比例)。在一般做法中,为了让对某个输入的Sobol指标估算值的不确定性减小到10%以内,可能会需要进行10^4次模型调用。使用准蒙特卡洛序列代替蒙特卡洛抽样,有时可以将此成本降低到1/10[79]。基于多维傅里叶变换的FAST方法[16]也可以用于降低这一

成本。Saltelli 等[76]对此方法进行了扩展,用于计算总 Sobol 指标,而 Tarantola 等[90]将 FAST 方法和随机平衡设计(Random Balance Design,RBD)结合起来。Tissot 和 Prieur[91]最近分析和改进了这些方法。不过,当输入的数量增加(超过 10 个)时,FAST 方法仍然是昂贵的、不稳定的和有偏的[91]。

使用基于蒙特卡洛抽样的方法具有一个优势,就是它可以通过随机重复[37]、渐近公式(Asymptotic Formulas)[40]和自举方法[1]来提供指标估计值的误差。由此,研究人员还提出了其他的基于蒙特卡洛方法的估算公式,极大地提高了估算的精度:用于估算小指标的 Mauntz 公式[74,86]、用于估算总 Sobol 指标的 Jansen 公式[41,74]以及用于估算大的一阶指标的 Janon – Monod 公式[40]。

使用带有蒙特卡洛抽样的 Saltelli[73]公式来说明在具有 $d=5$ 个随机输入的洪灾案例(式(5.2)和式(5.3))上进行 Sobol 指标的估算。从模型的调用次数来看,该方法的成本为 $N=n(d+2)$,其中的 n 是初始的蒙特卡洛样本数量。在这里 $n=10^5$,会将估计过程重复 100 次,以得到每个估算指标的置信区间(以箱线图给出)。图 5.3 给出了这些估算的结果,最终需要 $N=7\times10^7$ 次模型调用。

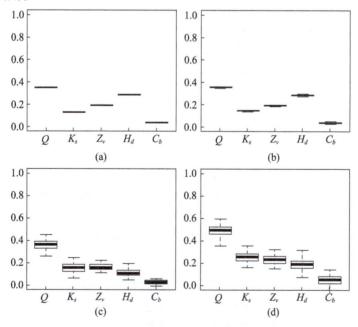

图 5.3 对洪灾模型 Sobol 指标的估算结果

注:每个盒状图对应于 100 次独立的估算。

(a)输出 S – 一阶指标;(b)输出 S – 总指标;(c)输出 C_p – 一阶指标;(d)输出 C_p – 总指标。

对于输出 S,一阶指标几乎等于总指标,而 SRC^2 的结果非常相似。在这个例子中,模型是线性的,对 Sobol 指标的估算不是必需的。而对于输出 C_p 获得的信息与 SRC^2 和 $SRRC^2$ 提供的信息不一样:Q 的总影响大约占 50%(是其 SRC^2 的 2 倍),H_d 的影响大约为 20%,而 Q 和 K_s 之间存在不可忽略的相互作用影响。Q 和 K_s 之间的二阶 Sobol 指标占了 6%。

5.3.3 其他测度

对于独立同分布的样本(如蒙特卡洛样本)也可以采用其他方法进行敏感性分析。例如,对于每个输入可以使用基于统计检验的方法将样本分成数个子样本(将考虑的输入分成等概率的阶层),然后采用统计检验来度量类之间的一致性(Homogeneity),包括基于 Fisher 检验的同均值(Common Means,CMN)检验、基于 χ^2 检验的同中值(Common Median,CMD)检验、基于 Fisher 检验的同方差(Common Variances,CV)检验、基于 Kruskal – Wallis 检验的同位置(Common Locations,CL)检验等[32,45]。这些方法不需要假设输出对输入具有单调性,但是缺乏定量的解释。

5.3.2 节中的指标是基于输出分布的二阶矩(方差)的。在某些情况下方差并不能很好地反映分布的变化性,因此有人提出了矩无关的重要性测度,这种测度不需要对输出矩进行任何计算。其有两种类型的指标:

(1)基于熵的敏感性指标[3,47,57]。

(2)基于分布的敏感性指标[7],考虑了输出分布之间的距离或者发散度,以及输出针对一个或多个输入的条件分布。

已经证明,这些指标可以提供与 Sobol 指标不同的补充信息,但是在它们的估算过程中存在一些困难。

5.4 对敏感性的深入探索

本节讨论的方法除了标量指标,还提供了额外的敏感性信息。不过,对于有很高的计算代价(从数十分钟到数天)的工业计算机代码,即使有很先进的采样方法,往往也无法实现对 Sobol 指标的估算。本节还归纳了一类方法,可以对数值模型进行近似,从而以低计算成本估算出 Sobol 指标,同时针对输入变量的影响提出了更为深入的看法。

5.4.1 图形化和平滑方法

除了只以标量形式给出输入 X_i 对输出 Y 的影响的 Sobol 指标,X_i 在其变化范围上对 Y 的影响同样是令人感兴趣的。将其称为主要影响(Main Effects),不过为了避免和一阶指标产生混淆,采用主要影响可视化(或图)来加以讨论。散点图(分别以 Y 和 X_i 为坐标轴,将所有样本仿真值(X^n,Y^n)的点云可视化)能够以视觉为主的方式满足这一目的。图 5.4 针对洪灾的例子给出了使用 5.3.1 节中数量为 100 的样本得到的结果。

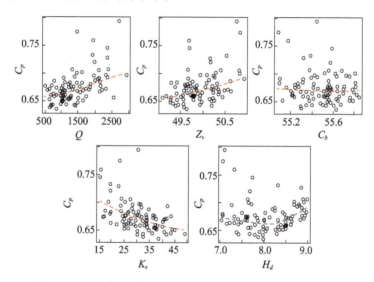

图 5.4 洪灾例子的散点图(分别对应于 5 个输入 Q、Z_v、C_b、K_s、H_d 和 C_p 的关系)

注:虚线是基于局部多项式的平滑结果。

平滑(Smoothing)可以基于参数回归或非参数回归方法[28],其目的是估算出 Y 的一阶或高阶条件矩。敏感性分析往往被限制于使用确定一阶和二阶条件期望[80]来获得

(1)主要影响图,对 $i=1,\cdots,d$ 给出 X_i 在整个变化范围内和 $E(Y|X_i) - E(Y)$ 的关系。

(2)相互作用图,对 $i=1,\cdots,d$ 和 $j=i+1,\cdots,d$ 给出在(X_i,X_j)的整个变化范围内和 $E(Y|X_iX_j) - E(Y|X_i) - E(Y|X_j) - E(Y)$ 之间的关系。

Storlie 和 Helton[87] 对可以用于敏感性分析的非参数平滑方法进行了相当

全面的综述,这些包括移动平均法、核方法、局部多项式、平滑样条函数等方法。在图 5.4 中,对每个点云都绘出了它的局部多项式平滑结果,从而清晰地表明了输出对应于每个输入的平均趋势。

在对这些条件期望建模后,就很容易通过抽样来量化它们的变化,从而估算出一阶、二阶甚至更高阶的 Sobol 指标(式(5.11))。Da Veiga 等[17]讨论了条件期望和方差的局部多项式估计算子的理论特性,然后推导出了通过局部多项式估计出的 Sobol 指标的理论特性。Storlie 和 Helton[87]也讨论了采用可加模型和回归树在非参数估计 $E(Y|X_1,\cdots,X_d)$ 上的效率。这将最终导向建立 $f(\cdot)$ 的近似模型,该近似模型称为"元模型"。将在下一节详细介绍该方法。

在敏感性分析中,图形技术也是有用的。例如,每个输入变量和模型输出构成的散点图,都可以用于检测函数关系中的某些趋势(图 5.4)。不过散点图无法反映输入之间的某些相互作用。蛛网图又称为平行坐标图(Parallel Coordinate Plot)[48],可以用来将仿真(输入和输出)作为一组轨迹进行可视化。在图 5.5 中,突出显示了导致模型输出结果 S 取值最大的 5% 的仿真。图 5.5 可以让人了解到这些仿真对应于流量 Q 取较大的值、Strickler 系数 K_s 取较小的值。

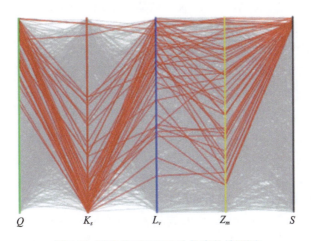

图 5.5　洪灾模型 10000 次仿真的蛛网图

5.4.2　基于元模型的方法

元模型常用来基于一定数量的输出值模拟一个实验系统或一长段运行的

计算代码的行为。它最初是以响应面(Response Surface)法的名称提出的一种统计工具,用于找到令一个过程的某些响应最优的运行条件[8]。后来的泛化让这些方法被用来建立确定性计算机代码的近似函数[21,46,71]。它包括生成一个拟合初始数据的代理(Surrogate)模型(如使用最小二乘过程),该代理模型具有良好的预测能力,并且具有可以忽略不计的计算成本。这样,它在需要对模型进行数千次计算的不确定性分析和敏感性分析中很有效[37]。

实践中在构建元模型时需要关注三个主要问题:

(1)选用的元模型可以来自任何线性回归模型、非线性参数模型或者非参数模型[29]。最常用的元模型包括多项式、样条函数、广义线性模型、广义可加模型、克里格模型、神经网络、支持向量机(SVM)、加速回归树[24,82]。线性函数和二次函数通常被看作第一次迭代。在多项式中也可以引入与输入的某些相互作用有关的知识[42,44]。不过,这类模型并不总是有效的,特别是在对复杂的和非线性的现象进行仿真时。对这类模型,在构建具有很强的预测能力的准确模型方面,现代统计学习算法显示具有更加强大的能力[59]。

(2)(数值)实验设计。实验设计需要的主要特性是稳健性(分析不同模型的能力)、有效性(针对特定准则优化)、多点重新分区的良好性(空间填充特性),以及构建时的低成本[24,80]。有一些研究给出了不同类型的实验设计应用于预测性元模型的特性[82]。

(3)对元模型的验证。在经典实验设计领域,对响应面的适当验证是一个很重要的方面,需要谨慎地加以考虑。然而,在数值实验领域,这个问题还没有得到深入研究。通常的做法是在实验的基础上,通过交叉验证(Cross – Validation)或者自举(Bootstrap)方法来估计全局阈值(均方根误差、绝对误差……)[24,46]。当计算的量较小时,为了克服交叉验证过程中产生的问题,Iooss 等[38]最近研究了如何让测试样本的数量最小化,同时还能够对元模型的预测能力做出良好的估计。

某些元模型可以直接得到敏感性指标。Sudret[89]指出,Sobol 指标是多项式混沌分解(Chaos Decomposition)的副产品。构造克里格元模型的过程也为 Sobol 指标提供了解析公式,与来自克里格误差的置信区间相关联[51,60,66]。在实践中得到广泛使用的、最为简单的做法是对元模型直接运用密集抽样技术(Intensive Sampling Technique)(参见 5.3.2 节),从而估算出 Sobol 指标[37,80]。不能归因于元模型的那部分变化(由 $1 - Q_2$ 计算得到,参见式(5.8)),而让我们可以了解敏感性分析中缺失了什么[84]。Storlie 等[88]提出了一种自举方法来估计元模型误差的影响。

正如前一节讨论内容一样,对于主要影响进行可视化[81],这一点令人感兴趣。这些影响可以由元模型直接给出(多项式混沌方法、克里格法、可加模型都是如此),也可以通过仿真出条件期望 $E(Y|X_i)$ 来计算得到。

下面仍使用洪灾的例子(式(5.2)和式(5.3))来加以说明。使用 100 个蒙特卡洛样本来对输入 Q、K_s、Z_v、H_d、C_b 和输出 C_p 建立一个克里格元模型。元模型包括一个确定性项(简单线性模型),一个采用高斯平稳随机过程(Stationary Stochastic Process)建模的修正项,以及一个广义指数协方差[80]。用于估算元模型超参数(Hyperparameter)的方法来自文献[69]。通过留一法估算出的预测系数是 $Q^2 = 90\%$,与之相对应的是通过简单线性模型得到的 $Q^2 = 75\%$。然后使用该克里格元模型,采用与 5.3.2 节一样的方法来估计 Sobol 指标:使用 Saltelli 估计公式、蒙特卡洛抽样,$n = 10^5$,$r = 100$ 次重复。这需要进行 $N = 7 \times 10^7$ 次元模型预测。对通过元模型得到的 Sobol 指标(100 次重复取均值)和通过"真实"洪灾模型(式(5.2)和式(5.3))得到的指标进行了比较,见表 5.2。这两组估计值之间的误差相对较小:在对真实模型只进行 100 次仿真的条件下,就可得到一阶 Sobol 指标和总 Sobol 指标的准确估计值(误差 < 15%)。

表 5.2　分别使用洪灾模型和调用 $N' = 100$ 次洪灾模型拟合出的元模型,
通过蒙特卡洛抽样估计出的 Sobol 指标　　　　　　　　单位:%

指标	Q	K_s	Z_v	H_d	C_b
S_i 模型	35.5	15.9	18.3	12.5	3.8
S_i 元模型	38.9	16.8	18.8	13.9	3.7
S_{T_i} 模型	48.2	25.3	22.9	18.1	3.8
S_{T_i} 元模型	45.5	21.0	21.3	16.8	4.3

5.5　结　论

虽然这一综述没有列出所有的敏感性分析方法,但也显示了可用的方法在采用的假设和得到结果的类型方面具有极大的多样性。另外,对于某些最近做出的改进也没有进行说明,如对 Morris 方法的改进[68]。

图 5.6 中给出了一个综合说明,可以对其做出多个层次的解读。

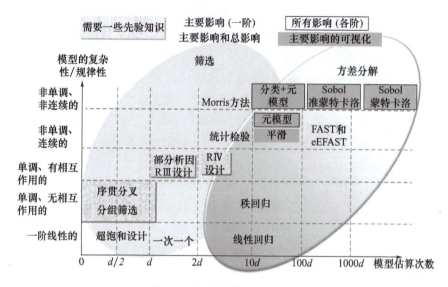

图 5.6　敏感性分析方法综合

(1) 在筛选方法(在大量变量中确定无影响变量)和更准确的基于方差的定量方法之间的区别。

(2) 根据不同方法调用模型的次数(对于大部分方法,这一次数线性依赖于输入数量)形成的成本对方法进行定位。

(3) 基于对模型复杂度和规律性的假设对方法进行定位。

(4) 每种方法提供的信息类型之间的区别。

(5) 确定哪些方法需要有关模型表现的先验知识。

基于不同方法的特点,de Rocquigny 等[19]、Pappenberger 等[67]提出了用决策树来帮助实践者根据问题及模型选择最适当的方法。图 5.7 重现了 de Rocquigny 等[19]研究提出的流程。虽然该图有利于确定一些思路,但仍然是相当简单的,必须谨慎地使用。

敏感性分析中还存在一些问题有待解决。例如,最近已经得到了有关 Sobol 指标估计算子的渐近特性和效率的理论结果[40],但是在应用中以低成本估算出总 Sobol 指标,仍然是很重要的问题[74],以获得有关这一主题最新的综述。也有一些作者,如 Saltelli 和 Tarantola[75],Jacques 等[39],Xu 和 Gertner[93],Da Veiga 等[17],Gauchi 等[27],Li 等[54],Chastaing 等[14]讨论了对相互依赖的输入的敏感性分析,但可以看出对于这一问题还存在很多的误解。

本章关注的是与模型输出的总体变化性相关的敏感性分析。在实践中人

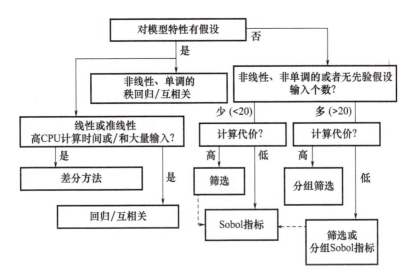

图 5.7　用于选择敏感性分析方法的决策[19]

们可能会关注其他的感兴趣量,例如,输出熵(参见 5.3.3 节)、输出超过阈值的概率[25,53,77]、分位点估计[12],这个研究领域目前非常活跃。

在很多应用中,模型的输出并不是单个标量,而是一个向量或者是一个函数(时间上的、空间上的、时空上的……)。Campbell 等[11],Lamboni 等[50],Marrel 等[61]和 Gamboa 等[26]对这类问题给出了首批敏感性分析的结果。函数输入的情况正在获得越来越多的关注[36,55,72],但在函数统计框架下对其进行处理的方法还正在研究中。

在某些情况下,计算机代码并非是确定性的模拟器而是随机模拟器。这意味着,使用同样一组输入变量对模型进行两次调用,将可能会产生不同的输出值。典型的随机计算机代码包括排队模型、基于代理的模型、涉及对异构数值模型或者基于蒙特卡洛的数值模型、计算偏微分方程的模型等。Marrel 等[62]最先提出了用于针对这类代码计算 Sobol 指标的解决方案。

最后,定量敏感性分析方法受限于低维模型,输入变量不超过数十个。另外,诸如基于共轭[10]的确定性方法在模型包括大量输入变量时非常合适。一个自然的想法是结合这两种方法的优点。最近提出的基于导数的敏感性指标(Derivative-Based Sensitivity Measures,DGSM)要求对每个输入计算其模型导数的平方的积分[85]。研究人员已经证明在总 Sobol 指标和基于导数的敏感性指标 DGSM 之间存在不等关系,可以据此提出一些解释性结果[49,70]。这些工作开创了在高维条件下进行全局敏感性分析的途径。

致　谢

法国国家研究署(French National Research Agency,ANR)通过COSINUS计划(COSTA BRAVA项目,编号ANR-09-COSI-015)为本书中的部分工作提供了支持。我们感谢Anne-Laure Popelin和Merlin Keller提供蛛网图和洪灾模型图。

参考文献

[1] Archer, G., Saltelli, A., Sobol, I.: Sensitivity measures, ANOVA-like techniques and the use of bootstrap. J. Stat. Comput. Simul. 58, 99-120(1997).

[2] Auder, B., de Crécy, A., Iooss, B., Marquès, M.: Screening and metamodeling of computer experiments with functional outputs. Application to thermal-hydraulic computations. Reliab. Eng. Syst. Saf. 107, 122-131(2012).

[3] Auder, B., Iooss, B.: Global sensitivity analysis based on entropy. In: Martorell, S., Guedes Soares, C., Barnett, J. (eds.), Safety, Reliability and Risk Analysis-Proceedings of the ESREL 2008 Conference, pp. 2107-2115. CRC Press, Valencia(2008).

[4] Badea, A., Bolado, R.: Review of sensitivity analysis methods and experience. PAMINA 6th FPEC Project, European Commission(2008). http://www.ip-pamina.eu/downloads/pamina.m2.1.d.4.pdf.

[5] Bettonvil, B., Kleijnen, J.P.C.: Searching for important factors in simulation models with many factors: Sequential bifurcation. Eur. J. Oper. Res. 96, 180-194(1996).

[6] Borgonovo, E.: A new uncertainty importance measure. Reliab. Eng. Syst. Saf. 92, 771-784(2007).

[7] Borgonovo, E., Castaings, W., Tarantola, S.: Moment independent importance measures: new results and analytical test cases. Risk Anal. 31, 404-428(2011).

[8] Box, G.E., Draper, N.R.: Empirical Model Building and Response Surfaces. Wiley Series in Probability and Mathematical Statistics. Wiley, New York(1987).

[9] Cacuci, D.G.: Sensitivity theory for nonlinear systems. I. Nonlinear functional analysis approach. J. Math. Phys. 22, 2794(1981).

[10] Cacuci, D.G.: Sensitivity and Uncertainty Analysis-Theory. Chapman & Hall/CRC, Boca Raton(2003).

[11] Campbell, K., McKay, M.D., Williams, B.J.: Sensitivity analysis when model ouputs are functions. Reliab. Eng. Syst. Saf. 91, 1468-1472(2006).

[12] Cannamela, C., Garnier, J., Iooss, B.: Controlled stratification for quantile estimation. Ann. Appl. Stat. 2, 1554-1580(2008).

[13] Castaings, W., Dartus, D., Le Dimet, F.-X., Saulnier, G.-M.: Sensitivity analysis and parameter estimation for distributed hydrological modeling: potential of variational methods. Hydrol. Earth Syst. Sci.

Discuss. 13, 503 – 517(2009).

[14] Chastaing, G., Gamboa, F., Prieur, C.: Generalized Hoeffding – sobol decomposition for dependent variables – Application to sensitivity analysis. Electron. J. Stat. 6, 2420 – 2448(2012).

[15] Christensen, R.: Linear Models for Multivariate, Time Series and Spatial Data. Springer, New York (1990).

[16] Cukier, H., Levine, R. I., Shuler, K.: Nonlinear sensitivity analysis of multiparameter model systems. J. Comput. Phys. 26, 1 – 42(1978).

[17] Da Veiga, S., Wahl, F., Gamboa, F.: Local polynomial estimation for sensitivity analysis on models with correlated inputs. Technometrics 51(4), 452 – 463(2009).

[18] de Rocquigny, E.: La maîtrise des incertitudes dans un contexte industriel – 1ère partie: une approche méthodologique globale basée sur des exemples. Journal de la Société Française de Statistique 147(3), 33 – 71(2006).

[19] de Rocquigny, E., Devictor, N., Tarantola, S. (eds.): Uncertainty in Industrial Practice. Wiley, Chichester(2008).

[20] Dean, A., Lewis, S., (eds.): Screening – Methods for Experimentation in Industry, Drug Discovery and Genetics. Springer, New York(2006).

[21] Downing, D. J., Gardner, R. H., Hoffman, F. O.: An examination of response surface methodologies for uncertainty analysis in assessment models. Technometrics 27(2), 151 – 163(1985).

[22] Efron, B., Stein, C.: The jacknife estimate of variance. Ann. Stat. 9, 586 – 596(1981).

[23] Faivre, R., Iooss, B., Mahévas, S., Makowski, D., Monod, H., (eds.): Analyse de sensibilité et exploration de modèles. Éditions Quaé, Versailles(2013).

[24] Fang, K. – T., Li, R., Sudjianto, A.: Design and Modeling for Computer Experiments. Chapman & Hall/CRC, Boston(2006).

[25] Frey, H. C., Patil, S. R.: Identification and review of sensitivity analysis methods. Risk Anal. 22, 553 – 578(2002).

[26] Gamboa, F., Janon, A., Klein, T., Lagnoux, A.: Sensitivity indices for multivariate outputs. C. R. Acad. Sci. 351, 307 – 310(2013).

[27] Gauchi, J. P., Lehuta, S., Mahévas, S.: Optimal sensitivity analysis under constraints. In: Procedia Social and Behavioral Sciences, vol. 2, pp. 7658 – 7659, Milan(2010).

[28] Hastie, T., Tibshirani, R.: Generalized Additive Models. Chapman & Hall, London(1990).

[29] Hastie, T., Tibshirani, R., Friedman, J.: The Elements of Statistical Learning. Springer, New York (2002).

[30] Helton, J. C.: Uncertainty and sensitivity analysis techniques for use in performance assesment for radioactive waste disposal. Reliab. Eng. Syst. Saf. 42, 327 – 367(1993).

[31] Helton, J. C., Davis, F. J.: Latin hypercube sampling and the propagation of uncertainty in analyses of complex systems. Reliab. Eng. Syst. Saf. 81, 23 – 69(2003).

[32] Helton, J. C., Johnson, J. D., Salaberry, C. J., Storlie, C. B.: Survey of sampling – based methods for uncertainty and sensitivity analysis. Reliab. Eng. Syst. Saf. 91, 1175 – 1209(2006).

[33] Hoeffding, W.: A class of statistics with asymptotically normal distributions. Ann. Math. Stat. 19, 293 –

325(1948).

[34] Homma, T., Saltelli, A.: Importance measures in global sensitivity analysis of non linear models. Reliab. Eng. Syst. Saf. 52, 1 – 17(1996).

[35] Iooss, B.: Revue sur l'analyse de sensibilité globale de modèles numériques. Journal de la Société Française de Statistique 152, 1 – 23(2011).

[36] Iooss, B., Ribatet, M.: Global sensitivity analysis of computer models with functional inputs. Reliab. Eng. Syst. Saf. 94, 1194 – 1204(2009).

[37] Iooss, B., Van Dorpe, F., Devictor, N.: Response surfaces and sensitivity analyses for an environmental model of dose calculations. Reliab. Eng. Syst. Saf. 91, 1241 – 1251(2006).

[38] Iooss, B., Boussouf, L., Feuillard, V., Marrel, A.: Numerical studies of the metamodel fitting and validation processes. Int. J. Adv. Syst. Meas. 3, 11 – 21(2010).

[39] Jacques, J., Lavergne, C., Devictor, N.: Sensitivity analysis in presence of model uncertainty and correlated inputs. Reliab. Eng. Syst. Saf. 91, 1126 – 1134(2006).

[40] Janon, A., Klein, T., Lagnoux, A., Nodet, M., Prieur, C.: Asymptotic normality and efficiency of two sobol index estimators. ESAIM Probab. Stat. 18, 342 – 364(2013).

[41] Jansen, M. J. W.: Analysis of variance designs for model output. Comput. Phys. Commun. 117, 25 – 43 (1999).

[42] Jourdan, A., Zabalza – Mezghani, I.: Response surface designs for scenario mangement and uncertainty quantification in reservoir production. Math. Geol. 36(8), 965 – 985(2004).

[43] Kleijnen, J. P. C.: Sensitivity analysis and related analyses: a review of some statistical techniques. J. Stat. Comput. Simul. 57, 111 – 142(1997).

[44] Kleijnen, J. P. C.: An overview of the design and analysis of simulation experiments for sensitivity analysis. Eur. J. Oper. Res. 164, 287 – 300(2005).

[45] Kleijnen, J. P. C., Helton, J. C.: Statistical analyses of scatterplots to identify important factors in large – scale simulations, 1: review and comparison of techniques. Reliab. Eng. Syst. Saf. 65, 147 – 185(1999).

[46] Kleijnen, J. P. C., Sargent, R. G.: A methodology for fitting and validating metamodels in simulation. Eur. J. Oper. Res. 120, 14 – 29(2000).

[47] Krzykacz – Hausmann, B.: Epistemic sensitivity analysis based on the concept of entropy. In: Proceedings of SAMO 2001, pp. 31 – 35. CIEMAT, Madrid(2001).

[48] Kurowicka, D., Cooke, R.: Uncertainty Analysis with High Dimensional Dependence Modelling. Wiley, Chichester(2006).

[49] Lamboni, M., Iooss, B., Popelin, A. – L., Gamboa, F.: Derivative – based global sensitivity measures: general links with sobol' indices and numerical tests. Math. Comput. Simul. 87, 45 – 54(2013).

[50] Lamboni, M., Monod, H., Makowski, D.: Multivariate sensitivity analysis to measure global contribution of input factors in dynamic models. Reliab. Eng. Syst. Saf. 96, 450 – 459(2011).

[51] Le Gratiet, L., Cannamela, C., Iooss, B.: A Bayesian approach for global sensitivity analysis of(multifidelity) computer codes. SIAM/ASA J. Uncertain. Quantif. 2, 336 – 363(2014).

[52] Lefebvre, S., Roblin, A., Varet, S., Durand, G.: A methodological approach for statistical evaluation of aircraft infrared signature. Reliab. Eng. Syst. Saf. 95, 484 – 493(2010).

[53] Lemaître, P., Sergienko, E., Arnaud, A., Bousquet, N., Gamboa, F., Iooss, B.: Density modification based reliability sensitivity analysis. J. Stat. Comput. Simul. 85, 1200-1223(2015).

[54] Li, G., Rabitz, H., Yelvington, P. E., Oluwole, O. O., Bacon, F., Kolb, C. E., Schoendorf, J.: Global sensitivity analysis for systems with independent and/or correlated inputs. J. Phys. Chem. 114, 6022-6032(2010).

[55] Lilburne, L., Tarantola, S.: Sensitivity analysis of spatial models. Int. J. Geogr. Inf. Sci. 23, 151-168(2009).

[56] Lin, D. K. J.: A new class of supersaturated design. Technometrics 35, 28-31(1993).

[57] Liu, H., Chen, W., Sudjianto, A.: Relative entropy based method for probabilistic sensitivity analysis in engineering design. ASME J. Mech. Des. 128, 326-336(2006).

[58] Makowski, D., Naud, C., Jeuffroy, M. H., Barbottin, A., Monod, H.: Global sensitivity analysis for calculating the contribution of genetic parameters to the variance of crop model prediction. Reliab. Eng. Syst. Saf. 91, 1142-1147(2006).

[59] Marrel, A., Iooss, B., Van Dorpe, F., Volkova, E.: An efficient methodology for modeling complex computer codes with Gaussian processes. Comput. Stat. Data Anal. 52, 4731-4744(2008).

[60] Marrel, A., Iooss, B., Laurent, B., Roustant, O.: Calculations of the Sobol indices for the Gaussian process metamodel. Reliab. Eng. Syst. Saf. 94, 742-751(2009).

[61] Marrel, A., Iooss, B., Jullien, M., Laurent, B., Volkova, E.: Global sensitivity analysis for models with spatially dependent outputs. Environmetrics 22, 383-397(2011).

[62] Marrel, A., Iooss, B., Da Veiga, S., Ribatet, M.: Global sensitivity analysis of stochastic computer models with joint metamodels. Stat. Comput. 22, 833-847(2012).

[63] McKay, M. D., Beckman, R. J., Conover, W. J.: A comparison of three methods for selecting values of input variables in the analysis of output from a computer code. Technometrics 21, 239-245(1979).

[64] Montgomery, D. C.: Design and Analysis of Experiments, 6th edn. Wiley, Hoboken(2004).

[65] Morris, M. D.: Factorial sampling plans for preliminary computational experiments. Technometrics 33, 161-174(1991).

[66] Oakley, J. E., O'Hagan, A.: Probabilistic sensitivity analysis of complex models: a Bayesian approach. J. R. Stat. Soc. Ser. B 66, 751-769(2004).

[67] Pappenberger, F., Ratto, M., Vandenberghe, V.: Review of sensitivity analysis methods. In: Vanrolleghem, P. A., (ed.) Modelling Aspects of Water Framework Directive Implementation, pp. 191-265. IWA Publishing, London(2010).

[68] Pujol, G. (2009). Simplex-based screening designs for estimating metamodels. Reliab. Eng. Syst. Saf. 94, 1156-1160(2009).

[69] Roustant, O., Ginsbourger, D., Deville, Y.: DiceKriging, DiceOptim: Two R packages for the analysis of computer experiments by kriging-based metamodeling and optimization. J. Stat. Softw., 21 1-55(2012).

[70] Roustant, O., Fruth, J., Iooss, B., Kuhnt, S.: Crossed-derivative-based sensitivity measures for interaction screening. 105, 105-118(2014).

[71] Sacks, J., Welch, W. J., Mitchell, T. J., Wynn, H. P.: Design and analysis of computer experiments.

Stat. Sci. 4, 409 – 435(1989).

[72] Saint – Geours, N., Lavergne, C., Bailly, J. – S., Grelot, F.: Analyse de sensibilité de sobol d'un modèle spatialisé pour l'evaluation économique du risque d'inondation. Journal de la Société Française de Statistique 152, 24 – 46(2011).

[73] Saltelli, A.: Making best use of model evaluations to compute sensitivity indices. Comput. Phys. Commun. 145, 280 – 297(2002).

[74] Saltelli, A., Annoni, P.: How to avoid a perfunctory sensitivity analysis. Environ. Model. Softw. 25, 1508 – 1517(2010).

[75] Saltelli, A., Tarantola, S.: On the relative importance of input factors in mathematical models: Safety assessment for nuclear waste disposal. J. Am. Stat. Assoc. 97, 702 – 709(2002).

[76] Saltelli, A., Tarantola, S., Chan, K.: A quantitative, model – independent method for global sensitivity analysis of model output. Technometrics 41, 39 – 56(1999).

[77] Saltelli, A., Chan, K., Scott, E. M. (eds.): Sensitivity Analysis. Wiley Series in Probability and Statistics. Wiley, New York(2000).

[78] Saltelli, A., Tarantola, S., Campolongo, F., Ratto, M.: Sensitivity Analysis in Practice: A Guide to Assessing Scientific Models. Wiley, New York(2004).

[79] Saltelli, A., Ratto, M., Andres, T., Campolongo, F., Cariboni, J., Gatelli, D., Salsana, M., Tarantola, S.: Global Sensitivity Analysis – The Primer. Wiley, New York(2008).

[80] Santner, T., Williams, B., Notz, W.: The Design and Analysis of Computer Experiments. Springer, New York(2003).

[81] Schonlau, M., Welch, W. J.: Screening the input variables to a computer model. In: Dean, A., Lewis, S., (eds.) Screening – Methods for Experimentation in Industry, Drug Discovery and Genetics. Springer, New York(2006).

[82] Simpson, T. W., Peplinski, J. D., Kock, P. N., Allen, J. K.: Metamodel for computer – based engineering designs: Survey and recommandations. Eng. Comput. 17, 129 – 150(2001).

[83] Sobol, I. M.: Sensitivity estimates for non linear mathematical models. Math. Model. Comput. Exp. 1, 407 – 414(1993).

[84] Sobol, I. M.: Theorems and examples on high dimensional model representation. Reliab. Eng. Syst. Saf. 79, 187 – 193(2003).

[85] Sobol, I. M., Kucherenko, S.: Derivative based global sensitivity measures and their links with global sensitivity indices. Math. Comput. Simul. 79, 3009 – 3017(2009).

[86] Sobol, I. M., Tarantola, S., Gatelli, D., Kucherenko, S. S., Mauntz, W.: Estimating the approximation errors when fixing unessential factors in global sensitivity analysis. Reliab. Eng. Syst. Saf. 92, 957 – 960(2007).

[87] Storlie, C. B., Helton, J. C.: Multiple predictor smoothing methods for sensitivity analysis: Description of techniques. Reliab. Eng. Syst. Saf. 93, 28 – 54(2008).

[88] Storlie, C. B., Swiler, L. P., Helton, J. C., Salaberry, C. J.: Implementation and evaluation of nonparametric regression procedures for sensitivity analysis of computationally demanding models. Reliab. Eng. Syst. Saf. 94, 1735 – 1763(2009).

[89] Sudret, B.: Uncertainty propagation and sensitivity analysis in mechanical models – Contributions to structural reliability and stochastics spectral methods. Mémoire d'Habilitation à Diriger des Recherches de l'Université Blaise Pascal – Clermont II(2008).

[90] Tarantola, S., Gatelli, D., Mara, T.: Random balance designs for the estimation of first order global sensitivity indices. Reliab. Eng. Syst. Saf. 91, 717 – 727(2006).

[91] Tissot, J. – Y., Prieur, C.: A bias correction method for the estimation of sensitivity indices based on random balance designs. Reliab. Eng. Syst. Saf. 107, 205 – 213(2012).

[92] Volkova, E., Iooss, B., Van Dorpe, F.: Global sensitivity analysis for a numerical model of radionuclide migration from the RRC "Kurchatov Institute" radwaste disposal site. Stoch. Env. Res. Risk A. 22, 17 – 31 (2008).

[93] Xu, C., Gertner, G.: Extending a global sensitivity analysis technique to models with correlated parameters. Comput. Stat. Data Anal. 51, 5579 – 5590(2007).

第 6 章

优化模型和不确定性、ABC 以及 RBY 之间的联系

Saverio Giuliani, Carlo Meloni

6.1 简　介

在现实中的问题上应用决策支持方法时,存在的两个主要问题是:

(1)对于决策过程,从时间和资源上来看,对数据进行收集、集中和组织是费用最高的阶段。

(2)现实世界并不是一个完全确定性的世界。

第一个问题的解决办法是尽可能基于平时从机构中收集的数据来建立数学模型:把注意力集中在来自基于活动的成本核算(Activity Based Costing, ABC)系统的数据,这是一个被私营部门和公共部门等很多企业所采用的会计方法。通过这种方法来避免构造需要大量参数和变量的数学模型,因为难以很好地确定这种模型的估算成本。

第二个问题的解决办法是在不确定性条件下使用优化模型。具体而言,可以参考随机规划方法对问题的未知参数定义其概率分布,再根据此分布生成的场景找出最优解。

举个例子来看,我们可能面对的问题是当进行企业资源战略规划时,例如人员和原材料等,其需求却是不确定的。对于资源的分类可以参考企业理论中

Saverio Giuliani,意大利福贾大学经济系。

Carlo Meloni,意大利巴里理工大学电气与信息工程系。

的基于资源的视角(Resource Based View,RBV),该理论同样应用于对结果进行解释。

在对不确定性条件下的数学建模方法,尤其是采用基于活动的成本核算和基于资源的视角的随机规划方法进行综述后,将通过分析它们之间的关系进行总结。

6.2 不确定性条件下的数学建模

6.2.1 数据驱动的模型

用于建立数学模型的理论在适用范围上是非常大胆的,很大程度上是由于提出这些理论的学者并不会被在实施和验证数据驱动的模型过程中所遇到的困难所约束。

与之不同的是,建模实践者在选择战略规划模型的适用范围时要谨慎得多。进行建模研究的实践者和管理者可以得益于挑战自己来设计出一些定量描述,实现与战略相关的抽象概念,将它们结合到数据驱动的模型中。相反,战略理论家可以从模型所提供的"现实性检验"以及毫无疑问会引发的对其理论的改进和扩展中受益。统计学就是处于数学模型和现实之间的工具,可以用它来检验模型是否有效。

数据驱动的模型应当是基于企业里能够找到的尽可能多的真实数据。将使用来自基于活动的成本核算系统的数据建立一个案例。该系统是一种得到广泛应用的、用于决策支持的管理会计系统。公司以直接工作于会计部门的员工和参与评估过程的管理人员的形式,在这一系统上投入一定的金融资源和时间。将类似的数据源不仅用于分析工作,还用作规划工具,对于让这些投资产生回报是必不可少的。

此外,很常见的是许多模型不关心为数学模型收集信息需要投入多少精力和成本,其结果就是某些模型里面充斥着各种系数,它们的细节很难收集,在实施临时的收集措施之后,其应用不可避免地走进"死胡同",难以实施起来。因此,让模型尽可能多地基于企业产生的数据流和信息流非常重要。基于活动的成本核算系统就是如此,它不是临时的而是持续的信息流。这样,数学模型就具有了坚实的基础,且有很高的可能性得以应用,并以持续的方式得到检验和改进。

6.2.2 聚合水平

当建模者开始实现一个数学模型时,其遇到的第一个问题可能就是要选择适当的聚合水平。可以将其分为两类:
(1)数据聚合(反映为模型中的变量聚合)。
(2)模型聚合。

对于数据聚合,尽管如今很容易获得由企业资源规划(Enterprise Resource Planing,ERP)系统和其他业务数据系统收集的业务数据,但是在很多情况下[43],超过80%的这类数据与制定决策是无关的。因此,我们要面对"成吨"的数据,必须通过数据聚合、描述性模型和其他过程来将这剩下的20%甚至是更少的数据转换成决策数据库中所蕴含的智慧。选择适当的聚合水平时,在可能的情况下同样应当考虑以这些数据为输入的模型进行分析的目的。这样,产品就可以成为产品组、供应商构成供应商组、资源成为资源组等。一个泛化的问题是"聚合的水平如何对解决方案产生影响以及产生多大的影响",研究文献中似乎都忽略了这个问题。关注稳健性的研究对数据扰动导致的变化进行测量,而考虑数据聚合的水平则是一项完全不同的工作。文献[29]分析了数据聚合在仿真框架中的影响,而对于基于活动的成本核算问题可以参见文献[12]。

产生模型聚合问题的原因在于,在现实的复杂管理问题中,尤其是在生产和库存规划中,要管理的物品数量可能非常巨大。如果想限制模型的"爆炸",就需要在复杂程度和近似程度上进行妥协:实际上,可以采用相对较小规模的近似来处理更大的问题。现在的问题是"聚合模型在何时可以合理地代表与之相对应的更大的问题"。对于规划问题,引入了"综合计划"(Aggregate Planning)问题,如在文献[15-16,20,53]中可以找到某些情况下的一些答案。文献[43]介绍了一种用于规划问题的统一优化方法,该方法将数学分解方法和启发式方法结合起来:分解方法将整体的大规模混合整数规划模型分解成多个较小的子模型(一个线性规划主模型和数个拉格朗日子模型),然后采用迭代的方式将这些子模型所得到的子计划重新组合起来,从而寻求最优的全局计划,该计划就是原来的整体模型的最优解。

6.2.3 不确定性的来源

当确定性模型不能满足数学建模者的需要时，就必须面对代表现实世界特点的不确定性。阿尔伯特·爱因斯坦说："数学模型认为现实有多么的不确定，现实就会认为数学模型有多么的不确定。"

如果使用随机模型来处理不确定性的问题，就必须深入研究不确定性的来源。总体而言，可以确定4种出现不确定性的主要情况：

(1) 预测未来的一个特定事件。
(2) 估计一个分布及其参数。
(3) 确定一个模型的结构。
(4) 我们没有考虑到的事件。

为了构建一个随机模型，可以确定4个主要的近似步骤(这是根据上述类别来处理这些不确定性的方法)：

(1) 数据。
(2) 数学(随机建模)。
(3) 不确定性分布。
(4) 解决方法。

图6.1列出了这4类不确定性的细节，其中的内部和外部都是针对特定的决策者而言的，如一家公司。此外，由于定量方法中往往会缺乏或者隐藏定性的方面，如果不能用数学模型来体现这些定性的方面，那么还会存在一种额外的不确定性来源；反之亦然[①]。无论如何，数学模型本身就是一个不确定性来源，它永远无法以完美的方式复制现实。总而言之，所有类型的不确定性的总和再加上它们之间某些可能的相互关系的综合，共同决定了整体不确定性。

确定这些不确定性中的每一类对于整体不确定性会产生多少影响，或者说确定每一类不确定性对于最终不确定性的贡献程度有多大，并不是一项简单的任务。人们通常注意的是后三类不确定性，而来自数据的不确定性往往被隐藏了。由于这类问题更依赖于应用的背景环境，因此更难采用通用的方式加以处理。显然，不能总是认为来自数据的不确定性是不存在的，或者几乎不存在，有时它甚至会比其他的不确定性成分更大。

---

① 定性方面也不能体现定量结果。——译者

类型		数据不确定性	整体不确定性
定量的	定性的		
来源			
外部	内部		
可用性			
完整的	部分的(缺失)		
收集			
精确的	估计的		
聚合度			
高	低		
类型		数学(统计)模型	
线性	非线性		
空间			
整数的	连续的		
模型聚合度			
单个模型	子模型		
变量聚合度			
高	低		
分布(及参数)		不确定性分布	
正态	其他		
类型			
连续的	离散的		
类型		解决方法	
精确的	近似的		

图 6.1　整体不确定性

6.2.4　情景规划

在前面几节中已经看到了不确定性的不同来源,现在将讨论范围限制在对未来的事件进行预测上。在这种情况下很自然会产生的问题就是"如何进行预测",对这个问题的解决方法是选择一个概率分布来代表研究对象未来可能的表现。通常可以利用历史数据、因果模型(Causal Model)或者判断模型来提供帮助,尝试引入主观因素以及由此而来的定性概念。总体而言,可以采用以下规划方法确定可能的未来情景[44]:

(1)应急规划(Contingency Planning),只体现基本情况、单个不确定性,以及一个例外或紧急情况。

(2)敏感性分析(Sensitivity Analysis),只考虑单个变量的变化产生的影响,其他所有变量都保持不变。

（3）计算机仿真（Computer Simulations），基于计算机可能生成的大量可能结果。

考虑到决策者的直觉、经验、专门知识和捕捉微弱信号的能力，或者总而言之，基于人类判断的主观方面所具有的更广阔空间，对我们的初始问题还可能存在一个不那么定量和客观的解决方法。这类方法的"优势"在于一个事实，数学模型无法充分体现前述的定性概念，尤其是在高度复杂的、多方面（难以捕捉和测量的）要素相互作用的环境中经营时，数学模型可能会失效或者远远落后于人的判断，这就是情景规划（Scenario Planning）起作用的领域。另外，当能够以足够的准确度，将要素之间的关系进行形式化处理时，建立定量方法则更为适当。

情景规划试图反映可能性的多样性和整个范围，刺激决策者考虑在其他情况下可能会忽视的变化。同时，它将那些可能性以叙述性的方式组织起来，与大量的数据相比这种方式更容易掌握和使用。它试图在计算机仿真所可能产生的数以百万计的结果中识别出模式和集群。因此可以说，在随机规划的背景下，情景规划将解决方案、近似方法或抽样方法产生的以指数形式增长的情景的数量简化到了有限数量的可能状态。在对未来进行预测时应考虑以下三类知识：

（1）知道自己了解的事。

（2）知道自己不了解的事。

（3）不知道自己不了解的事。

那么，情景规划是专门用于分析其中的第二类和第三类，而它们正是可能偏差的主要诱因，而且不存在防止出错的方法。

在这种方法中建立情景的过程分为下列10种类别[44]：

（1）定义范围。

（2）确定主要利益相关者。

（3）识别基本趋势。

（4）识别关键的不确定性。

（5）构建初始场景主题。

（6）检查一致性和合理性。

（7）建立学习场景。

（8）确定研究需求。

（9）建立定量方法。

(10)发展出决策场景。

应当重复这一过程,直到获得一组具有良好的相关性和一致性的情景。此外,情景应当在总体上描绘不同的未来情形,而不只是某个主题的变型,突出这些不同情形的竞争面,同时又关注它们之间的相互联系以及内在逻辑。

无论如何,实际经验表明,在建模分析之前提出的情景可能远远说不上是详尽无遗的[43]。随着优化模型对可选策略空间的探索,可能会由于发现了意想不到的结果和关系而添加新的场景。因此可以得出结论,在情景规划和优化模型,尤其是随机规划之间的相互作用,让实现最佳结果具有了可能性。

6.2.5 在不确定性条件下制定决策

多种多样的现实问题均会涉及多个只有在带有一定程度的不确定性条件下才能得以了解的不同方面。这意味着,需要接受在不确定性条件下进行决策的范例。例如,决策分析、动态规划和随机控制解决的都是与随机规划类似的问题,而且每种方法在特定领域都是有效的。决策分析通常仅限于通过对离散随机变量进行序贯观察,从而对离散选择进行评估的问题,它允许决策者使用非常通用的偏好函数(Preference Function)来比较不同的行动方案,由此将单个目标和多个目标纳入决策分析框架中。不幸的是,需要列举出所有的选择(决策)和(随机变量的)结果,这限制了该方法,使得它用于只需要考虑少量可选策略的决策问题。这些限制类似于基于动态规划的方法,动态规划也要求行动(决策)空间和状态空间是有限的,路径依赖仍然被限制于马尔可夫决策问题。随机规划提供了一个通用框架,可以用于对优化模型中随机过程的路径依赖进行建模,并允许有无数多的状态和行动,以及约束、时延等。随机规划与动态规划不同的是将模型构造活动和算法的求解分隔开,这样就不要求这些模型服从相同的数学假设,从而可以得到更为丰富的模型类型,并为之开发不同的算法。随机规划的缺点是其构造过程可能会产生非常大规模的问题,而必须使用基于近似和分解的方法。无论如何,进行计算严重依赖于凸性(Convexity),这就要求不确定性事件是外源性(Exogenous)的。因此,存在一个限制,即采取的行动不能对概率分布产生影响(也就是说通过实验了解需求)。

为了从数学规划模型"跳转"到随机优化(Stochastic Optimization)模型,可以确定三种不同的方法:

(1)概率方法。

(2)模糊集(Fuzzy Sets)。

(3) 区间算术 (Interval Arithmetic)。

第一种情况下，必须定义一个对不确定性建模的概率分布，随机规划处理了类似的方法。第二种情况下，参数被看作模糊数，而约束则是模糊集，允许违反部分约束，并因此引入对约束的满足度。第三种情况下，即区间算术方法(文献[5,39]中未将其包含进随机优化)中，首先针对数学计算上的舍入误差(Rounding Error)设定边界，然后建立可以产生非常可靠结果的数值方法；经典算术定义对单个数值的运算，区间算法定义对区间的运算。

6.2.6 随机规划概述

为了让读者对与本书领域相关的工作有所了解，见图6.2(来自"计算机科学书目集"，可从 http://www.stoprog.org 获得)。该图按照年代顺序显示了相关文献的发展过程。随机规划的诞生时间可以明确地追溯到20世纪50年代和60年代早期。当时有一些开拓者在这一领域作出了不同的贡献，有些是在特定应用中识别出随机线性规划问题，有些是构造了不同的模型类型和求解方法来充分处理在目标函数的右侧、技术矩阵(Technology Matrix)以及/或者梯度中包含了随机变量的线性规划问题。文献[4,6,11]给出了三项最具有开拓性的成果，在文献[5,39]中可以看到对最先进技术及相关应用的深度探索，在文献[49]中可以获得一份全面的、定期更新的参考书目。目前，随机规划最广泛的应用是在财金方面(参见文献[18,50])。将来可以应用的领域包括诸如资源(包括水资源)规划与分配、电力生产和传输、生产计划和工艺流程优化、物流问题(包括飞机配置和收益管理)，以及电信。

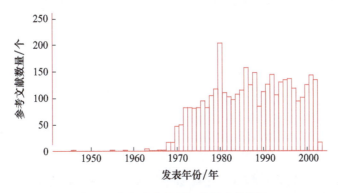

图6.2 各年发表的随机规划文献数量

从随机规划的总体角度来看,可以根据以下不同的角度来对其进行区分:
(1)变量及其相关的概率:
①连续的。
②整数的。
③奇异的(即连续但导数几乎处处为零,它只在理论上令人感兴趣)。
(2)函数:
①线性的。
②非线性的。
(3)约束:
①确定性的。
②概率的(机会约束)。
(4)目标函数:
①期望值(E模型)。
②相对于固定阈值的概率(P模型)。
③某些结果的方差(V模型)。
④累积函数(Cumulative Function)的分位数。
(5)序贯决策:
①两阶段。
②多阶段(随机动态规划(Stochastic Dynamic Programming))。

上述每个分类在相关文献中都能已经建立了不同的理论问题和解决方法,下面将着重讨论常见的方法。

6.2.7　随机规划问题的公式化

定义一个随机规划问题:

$$F(x) = \min_{x \in D \subset \mathbb{R}^n} E(f(x,\xi)) \tag{6.1}$$

式中: D 为特定的可行集; $\xi \in \Omega$ 为概率空间 (Ω, F, P_x) 中的基本事件, P_x 为由概率(离散变量或连续变量分别对应质量概率或密度概率)函数 $p(x,\cdot): \mathbb{R}^n \times \Omega \to \mathbb{R}_+$ 和 $f(x,\cdot): \mathbb{R}^n \Omega \to \mathbb{R}$ 定义的测度,总体上依赖于决策变量 x,满足可积性(Integrability)和可微性(Differentiability)的条件。

对于连续变量(离散情况与之类似),有

$$F(x) = E(f(x,\xi)) = \int_{\mathbb{R}^n} f(x,y) \cdot p(x,y) \mathrm{d}y \tag{6.2}$$

测度 P_x 的支撑集(Support)为

$$S(x) = \{y \mid p(x,y) > 0\}, \quad x \in \mathbb{R}^n \tag{6.3}$$

目标函数的梯度表示为

$$\nabla_x F(x) = E(g(x,\xi)) \tag{6.4}$$

它对近似和抽样求解方法非常有用,通过适当的对偶问题(Dual Problem)可以解出 $g(x,\xi)$。注意,在式(6.1)中考虑的只有期望值 E,排除了其他关于 P 模型、V 模型和分位点的方法。这就是 E 模型最受欢迎的原因,而其他方法通常需要单独处理。

最普遍采用的模型是两阶段随机线性规划。在这一方法中,第一阶段从一组带有一定不确定性的决策(由向量 x 表示)开始,然后获得关于随机向量 ξ 具体实现(Realization)的信息;在第二阶段中采取某种纠正措施 y。

具有所需要的完整信息资源(Complete Recourse)的两阶段随机线性规划问题,其构成为

$$F(x) = \min_{x \in D_1 \subset \mathbb{R}_+^n} [\boldsymbol{c}^{\mathrm{T}} \cdot x + E(Q(x,\xi))] \tag{6.5}$$

受限制于可行集:

$$D_1 = \{x \mid \boldsymbol{A} \cdot x = \boldsymbol{b}, x \in \mathbb{R}_+^n\} \tag{6.6}$$

式中

$$Q(x,\xi) = \min_y \{\boldsymbol{q}^{\mathrm{T}} \cdot y \mid \boldsymbol{W} \cdot y + \boldsymbol{T} \cdot x = \boldsymbol{h}, y \in \mathbb{R}_+^m\} \tag{6.7}$$

向量 $\boldsymbol{b}$、$\boldsymbol{q}$、$\boldsymbol{h}$ 以及满秩(Full Rank)矩阵 $\boldsymbol{A}$、$\boldsymbol{W}$ 和 $\boldsymbol{T}$ 具有适当的维度。假设可行集 D_1 为非空的、有界的。向量 $\boldsymbol{q}$、$\boldsymbol{h}$ 和矩阵 $\boldsymbol{T}$ 总体上是随机的,因此依赖于一个与式(6.1)中相似的方式定义的基本事件 $\xi \in \Omega$。此外,假设式(6.7)中第二阶段问题的解以及函数 Ω 的取值几乎完全依概率(a.s.)存在并且是有界的。注意,完整信息资源是源自 $\boldsymbol{W}$ 是固定的这一事实。也可以将 $\boldsymbol{W}$ 同样考虑为随机的,但会导致失去这个问题的很多特性。

6.3 基于活动的成本核算

6.3.1 一般概念

公司,特别是处于全球性市场上的公司,必须面对不断增长的竞争。这

要求其必须能够快速响应不断变化的需求,提供高质量、低成本的产品或服务,才能取得成功。要做出正确的决策,管理者必须具有准确的、最新的成本核算信息。传统的成本核算系统是基于将杂费(Overhead)按照产品量(Volume-Based)进行分配的做法,这在当前的制造环境中已经失去了实用性;这是因为目前的杂费大幅度上升,直接导致人力成本的下降。在这种情况下,传统的成本核算系统往往会扭曲产品的成本,导致制定出不良的战略决策。为了防止出现这样的缺陷,研究人员提出了新的成本核算方法——基于活动的成本核算(参见 Robin Cooper,Robert Kaplan 和 H. Thomas Johnson 所做的开创性工作[9-10,26-27])。

正如 Atkinson 等[1]所提出的建议,与制造业公司相比,服务业是基于活动的成本核算系统更为理想的候选者。他们做出这一论断的理由在于服务业中的大部分成本属于间接成本。为了方便起见,我们将讨论产品制造,但所有的讨论同样适用于服务业。

可以将基于活动的成本核算(Costing)定义为一种资源成本分配方法,它通过"活动"(Activity)将机构的资源成本分配到提供给客户的产品和服务,其目的是分析服务、产品和客户的成本及利润率(Profitability)。它属于更广泛的管理会计领域,用于识别、度量、报告和分析与经济事件有关的信息。

基于活动的成本核算与传统的财务成本核算的区别主要体现于以下三个方面:

(1)不是历史性的而是前瞻性的。
(2)关注的是管理需要而不是外部报告。
(3)讲求实效的计算而不是强调遵守会计准则。

6.3.2 方法

文献[9-10]中对基于活动的成本核算的传统模型进行了广泛的说明,从中可以确定实施基于活动的成本核算模型包括两个主要阶段:在第一阶段中,基于某个成本驱动因素(Cost Driver)将成本分配给一个活动中心(Activity Center)内的成本池(Cost Pool)。在传统的成本核算方法中没有与之等效的步骤。在第二阶段中,根据产品对这些活动的消耗来将成本池中的成本分配给该产品。这一阶段与传统的成本核算方法类似,只不过传统方法只使用与产品数量有关的特性,却不考虑与之无关的特性。与产品数量无关的成本驱动因素的部分例子包括产品设定(Setup)花费的时间、不同设定的个数、下订单花费的时间以及订单的单数等。使用基于产品量的方法来分配与该数量无关的成本会扭曲产品的成本。

在基于活动的成本核算模型中确定了管理费、租赁费、运输费和保险费等杂费开支类别,可以通过账目来获得这些成本数据。这些开支类别参考了传统方法中公司在总分类账(General Ledger)中划分杂费的方法,从而确定出资源。将开支类别转换成资源的方法可以对支出进行重新分类,让其成为在我们的分析范围内有意义的类别。在图6.3中,将这一步骤称为"第0阶段",因为在相关文献中往往没有考虑这一阶段或者将其隐含了;但是我们认为应该强调它,因为这在基于活动的成本核算过程中对于后续的分析极其重要。在这一步骤中,从企业理论的基于资源的视角方法中继承了一些概念和观点是有益的。

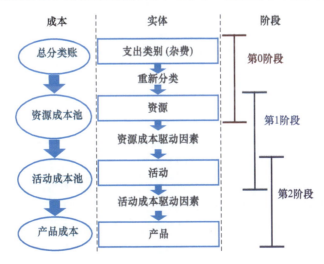

图6.3 基于活动的成本核算方法

下一个步骤是确定可以简化对成本信息的跟踪工作的主要活动。可以使用基于活动的成本核算方法将行动(Action)组合为活动,将活动(或者成本池)组合为活动中心,从而完成这一步骤。过程流程或者综合定义(Integrated Definition)IDEF0建模方法[7],是确定这些主要活动的常用工具。因此,为了建立所需的活动必须将同质性的过程组织到一起。也就是说,产品驱动的活动(Product Driven Activity)和客户驱动的活动(Customer Driven Activity)必须分隔到不同的组中。制造性公司所涉及的活动,如接收客户询价、客户报价、生产监督和产品运输等。通过(第1阶段)资源成本驱动因素将资源分配给之前定义的活动。

第 2 阶段要确定活动成本驱动因素,从而将杂费分配给单个的产品。图 6.3 显示了资源、活动和产品之间的层次关系。这些信息将帮助公司确认其在过程开始时所计算的总杂费与使用基于活动的成本核算方法分配给每个产品的杂费的总和是否一致。

6.3.3 信息收集过程

因为所需信息相对应的成本很高,企业通常在财务上都会受到约束,因此,公司在选择其用来确定杂费成本的数据以及相应的分析方法时必须有选择性。此外,小型企业需要有专门的成本管理方法,事实上"小型企业并不是一个小规模的大型企业"[37,51]。

为了获得准确的最终产品成本,收集信息是必不可少的。所需数据的重要部分是在 ABC 成本核算系统的每个阶段中所占的比例。每项活动都会消耗某个开支类别的一部分。与之相似,每个产品都会消耗某项活动的一部分。

为了获得一种更普遍的构成形式,应同时考虑直接成本和间接(杂费)成本。如果一项成本可以直接归于某个成本对象(在我们的例子中就是一项活动或一个产品),它就是直接成本;否则就是间接成本。如果一项成本是直接成本,那么它的成本驱动因素是不言自明的[43],它就是可以直接归于该成本对象的资源量。例如,可以将原材料直接归于某项活动或者某个产品。对于后一种情况,不需要使用基于活动的成本核算方法通过活动进行传递,就可以确定归于该产品的成本所占的比例。不过,如果对活动也感兴趣,就同时考虑直接成本和间接成本。此外,杂费成本有时也可以与某个直接归于活动的驱动因素相关联。例如,企业的信息系统可能将投入特定活动的人力小时数直接分配给该活动。虽然活动在基于活动的成本核算中只是一个步骤或者工具,但活动的成本也可以是具有与产品成本同等重要性的信息。

三种信息收集的过程如下:

(1)数据收集(Data Collection):它们通常来自公司的信息系统,可以直接归于一项活动或一个产品。这种情况下是直接成本或者是具有可以直接归于成本对象的成本驱动因素的杂费(间接)成本。

(2)单位系数估计(Unit Coefficients Estimation):这是一个花费较高的过程,因为可能需要进行及时的、周期性的调查。通常需要采用统计方法来对结果进行分析。资源分类"人力"中的"投入的时间"成本驱动因素就是这样的例子,在对其概况进行细分后,会询问在每个单项活动上投入的(平均)小时数。

对于后者,如果是由管理人员进行估计,而不是依靠花费大量时间和资金的员工调查来得到结果,就是时间驱动的基于活动的成本核算[28]。

(3)百分比估计(Percentages Estimation):当无法进行数据收集,而单位系数估计方法在财务上也不可行时,可以采用准确度较低、成本也较低的方法来估计活动消耗的资源和产品消耗的活动所占的百分比。可以通过有根据的推测来获得相关的比例:由管理层、财务组织者和与受关注的成本核算中心有关的业务人员合作进行这项工作。所得到结果的准确程度取决于整个团队的多样性以及他们对受关注的成本核算中心的了解程度。获得受追踪成本所占比例的更科学方法是使用诸如层次分析法(Analytic Hierarchical Process,AHP)(参见文献[38]了解通用方法,参见文献[41]了解其在基于活动的成本核算中的应用)的系统化方法,这是一种适用于收集主观的个人意见来获得更具代表性信息的工具。例如,假设在销售、交付和维护三个成本池之间分配一定的汽油资源:通过询问消耗该资源的部门,并要求他们估算一定时期内累积的里程所占的比例,采用层次分析法可以生成该资源的比例,并将其分配给适当的成本池。

文献[34]对不同的不确定性处理方法在基于活动的成本核算中的性能进行了对比分析。特别是研究了区间数学、带有三角分布和正态分布输入参数的蒙特卡洛仿真,以及模糊集理论;基于成本/效益比较分析,认为蒙特卡洛仿真和模糊集理论优于区间数学。

6.3.4 ABC 矩阵

假设处于基于活动的成本核算过程的第一阶段(图6.3),使用 $k=1,\cdots,K$ 来代表资源,$j=1,\cdots,J$ 代表活动。定义一个资源-活动矩阵(Resource - Activity Matrix)A_{kj}(图6.4),该矩阵是基于活动的成本核算系统的典型输出/报告(参见文献[37]中的支出-活动-依赖矩阵(Expense - Activity - Dependence Matrix)),它并不一定仅限于杂费成本,而是最终可以扩展到企业的所有资源上。如果第 k 种资源在矩阵中的系数都是正值或者大部分是正值,那么它就是一个"过程"资源(Process Resource);否则,如果它在矩阵中只有有限个数的系数是非零的(正的),第 k 种资源就是"设施"资源(Facility Resource)。简而言之,设施资源、过程资源与成本之间的区别可能是模糊的,最终取决于人的判断。

考虑基于活动的成本核算过程的第二阶段(图6.3),并分别使用 $j=1,\cdots,J$

和 $z=1,\cdots,Z$ 来代表活动和产品(或者服务)。可以采用与第一阶段相似的方式来定义资源 – 活动矩阵(Resource – Activity Matrix) A_{jz}(参见图 6.4,其中的 $A'_{j,z}$ 为转置矩阵),该矩阵是基于活动的成本核算系统的典型输出/报告(参见文献[37]中的活动 – 产品 – 依赖矩阵)。如果第 j 项活动在活动 – 产品矩阵中的所有系数或者至少大部分系数是正值,那么它就是一项"通用"(General)活动;如果它在矩阵中有限个数的系数是非零的(正的),第 j 项活动就是一项"专用"(Focused)活动。

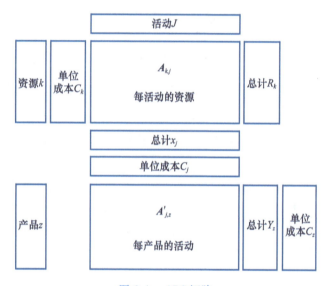

图 6.4 ABC 矩阵

注意,得到的两个 ABC 矩阵都假设资源或活动成本驱动因素是唯一的。而在实际应用中,为了更准确地进行归因,有时要考虑多个驱动因素。文献[2]分析了多成本驱动因素的优化,文献[23]引入了更高层次的成本驱动因素,这是一种异质性的驱动因素,可以提高基于活动的成本核算质量;文献[47]考虑了运行单元具有多个成本驱动因素的情况。

6.3.5 与优化模型的联系

基于活动的成本核算方法最初并不是作为规划工具提出的[40],但是可以使用它来为待估计的参数提供可接受的精度水平;此外,应当采取适当的方法从支出中定义资源(图 6.3 中的第 0 阶段),以便后续选用的分析和度量方法可以很容易被决策者所理解。

文献[42]分析了数学规划和基于活动的成本核算方法之间的联系,文献[21]分析了基于活动的成本核算方法对运行管理的影响。另外,一些文献中还给出了一些使用基于活动的成本核算方法的模型:文献[46]是仿真框架中的灵活制造系统模型,文献[13-14]是采购模型,文献[13]是外包策略模型,文献[22]是用于最佳产品组合的模型,文献[8]是用于物流处理和战术生产计划的模型。注意所有的模型都是在确定性背景下建立的。

利用资源-活动矩阵建立的等式让人们可以知道:为了完成计划水平的活动所需要的资源水平,或者在给定的资源计划水平上确定出一组可能的活动水平。如果提出一个包含这些等式的优化模型,并对消耗的资源进行测量,就必须同时讨论预算上的限制,以便考虑可用的财务资源。若要考虑的是未来的某个时期,计划对生产过程进行一些改变,则从资源的角度来看也可以对技术系数进行适当的改变。

另外,使用活动-产品矩阵的等式是了解生产特定计划水平的产品所需活动水平的基础,或者是在给定的活动计划水平下确定可能产品水平的基础。这些公式很重要,它们描述了活动如何与产品相联系,即从产品角度来看的生产模型:等式本身并没有任何变化,它们是考虑活动如何转化成产品的优化模型的基础。

6.4 面向企业基于资源的视角

6.4.1 概述

企业的基于资源的视角(RBV)是得到了详细论述的理论,其可以追溯到 Wernerfelt 的研讨会文章[52],虽然更早一些的文献对后续研究成果也有所启发。这一方法强调了资源对于公司的战略和战术规划的重要性,即对基于资源的视角尤其感兴趣,原因在于它对资源在战略形成(Strategy Formation)中的作用进行了明确的处理。基于资源的视角隐含地提供了有关出于管理目的而构建和使用优化模型的重要见解,它考察了具有独特资源的公司相比同一市场上的其他公司所能够获得竞争优势的原因。人们希望在研究成果中能够展示出可以通过优化模型来捕获和揭示很多来自基于资源的视角的概念。

6.4.2 主要概念

根据基于资源的视角,企业的持续竞争优势主要取决于其拥有的资源以及如何使用这些资源。特别是,该理论假设卓越公司拥有异构资源(Heterogeneous Resource),将其与其他公司区分开来,并让其可以赚取租金(Rent),即其产品的平均成本,甚至是边际成本(Marginal Cost)会低于也很可能是显著低于市场价格。如果存在某些力量限制了关键资源上的竞争,一旦市场认识到这些资源的价值,租金就可以转换为可持续的利润。

不可模仿性(Imperfect Imitability)和不可替代性(Imperfect Substitutability)是限制竞争的两个因素。当存在专利、合同、学习效应或者市场偏好等造成的障碍,导致其他企业难以或者无法模仿或替代时,就会出现这两个因素。

此外,卓越企业的关键资源将是完全非流动的(Perfectly Immobile),这意味着它们是特异性的,在其他企业完全没有用处;或者是不完全流动的(Imperfectly Mobile),即可以用来交易但是在该企业内部具有更高的价值。最后,该理论指出,如果一个企业想要建立特异性的新资源,就必须在该企业建立这些资源之前就对竞争加以限制;否则,卓越企业可以实现的租金将由于初始竞争的过度支出而消耗掉。

文献[33]对基于资源的视角和对战略研究之间的联系进行了综述,提出了属于卓越企业的4种租金形式:①对稀缺资源,如高价值的土地、市场附近的生产设施或专利的所有权,导致了李嘉图租金(Ricardian Rents);②作为共谋或者政府保护的结果,企业可以获得垄断租金(Monopoly Rents);③在具有显著不确定性或复杂性的环境中,承担风险和创业的企业可以实现熊彼特租金(Schumpeterian Rents)或企业家租金(Entrepreneurial Rents);④具有稀缺的独特资源,但是其稀缺性和可持续性达不到李嘉图资源等级的,可以获得准租金(Quasi-Rents)。

文献[17]针对的是可持续性的问题,将其与存量资产(Stock Asset)(特异资源)积累过程的特性联系起来。他们确定了6种影响这类过程有效性的现象。

试图过快建立和利用特异资源而产生的效率低下称为时间压缩不经济(Time Compression Diseconomy)。在竞争激烈的努力中出现的"成功孕育着成功"(Success Breeding Success)的现象,会导致资产的质量效益(Asset Mass Efficiencies)和学习效应(Learning Effects),它们都是规模经济的表现形式,代表着对市场后入者的阻碍。当缺乏互补性资产,使得创建有价值的资产并不必然导致竞争优势时，企业就未能认识到存量资产的相互关联性（Interconnectedness of Stock Assets）。特异资源的退化而导致损失竞争优势称为资产侵蚀（Asset Erosion）。因果关系的模糊性（Causal Ambiguity）是指在创建特异资源的成功努力中所存在的不确定性和不连续性。如果难以确定成功的原因，企业可能会发现在维持随后的优势时存在障碍。与之相反，竞争对手要复制这一资源则会很困难。

企业核心竞争力是和基于资源的视角相关联的一个重要观念[36]。核心竞争力指的是让卓越企业具有持续竞争优势的异构资源。企业的高级管理人员往往对企业核心竞争力的确切性质、应该如何对其加以保护，以及如何建立新的核心竞争力，缺乏清晰的认识。

6.4.3 资源的分类

文献[3,33]中推荐了一些类别，而文献[42]按照下列方法进行了归纳：
(1) 实体资源（如工厂、配送中心、库存）。
(2) 人力资源（如机器操作员、生产经理、科学家）。
(3) 财务资源（如现金流、债务能力、股权可用性）。
(4) 信息技术资源（如库存管理系统、通信网络、供应链建模系统）。
(5) 市场营销资源（如市场占有率、品牌知名度、商誉）。
(6) 组织资源（如培训体系、企业文化、供应商关系）。
(7) 法律资源（如专利、版权、合同）。

除了法律资源，其他类别的资源构成了基于资源的视角研究文献的基础。而建议设立法律资源类别的原因则在于，用来保护企业宝贵资源的专利或者合同，对其竞争地位可以产生巨大的影响，尤其是在技术快速变化的时代。

对资源的另一种区分方式是考虑它的可测量性，具体如下：
(1) 有形资源（如工厂、机器操作员、现金流）。
(2) 无形资源（如科学家或企业文化）。

建模人员需要面对的一个挑战是设计描述性的方法来衡量无形资源对于企业战略的影响。

6.4.4 战略规划和基于活动的成本核算之间的联系

在试图了解异构资源所带来的可持续性时，管理层会对战略决策对于竞争优势存在的影响,以及影响持续的时间产生兴趣。持续时间很可能取决于正在分析的场景。如果使用优化模型来评估这些场景,分析师必须制订方案来从多个场景运行结果中提取出有意义的见解。可持续性对场景的依赖性也建议使用随机规划模型来确定战略,以对冲不确定性的影响,如市场的发展可能会侵蚀企业的优势。

此外,战略规划中使用的优化模型的目标之一是协助管理层确定、测量和跟踪核心竞争力。在部分基于 ABC 和随机规划模型的基础上,可以寻求确定和测量核心竞争力的定量方法。文献[42-43]表明,关键的步骤是使用基于活动的成本核算来建立预测函数,说明成本将会如何作为成本驱动因素的函数来发生变化。在建立这样的函数时要对以下两方面资源进行区分:

(1)会计资源。

(2)可持续资源。

对于第一类资源,成本驱动因素只是一个会计工具,而不是一项对战略产生约束的资源;对于第二类资源,成本驱动因素是一项资源,它可能是稀缺的,因此可能会对最佳战略产生约束。前一类函数称为成本/会计函数(Cost/Accounting Function),后一类称为成本/资源函数(Cost/Resource Function)。例如,在一家制造型公司,以总机器小时数(Total Machine Hours)作为成本驱动因素的能源消耗、以包装设定小时数(Packing Setup Hours)作为成本驱动因素的包装监督可能是会计资源,因为能源和包装监督是可以按照单位成本以任意数量获取的商品。与之相反,以机器小时数(Machine Hours)作为成本驱动因素的铸造折旧和以加工设定时间(Machining Setup Hours)作为成本驱动因素的加工监督则可能是可持续资源。这是因为铸造机时数和加工监督都可能是公司必须将其分配给生产的潜在稀缺资源。

6.4.5 与优化模型的联系

战略形成和分析的定性理论,如基于资源的视角,是纳入战略规划优化模型构想的要素的重要思想来源。它们还提供了一个有用的词汇表来帮助解释模型所提供的竞争性战略方案。可以说基于资源的视角对数学建模在模型的输入和输出两个方面都作出了贡献。

基于资源的视角和优化模型之间的联系既有显性的也有隐性的。优化模型接受在分类中列出的许多资源类型的显性描述,并确定它们在战略或战术计划中的最佳水平,其中包括了对成本关系的描述,按照可用的、丢弃的和/或消耗的资源量的函数形式来说明投资成本、处置成本、固定成本和可变成本。模型中还结合了这些资源被制造和配送设施中的转换与处理活动加以利用的消耗率。

显然,在优化模型中可以直接表示实体资源与有形活动,如监督一条包装线、维护机器或者调度有关的人力资源也可以直接表示。从其本质来说,财务资源当然具备客观、定量的描述,可以明确地纳入优化模型中。事实上,长期以来一直建议将优化模型用于企业财务规划。

理解和评估信息技术(Information Technology, IT)资源在企业战略形成中的作用已经被证明是困难的、不明确的活动:但是也有一些分析认为,信息技术资源对于企业竞争优势而言是必要而非充分的要素[35]。信息技术资源比其他类型的资源更困难的原因在于,它们只是用于管理其他资源,本身并不具有内在价值。在信息技术上进行投资以改善制造或配送过程,可能是与在工厂或生产机器上进行投资没有多少区别的规划现象,因此也应当明确地进行建模。

市场营销资源既存在有形的也存在无形的。战略规划模型同样应当包括需求管理,用于获取和分配市场营销资源的模型也应当反映李嘉图租金、垄断租金或企业家租金的现有条件或潜在条件。

组织资源和法律资源是无形的,因此在优化模型中难以表示。建模者可能会发现,在模型的结构中可以间接地描绘它们,而且是有价值的。例如,在模型中反映出供应商的规模及其与公司的关系可能会很重要,可以用一条简单的成本–数量曲线(Cost – Versus – Volume Curve)来代表一个大型的一般性供应商。与之相反,对制造多个关键零件的小型却重要的供应商的表示方式,则可能需要让模型能够确定该供应商将要提供的具体零件和数量。

总而言之,企业必须获得或者剥离的资源,可以归入以下三个类别之一:

(1)异构资源:企业竞争优势的关键所在。

(2)同构资源(Homogeneous Resource):可以按照市场价格或接近市场价格的成本增加或减少它的可用性。

(3)滞留资源(Stranded Resource):其价值对企业而言是负值或远低于市场价值。

建模者很可能并不知道每种资源属于上述中的哪一类,因此,他们必须同等看待这些资源,从模型的最优解来推断这些资源所属的类别。

通过模型优化可以发现:某些有形资源可能是异构资源,应当加以扩展;而其他的某些资源则可能是滞留资源,应当减少。对于同构资源可以很容易地进行增减,以提高盈利能力;而对于滞留资源,只要剥离的成本不是很高,就应当将其作为剥离的候选对象。考虑一个用于制造性公司的净收入最大化模型:在最佳方案中,若某种资源在其最大数量上具有较高的影子价格(Shadow Price),则意味着如果可以获得更多的该种资源,那么最大净收入可能会显著增加。这样的资源可能就是异构资源。影子价格衡量的是增加一单位数量所带来的边际价值(Marginal Value):在随机模型中必须考虑它在所有情况下的价值,因此其期望值也必须对可变性(如标准偏差)加以考虑。

无论如何,在根据影子价格及其在随机价格中的期望值做出结论时都必须谨慎,因为它们只度量了边际价值,而这一价值在具有更多的资源可供使用时却可能会迅速下降。在确定性情况下,对超过当前量的数量能够以参数化的方式对模型进行重新优化;也就是说,在进行投资之前必须对资源的特异性的可持续能力进行评估。扩展的模型必须认识到,在试图过快地利用看起来很明显的异构资源时,可能导致出现时间压缩不经济的危险性。例如,是否有足够的时间让人来学会如何使用额外的机械能力,扩展模型还应当在不同的需求场景下进行优化,从而了解在合理的场景选择下是否可以维持净收入的增加;而在随机方法中,可以考虑根据需求的概率分布而产生的所有场景。

为了将文献[42]中提出的分类扩展到随机情况下,可以根据预期的影子价格和市场平均单位成本引入一个同质性测度(Homogeneity Scale),如图 6.5 所示。可以使用箱线图来对可变性进行分析,从而给出对资源如何分类更为合适的方案。在任何情况下,用于区分这些类别的阈值都不是客观的,而是由决策者确定的。

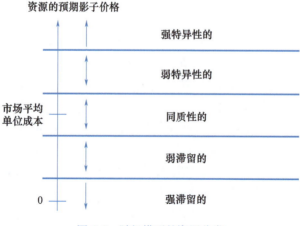

图 6.5　随机模型的资源分类

如果资源对企业而言是独特的,而且不存在有意义的市场平均单位成本,就只有两个可选范围:如果影子价格是正值,它就是异构资源;如果价格是非正值,它就是滞留资源。此外,一种资源只有在完美的市场允许其几乎不受任何限制地大致按照其市场平均单位成本来扩大或缩小规模时,其成本/会计函数才对应于同构资源。

为了通过定量分析对竞争力进行建模,文献[32]考虑的问题是如何结合竞争优势和竞争性战略目标相关的决定性因素的程度和范围,从而最大限度地提高企业的竞争力。此外,文献[24]提出了一个模型来解释战略联盟的形成,并用来提供最佳的资源分配方案。而对于确定最佳联盟合作伙伴和实现最优化对联盟资源进行分配可以参见文献[25]。

6.5 随机规划、ABC 和 RBV 的联系

如果分别考虑随机规划、ABC 和 RBV,就会发现出版了大量与它们有关的论文。在图 6.6 中,对 1990—2008 年期间出版的关于这三个不同主题的论文数量进行了比较(来源:ISI Web of Knowledge[①] 的阐述)。很容易看到,关于随机规划的论文数量比关于 RBV 的论文数量多,而后者又比关于 ABC 的论文数量多。这样的排序反映了这三个主题的年龄。因为,在 1970 年以前,就可以找到大量与随机规划有关的论文(图 6.2),而 RBV 和 ABC 则分别诞生于 1984 年和 1987 年。此外,ABC 相关论文的数量相当稳定,在 2008 年才出现了增长,而与随机规划和 RBV 相关的论文数量保持着增加的趋势。

但是,如果考虑的是针对这三个主题之间关联关系的论文,又会看到什么情况?在回答这个问题之前,先看最常见的确定性情况,即数学规划(Mathematical Programming,MP):从图 6.7 中可以很容易地看出,它们的数量显著减少了。6.3.5 节讨论了同时考虑 ABC 和 MP 的论文,6.4.5 节讨论了分析 RBV 和 MP 的论文。

---

① ISI Web of Knowledge 为科学信息研究所(Institute for Scientific Information,ISI)建立的一个以知识为基础的学术信息资源整合平台,采用"一站式"信息服务的设计思路构建,提供对 SCI、EI、ISTP、ISR 等引文索引数据库及各种相关信息资源的检索、关联、管理、分析、评价等服务功能。此外,它还建立了与其他出版公司的数据库、原始文献、图书馆等信息资源的相互连接,从而有效实现了信息内容、分析工具和文献信息资源管理软件的无缝连接和综合使用。——译者

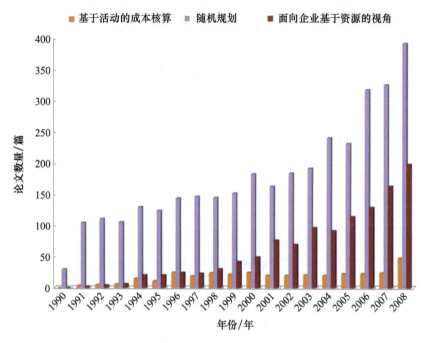

图 6.6 关于随机规划、ABC 和 RBV 的论文数量

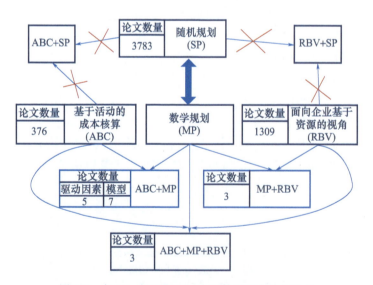

图 6.7 与 SP、ABC 和 RBV 之间的联系有关的论文

对于三篇同时分析了 ABC、MP 和 RBV 的论文,最早的开创工作是 Shapiro[42]。图 6.8 给出了该文章的引用图(来源:ISI Web of Knowledge)。可以看到,左侧显示了该文章的参考文献(逆向引用),右侧显示了引用该文章分析对象的文章(前向引用)。

来源:ISI Web of Knowledge

图 6.8　引用图:Shapiro J. F.

本章引用文献[42]中的 6 篇文章针对的都是确定性方法,它们又分别获得了 0~4 次引用,只有主要后续工作例外[31],该文章获得了 21 次引用。文献[31]继续了这一方法,将其扩展到组网决策,但仍然是在确定性条件下。图 6.9 给出了文献[31]的引用图。

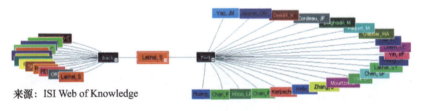

来源:ISI Web of Knowledge

图 6.9　引用图:Lakhal S.

至于后续的 21 篇论文,没有一篇考虑了随机问题。回到引用文献[42]中的 6 篇论文,正如 6.3.5 节中说明的,文献[8,14]没有考虑和 RBV 的联系;文献[19,48]关注的分别是在医院和制造性公司中的应用;文献[30]则扩展了该方法,用于采购框架——所有这些文章都是建立在确定性条件下的[45]。对于第三篇同时讨论数学(线性)规划、ABC 和 RBV 的文献同样如此,该文献的方法显示很多与文献[42]的共同之处,却没有被提到。

但是,对于随机规划、ABC 和 RBV 之间的联系又是如何? 从图 6.7 的上部以及前面对文献的分析可以看到,没有论文扩展了文献[42]中提出的方法,并将之应用于随机环境中;最后一篇论文提出了这样的扩展,而在文献[14]中可以找到同样的建议。因此,未来的研究可能会关注在随机条件下的扩展,如定义第 1 和第 2 阶段变量以及添加基于不确定性需求的约束。

图 6.10 中给出了一个总体方法(General Approach),试图跨越传统上将随机规划、ABC 和 RBV 分隔开的障碍来构建一个随机规划模型,它继承了来自 RBV 的资源分类作为输入,从公司的 ABC 系统收集数据,然后根据 RBV 的概念来对通过这种方法获得的输出进行解释。

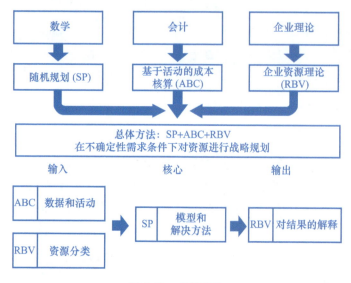

图 6.10 总体方法

通过获得随机解决方案的正值,即通过使用随机方法获得相对于确定性方法的增益,可以显示随机规划方法的实用性[5]。

6.6 结 论

我们已经看到,可以利用来自基于活动的成本核算(ABC)系统的数据和来自基于资源的视角(RBV)理论的资源分类构建随机规划模型。例如,该模型可以用于应对在服务需求不确定的条件下对资源进行战略规划的情况。可以根据 RBV 对结果进行解释,从而提供一个框架来根据资源的战略价值对它们进行分析,而这对确定一个组织的竞争力是极其重要的。

这类模型的一个主要特点在于,它们都是基于来自 ABC 系统的数据,而该系统是在制造型企业和服务性企业中得到相当广泛使用的会计方法,因此可以保证数据的可用性、准确性和更新速率,从而确保对模型进行可能的实现,而无须为了估计难以获得的、昂贵的专用参数和变量做出大量的努力。

最后,随机规划、ABC 和 RBV 之间的联系在利用数学建模的潜力上显示了乘积性的积极作用,进一步的研究可以放大这样的潜力。总体而言,未来的研究方向可以利用不同类型的模型,如具有确定性变量的供应商、市场等,或者使用非线性函数和连续分布。此外,在需求之外引入多个随机变量对于描述诸如价格、收入或者技术系数之类的参数是有益的,尤其是对于通过 ABC 系统估计出的参数。

参考文献

[1] Atkinson, A. A., Kaplan, R. S., Young, S. M.: Management Accounting, 4th edn. Prentice-Hall, Englewood Cliffs, NJ(2004).

[2] Babad, Y. M., Balachandran, B. V.: Cost driver optimization in activity-based costing. Account. Rev. 68(3), 563–575(1993).

[3] Barney, J.: Firm resources and sustained competitive advantage. J. Manag. 17, 99–120(1991).

[4] Beale, E.: On minimizing a convex function subject to linear inequalities. J. R. Stat. Soc. B 17, 173–184(1955).

[5] Birge, J. R., Louveaux, F. V.: Introduction to Stochastic Programming. Springer, New York(1997).

[6] Charnes, A., Cooper, W. W.: Chance-constrained programming. Manag. Sci. 5, 73–79(1959).

[7] Colquhoun, G. J., Baines, R. W., Crossley, R.: A state of the art review of IDEF0. Int. J. Comput. Integr. Manuf. 6(4), 252–264(1993).

[8] Comelli, M., Féniès, P., Tchernev, N.: A combined financial and physical flows evaluation for logistic process and tactical production planning: application in a company supply chain. Int. J. Prod. Econ. 112, 77–95(2008).

[9] Cooper, R.: The two-stage procedure in cost accounting – Part 1. J. Cost Manage. 1(2), 43–51(1987).

[10] Cooper, R.: The two-stage procedure in cost accounting – Part 2. J. Cost Manage. 1(3), 39–45(1987).

[11] Dantzig, G. B.: Linear programming under uncertainty. Manage. Sci. 1, 197–206(1955).

[12] Datar, S., Gupta, M.: Aggregation, specification and measurement errors in product costing. Account. Rev. 69, 567–591(1994).

[13] Degraeve, Z., Roodhooft, F.: A mathematical programming approach for procurement using activity based costing. J. Bus. Financ. Account. 27(1-2), 69–98(2000).

[14] Degraeve, Z., Roodhooft, F., Van Doveren, B.: The use of total cost of ownership for strategic procurement: a company-wide management information system. J. Oper. Res. Soc. 56, 51–59(2005).

[15] Dellino, G., Kleijnen, J. P. C., Meloni, C.: Robust optimization in simulation: Taguchi and response surface methodology. Int. J. Prod. Econ. 125(1), 52–59(2010).

[16] Dellino, G., Kleijnen, J. P. C., Meloni, C.: Robust optimization in simulation: Taguchi and Krige com-

bined. INFORMS J. Comput. 24, 471 – 484(2012).

[17] Dierickx, I., Cool, K.: Asset stock accumulation and sustainability of competitive advantage. Manage. Sci. 35, 1504 – 1511(1989).

[18] Dupacová, J.: Applications of stochastic programming: Achievements and questions. Eur. J. Oper. Res. 140, 281 – 290(2002).

[19] Fenies, P., Gourgand, M., Rodier, S.: Interoperable and multi – flow software environment: application to health care supply chain. Bus. Process Manage. Workshops 4103, 311 – 322(2006).

[20] Graves, S. C.: Using Lagrangean techniques to solve hierarchical production planning problems. Manage. Sci. 28(3), 260 – 275(1982).

[21] Gupta, M., Galloway, K.: Activity – based costing/management and its implications for operations management. Technovation 23, 131 – 138(2003).

[22] Gurses, A. P.: An activity – based costing and theory of constraints model for product – mix decisions. Ph. D. Thesis(1999).

[23] Homburg, C.: Improving activity – based costing heuristics by higher – level cost drivers. Eur. J. Oper. Res. 157, 332 – 343(2004).

[24] Huang, J. J., Tzeng, G. H., Ong, C. S.: Motivation and resource – allocation for strategic alliances through the de novo perspective. Math. Comput. Model. 41, 711 – 721(2005).

[25] Huang, J. J., Tzeng, G. H., Ong, C. S.: Choosing best alliance partners and allocating optimal alliance resources using the fuzzy multi – objective dummy programming model. J. Oper. Res. Soc. 57(10), 1216 – 1223(2006).

[26] Johnson, H. T.: The decline of cost management: a reinterpretation of 20th – century cost accounting history. J. Cost Manage. 1(1), 5 – 12(1987).

[27] Johnson, H. T., Kaplan, R. S.: Relevance Lost: The Rise and Fall of Management Accounting. Harvard Business School Press, Boston(1987).

[28] Kaplan, R. S., Anderson, S. R.: Time – driven activity – based costing. Harv. Bus. Rev. 82, 131 – 138 (2004).

[29] Kersebaum, K. C., Wenkel, K. O.: Modelling water and nitrogen dynamics at three different spatial scales – influence of different data aggregation levels on simulation results. Nutr. Cycl. Agroecosyst. 50, 313 – 319(1998).

[30] Lammers, M.: Make, buy or share – combining resource based view, transaction cost economics and production economies to a sourcing framework. Wirtschaftsinformatik 46(3), 204 – 212(2004).

[31] Lakhal, S., Martel, A., Kettani, O., Oral, M.: On the optimization of supply chain networking decisions. Eur. J. Oper. Res. 129, 259 – 270(2001).

[32] Li, Y., Deng, S.: A methodology for competitive advantage analysis and strategy formulation: an example in a transitional economy. Eur. J. Oper. Res. 118, 259 – 270(1999).

[33] Mahoney, J. T., Pandian, J. R.: The resource – based view within the conversation of strategic management. Strateg. Manag. J. 13, 363 – 380(1992).

[34] Needy, K. L., Nachtmann, H.: Methods for handling uncertainty in activity based costing systems. Eng. Econ. 48(3), 259 – 282(2003).

[35] Powell, T. C., Dent – Metcallef, A.: Information technology as competitive advantage: The role of human, business and technology resources. Strateg. Manag. J. 18, 375 – 405(1997).

[36] Prahalad, C. K., Hamel, G.: The core competence of the corporation. Harv. Bus. Rev. 68, 79 – 91 (1990).

[37] Roztocki, N., Porter, J. D., Thomas, R. M., Needy, K. L.: A procedure for smooth implementation of activity based costing in small companies. Eng. Manage. J. 16(4), 19 – 27(2004).

[38] Saaty, T. L.: Decision Making for Leaders. Lifetime Learning Publications, London(1982).

[39] Sahinidis, N. V.: Optimization under uncertainty: state – of – the – art and opportunities. Comput. Chem. Eng. 28, 971 – 983(2004).

[40] Schneeweiss, C.: On the applicability of activity based costing as a planning instrument. Int. J. Prod. Econ. 54, 277 – 284(1998).

[41] Schniederjans, M. J., Garvin, T.: Using the analytic hierarchy process and multi – objective programming for the selection of cost drivers in activity – based costing. Eur. J. Oper. Res. 100, 72 – 80(1997).

[42] Shapiro, J. F.: On the connections among activity – based costing, mathematical programming models for analyzing strategic decisions, and the resource – based view of the firm. Eur. J. Oper. Res. 118, 295 – 314 (1999).

[43] Shapiro, J. F.: Modeling the Supply Chain, 2nd edn. Duxbury, Pacific Grove(2007).

[44] Schoemaker, P. J. H.: Scenario planning: a tool for strategic thinking. Sloan Manage. Rev. 36(2), 25 – 40(1995).

[45] Singer, M., Donoso, P.: Strategic decision – making at a steel manufacturer assisted bylinear programming. J. Bus. Res. 59, 387 – 390(2006).

[46] Takakuwa, S.: The use of simulation in activity – based costing for flexible manufacturing systems. Proceedings of the 1997 Winter Simulation Conference(1997).

[47] Troutt, M. D., Gribbin, D. W., Shanker, M., Zhang, A.: Cost efficiency benchmarking for operational units with multiple cost drivers. Decis. Sci. 31(4), 813 – 832(2000).

[48] Ulstein, N. L., Christiansen, M., Gronhaug, R., Magnussen, N., Solomon, M. M.: Elkem uses optimization in redesigning its supply chain. Interfaces 36(4), 314 – 325(2006).

[49] Van der Vlerk, M. H.: Stochastic programming bibliography. World Wide Web. http://www.mally.eco.rug.nl/spbib.html(1996/2007).

[50] Wallace, S. W., Ziemba, W. T. (eds.): Applications of Stochastic Programming. Series in Optimization. MPS SIAM. SIAM, Philadelphia(2005).

[51] Welsh, J. A., White, J. F.: A small business is not a little big business. Harv. Bus. Rev. 59, 18 – 32 (1981).

[52] Wernerfelt, B.: A resource based view of the firm. Strateg. Manage. J. 5, 171 – 180(1984).

[53] Zipkin, P.: Exact and approximate cost functions for product aggregates. Manage. Sci. 28(9), 1002 – 1012(1982).

第 7 章

应对复杂系统中的不确定性
——案例研究：从城市生物废物处理获得生物基产品

Piergiuseppe Morone, Valentina Elena Tartiu

7.1 简 介

伴随着全球气候变化的挑战及其对于生态系统和资源枯竭所带来的各种影响，在过去的 10 年中，废物问题正在受到越来越多的关注。特别是现在有一个普遍的共识，即对废物管理的全面解决方法，会对温室气体（Green House Gasses，GHG）排放产生积极的影响。这是因为，预防和回收废物（即作为辅助材料或能源）有助于减少所有的其他经济行业——农业、矿业、运输业和制造业的排放量[40]。

此外，基于化石的原材料成本不断增加，以及对于更高效、对环境更友好的生产方式的需求（伴随着可持续发展的目标），导致了需要寻找替代方式，即寻找从其他来源（如生物质（Biomass）和生物废物流（Bio-Waste Stream））获得化学品、燃料和溶剂的可能途径。

有越来越多的参考文献讨论了生物质在实现可持续性（Sustainability）目标中的作用。事实上，国际上有大量的参考文献从不同的角度讨论了这个问题[4,18,30]。在本书中，我们专注于生物废物流及其在向生物经济（Bio-Based Economy）的转变中所起的作用，生物经济所指的就是从生物质中获取尽可能多的能源和其他副产品的经济形式。我们相信，由于该领域的特点具有多种不确

Piergiuseppe Morone，意大利罗马大学在线大学法律、哲学和经济系。

Valentina Elena Tartiu，意大利福贾大学 STAR*农业能源团队。

定性,对这一调查领域的研究尚不够充分①,对其应用价值的评价也过低——不确定性关键来源的一些例子包括:变化驱动因素的特异性,规模化时遇到的技术挑战,资本的产生,市场透明度过低,需要建立新的、高度复杂的价值链(Value Chain),消费者和下游生产商缺乏对生物基生产(Bio-Based Production,BBP)的了解,新的生物基生产与现有价值链的整合,与传统产品在价格上存在高度竞争,以及可持续性因素等。

为了给参与生物基生产的不同利益相关者(如投资者、政策制定者、废物处理厂所有者、不同行业的代表等)提供一个清晰的行动框架,需要对上述不确定性来源、它们对新兴生物基生产市场的影响,以及它们所带来的危害(和机遇)有更好的了解。

我们的研究沿着这些途径进行推理,目标是针对这一问题,反映出所有与城市生物废物(Bio-Waste)衍生的生物基生产体系有关的不确定性来源。这项工作分为以下几个步骤:首先,我们进行了理论上的探讨,对不确定性的概念在过去这些年的发展进行了回顾,从与新古典(Neoclassical)模型相联系的风险和不确定性之间的传统区别开始,到最近的有关不确定性和复杂系统模型的参考文献(7.2 节);其次,我们介绍了在案例研究中所采用的多维框架(7.3 节);再次,我们对生物基生产进行了案例研究,评估了与之相关的多种不确定性来源(7.4 节);最后,我们给出了结论和进一步的发展计划(7.5 节)。

7.2 关于复杂系统中的不确定性和风险

在探索不确定性对可持续发展转型的影响之前,我们首先要提供这一概念在经济学文献中的通用定义。我们将从对风险和不确定性的传统定义开始,最终考虑这些概念如何发展,以匹配现代社会不断增长的复杂性。

7.2.1 定义风险和不确定性:调查前言

在参考文献[24]的原始定义中,风险是与随机过程联系起来的。有风险的

---

① 现有的文献主要包括研究机构报告(如参考文献[1,9-10,16]等),以及较低程度的科学论文(如参考文献[20,25,29])。这些文献以相对概括性的方式来针对生物基产品问题,主要关注驱动因素、市场潜力、绿色公共采购、建议,并间接关注来自生物废物流的生物基产品。

情况,指的是它存在多个结果,而决策者对每个结果的发生概率都是已知的。从这个意义上来说,与风险问题有关的是与某个决策有关的结果的随机变化。但是,正如奈特(Knight)所说,"为了获得逻辑上的准确性,以及理解情况的不同类型,以及在实际中处理它们的模式,需要做出进一步的区分"。奈特区分了先验概率(Priori Probability)和统计概率(Statistical Probability)。前者被定义为除了确实无法确定的因素,完全相同的实例的绝对同质性(Absolutely Homogeneous)的分类。对概率的这一判断和数学上的命题处于同一个逻辑层面。从这个意义上来说,先验的概率可以通过逻辑推理进行客观的归因,而不需要进行任何实验或试验[6]。统计概率则被定义为对预测值之间的关联频度的实证评价,不能将其分解为具有同样可能的可选方案的不同组合[224]。

因此,奈特风险(Knightian Risk)所指的情形是事前已经知道替代事件①的概率,或者可以可靠地估计出这些概率。不管怎样,在两种情况下,都可以基于对与发生替代事件相关联的"概率"的了解来给事件分配数值化的概率[34]。不过,奈特本人也发现,"在业务中实际上从来没有遇到过数值概率或者先验类型的概率,而后者(统计概率)则极其常见"[24]。

不确定性所指的情形是,一个决策可能会出现多个结果,但可能结果的概率是未知的,或者无法对其进行有意义的估算。缺乏可靠的信息、过去的经验不足、底层过程具有高度可变性或者对该过程的了解不足都可能导致无法对结果进行预测。奈特将这第三种情况称为估计(Estimate)——"这里的区别是,对任何分类实例都缺乏有效的基础。这种形式的概率涉及那些最重大的逻辑困难,而且对其无法给出令人非常满意的说明"。

1954年,萨维奇(Savage)对奈特的观点进行了反驳,提出了一套对概率的主观理论,即将概率看作一个人对世界进行考虑的方法的一个属性。萨维奇方法考虑了有关概率的"正统的"主观构想,普遍认为该构想源于Bruno de Finetti (1937)和Frank Ramsey(1926)的成果。该模型的基本思想是,"一个命题或事件的概率是决策者对该命题或事件的确信程度的强弱,并且假定决策者总是表现得'好像'对影响其行为的事件分配了数值概率,并且对一个风险选项的可能后果求出概率加权和值,来作为该风险选项的价值"[14]。也就是说,这种理论认为可以为几乎所有命题或事件分配精确的数值概率,因此,萨维奇不确定性(Savage's Uncertainty)可以延伸到包括奈特风险。

已经有许多经济学家广泛地提倡了这一方法,特别是那些被认为是新古典

---

① Runde建议,应当将奈特著作中的替代事件理解为真实的或者想象的实验结果。

主义的经济学家。正如 Freedman 所说,"Frank Knight 在其开创性工作中对风险和不确定性进行了明确的区分。前者指的是具有已知的或可知的概率分布的事件,而后者指的是无法确定其数值概率的事件。我没有采用这一区别,是因为我不相信它是有效的。我遵循 L. J. Savage 对个体概率的看法,他的观点否认存在任何这样的区别。我们可视为有人为每个可以想象的事件都分配了数值概率"[15]。

7.2.2 超越风险与不确定性:模糊性与无知

根据参考文献[38-39],风险和不确定性之间的区别与"对概率的了解"有关,这一点对前者毫无问题,而对后者是存在问题的。不过,还有另一类决策者并不总是了解的,这就是"对可能性的了解"。一旦无法获得对可能性的了解,上述对风险和不确定性的定义就不适用了。在这种情况下,我们应当使用模糊性(Ambiguity)和无知(Ignorance)这两个概念。具体而言,模糊性指的是难以确定的不是概率而是所有可能结果的特性。有两种不同的情形可能导致这一状况:①决策者不具备事前确定所有可能结果所需的全部信息或知识;②事件必然发生(或者已经发生),但是对于结果的选择、分割、界定、测量、重要性或者解释,却存在着分歧[38]。

一个更极端的状况是既不了解概率也不了解结果。这一问题不仅仅是我们没有足够的信息来给特定数量的结果可靠地附加上概率,而是将来还可能会发生我们现在尚且无法想象出的事件。Stirling[38]将这种状况称为无知。它与不确定性(Uncertainty)不同,不确定性关注的是共同认可的已知参数;它与模糊性也不一样,因为无知状况的参数不只是存在争论、缺乏表征或者无法确定它们的相对重要性,而且是没有边界或者至少部分未知[38]。

7.2.3 应对复杂创新系统中的不确定性

为了区分这4种形式的不确定性(即风险、不确定性、模糊性和无知),参考文献[39]提出了一种不确定性矩阵,我们将其绘制在图7.1中。正如前面所讨论的,这4种不确定性的形式与某种源于缺乏了解导致的信息鸿沟有关。Dosi和 Egidi 将这些形式称为不确定性的实质(Substantive)形式[8]。按照他们的说法,"在对信息的经济分析中,存在一个相当普遍的理论假设,那就是代理们对于可用信息进行了最佳的可能利用。这通常意味着,他们利用了最大化程序,而这些程序在某种程度上是与其正常认知能力'自然'相关的。也就是说,他们在信息处理上没有能力上的差距"[8]。

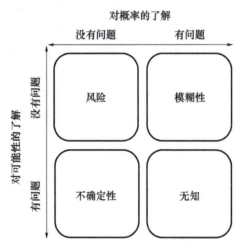

图7.1 本质性不确定性矩阵(来源:改编自参考文献[39])

但是,现代社会大多数方面的决策任务所具有的复杂性,除了与本质性不确定性(Fundamental Substantive Uncertainty)相关的信息差距,还很容易产生能力差距。根据参考文献[8],我们将这种决策者受限于其计算能力和感知能力的情况,称为具有程序性不确定性(Procedural Uncertainty)。复杂创新系统(Complex Innovation System)是一个典型的例子。实际上,进行创新涉及不同层次的不确定性。首先,由于创新是以前没有尝试过的事物,其结果在决策时具有本质性不确定性。而且,由于复杂系统在其组成部分和系统的集合行为之间存在着紧密的相互联系,这会由于"相互依存的系统中组成部分之间的结构性联系和相互作用的密度"而产生进一步的(程序性)不确定性[17]。

也就是说,某个人产生一个创新的可能性,其本身就构成了系统中的本质性不确定性的主要来源。此外,由于系统内含的复杂性,极有可能出现认知差距,这又会产生进一步的程序性不确定性。

在复杂创新系统内部,程序性不确定性的概念是与本质性不确定性的概念相容的,并对后者构成补充:受到非预定的结构变化影响的实体,也可能是复杂的;而能够进行创新的人,也可能在能力上是有限的[6]。因此,我们认为,复杂创新系统往往同时具有基本的本质性不确定性和程序性不确定性。在后文中我们将尝试在可持续性转型的具体案例中,解释这些刻画了复杂创新系统的不确定性形式。我们将会展示出,与可持续性转型有关的新兴复杂系统存在着很多不确定性来源,其中一部分与系统的非预定结构有关,另一部分与系统本身的复杂依存关系有关。

7.3 可持续性转型:设定分析框架

7.3.1 问题概述

目前,有两种经济并存:一种是占据主导地位的化石经济(Fossil-Economy),另一种是"正在发生快速变化的复杂社会技术系统"的生物经济[36]。从前者转向后者所涉及的就是一场可持续性转型。

从这个方面来看,可持续性正在日益成为创新经济学的核心焦点,它是地理学、网络理论和政治生态学等多个子领域的交叉。不过,实现这一目标的战略仍然有待研究,主要原因在于和它所涉及的那些概念的多样化本质有关的复杂性。然而,"在过去的10年间,有关可持续性转型的文献做出了可观的贡献,让大家来理解,为了让社会做好准备和适应可持续发展而必须作出的复杂的、多维度的转变"[3]。Van Den Bergh 等[41]确立了4个理论框架,让决策者能够深入了解可持续性转型是如何产生和发展的:①创新系统方法;②多层次多角度方法;③与对转型的多代理建模相结合的演化经济学方法;④转型管理方法。

为了给参与生物基生产的不同利益相关者(投资者、政策制定者、废物处理厂所有者、不同行业的代表等)提供一个清晰的行动框架,我们决定采用多层次多角度(Multi-Level Perspective,MLP)方法。这种方法创新之处的核心在于,它认为可以将系统看作一个由三个相互链接的层次构成的嵌套框架,这三个层次分别为社会技术制度(Socio-Technical Regime,ST-Regime)、社会技术面貌(Socio-Technical Landscape)和创新生态位(Innovation Niches)[32]。

除了多层次多角度方法,我们在分析中还包括了其他三个维度。这是因为,我们认为,在为可持续转型问题建立整体方法上,它们可以为 MLP 提供补充。更具体而言,我们使用的是四维的转型框架①(图7.2),它结合了:

---

① 我们对来自参考文献[23]的这一框架进行了调整。我们在这里没有考虑原始框架中与不同的转型阶段、层次和维度结合起来的治理功能。此外,我们在同一个框架中包括了时间,这在我们考虑某些情况,如不同技术可能并存存在但是处于不同的转型阶段时,是必不可少的。参考文献[23]也考虑了时间,但不是在同一个框架中,他们基本上用时间代替了转型的阶段,保持了一个三维的框架。

(1)转型的 4 个阶段;
(2)转型的 3 个层次;
(3)转型的 4 个空间;
(4)转型的 3 个时间跨度。

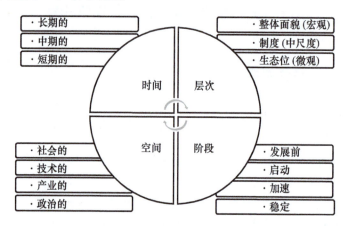

图 7.2　可持续性转型:四维框架

这将让我们能够把握与从传统生产向生物基生产(使用来自生物废物处理(Bio-Waste Valorigation)的"副产品"作为原材料)的转型模式有关的复杂性,进而对作为这一复杂创新系统特点的不确定性来源进行评估。

7.3.2　四维转型框架

这个四维框架是基于以下考虑建立的:①可持续性转型意味着长期的、持续的变化过程,具有并行的、处于不同阶段(即发展前、启动、加速和稳定)的发展;②可持续性转型意味着处于不同层次的发展,即整体面貌(宏观)、制度(中尺度)和生态位(微观);③可持续性转型在每个层次上都要应对技术变化、行业变化、政治变化和社会变化[23]。我们现在试图剖析这个四维框架,给出它全部的组成部分。

1. 转型的阶段

从概念上来看,转型过程可以分解成 4 个不同的阶段①:①发展前(潜伏期)阶段——在这个阶段,"初始状态没有明显的变化,但是发现了不足之处,并普

---

① 关于这些阶段的讨论,请参见文献[23,26,33,37,42]。

遍出现要解决这些问题的愿望"[37]。在这一阶段,转型过程涉及的主要参与者在总体上尚未联系起来。②启动阶段——作为形成便利互动和对期望进行交流的特设网络的结果,出现了一些变化。在这一阶段中,进行学习的过程集中在技术角度和用户层面[3]。③加速阶段——作为"政治、经济、体制和社会文化变化的积累和实施"的结果,出现明显的结构性变化[37]。在这一阶段中,"集体行动普遍发生,建立了基于群体的规则",而学习过程的重点也从技术角度转向政府政策以及环境影响[3]。作为其结果,由规模经济产生的回报开始增长,从而支持新解决方案的普及,并导致结构性的变化[23]。④稳定阶段——在这一阶段,"生态位演化成了制度,包括既有的网络、共同的期望和共同认可的体制的"[3],而最初的不足之处得到了解决。

2. 转型的层次

社会技术转型通过三个不同层次的相互作用而发生[22],这三个层次是:①制度层次(Regime Level);②整体面貌层次(Landscape Level);③生态位(利基)层次(Niche Level)。在这一框架内,制度被定义为体制、技术和制品(如硬件和基础设施),以及规则、实践惯例和网络的相对稳定的配置,用于确定对技术的"正常"发展和使用。所有的制度都代表了中等层次的分析单元,嵌套于会对其表现产生影响的更广阔的背景中。这种背景包括一组深入的结构化趋势和变量,超越了制度参与者的直接影响。在多层次多角度方法中,这些要素构成了总体面貌这一层次,即分析的第二个层次。在多层次结构的底部是创新生态位,代表着生态位层次。生态位是受到保护的空间,用于通过实验来发展和使用有前途的技术[21]。我们可以将生态位看作新生事物的"孵化室",因为相对于制度中"正常的"市场选择,它们受到了保护,或者说与之隔离[35]。

3. 转型的空间

在阶段和层次上更进一步,我们现在将对社会-技术转型(Socio-Technical Transition)的4个维度[23]进行考察。其分别为:①社会空间(Social Space)——因为新技术的成功还取决于最终用户的体验和反应,因此,作为转型过程结果而出现的社会变化,可能会刺激对新兴技术的需求。不过,采用新技术导致的社会变化,也可能会产生适得其反的社会行为,最终由于增加了系统的惰性而危及整个实施过程。②技术空间(Technological Space)——为了改善对于转型过程的当前状态以及主要技术瓶颈和机遇的了解,确定实体技术及其不同成熟阶段(从出现到主导设计技术)之间的联系,至关重要。③产业空间(Industrial Space)——一方面,"确定技术开发者、提供者和应用者(用户)及相关金融服务(投资者)的网络,改善了对系统变化关键驱动因素和主要障碍的了解";另一方面,"对游说和标准化工作的分析提供了有关产业动态的重要信息"。④政治空间(Political Space)——这是广义的制度和法律框架,既可以成为社会-技术转型的障碍,也可以成为其驱动因素。一方面,政策制定者可以简单地作为以优化为导向的参与者,并以此增强对现有系统的锁定条件;另一方面,政策制定者可能会试图通过他们创造和获得价值的战略行动来塑造体制环境[31],并且可以帮助创造新的社会网络和社会共识,为创新开辟新的可能性。

4. 转型的时间跨度

四维框架的另一个关键要素是时间。这确实是每个系统均具备的一个基本特征。而在我们的情况中,如果我们考虑,诸如不同的技术可能会并存但是处于转型的不同阶段,那么就更是如此。由于我们的目的是要反映所有与社会-技术转型相关的不确定性,因此考虑了三种不同的时间跨度:短期的、中期的和长期的,这是因为我们知道有多种不确定性来源会在不同的时间跨度上出现和发展。

7.4 评估可持续性转型中的不确定性:生物基生产案例

根据不确定性的来源对其进行映射是很重要的,因为:①它们对利益相关者的决策和行为都有重大的影响;②不同的来源将可能要求采用不同的行动方式,以应对相关的不确定性;③它代表了建立政策和策略的一个很好的起点。

虽然已经有大量的研究来针对不确定性的概念,但是目前对于不确定性的定义和运作仍然缺乏共识,因为每个学科(如经济学、社会学、计算机科学、数学、工程、风险管理、组织管理、创新管理等)研究的都是不确定性概念的特定方面,并发展出了自己的方法来应对相关学科的不确定性。

由于社会-技术转型的同时意味着对创新的采用和发展,我们决定采用参考文献[19]提出的不确定性分类方法,这篇文章对于创新相关的文献进行了系统性的回顾。这样,可以区分的不确定性有以下类型:技术不确定性(Technological Uncertainty)、市场不确定性(Market Uncertainty)、监管/制度不确定性(Regulatory / Institutional Uncertainty)、政治不确定性(Political Uncertainty)、接受性/合法性不确定性(Acceptance / Legitimacy Uncertainty)、管理不确定性(Managerial Uncertainty)、时机不确定性(Timing Uncertainty)和结果不确定性(Consequence Uncertainty)。此外,我们在正在进行的案例研究中,还会考虑不确定性的另一个重要类型,即资源不确定性(Resource Uncertainty)。

通过在四维的社会-技术转型框架内采用这样的不确定性分类,显示不同类型的不确定性分别适用于上述的4个维度中的哪一个,对给出一个完整的、全面的案例研究将是有益的。不过,在这样做之前,我们首先要介绍来自创新文献的不确定性分类。

不确定性的分类

(1)技术不确定性:根据参考文献[27],这种不确定性可以表现为:①有关技术本身的不确定性,它在很大程度上受到利益相关者(Stakeholder)对于技术本身的认识的影响,可能会阻碍对创新的正确评价,从而延迟甚至鼓励放弃创新决策。②有关技术和基础设施之间关系的不确定性,而新技术将整合到这些基础设施中。企业会对在需要新的基础设施的技术上进行投资,或者会对在还缺乏支持性补充技术的新基础设施上进行投资而感到犹豫。③有关替代技术方案可用性的不确定性——通常,"技术变化会产生与新技术相对当前最先进技术的发展和改进速度有关的不确定性,以及有关未来技术可能导致以往技术过时的不确定性"[27]。

(2)市场不确定性:如果我们考虑的是一项市场不会迅速消失的创新,那么这种类型的不确定性是在社会-技术转型中最具有影响力的。它可以细分为以下要素:①消费者不确定性——它同时涉及消费者的喜好和特点以及需求模式(尤其是需求规模和使其稳定下来所需的时间跨度)。②供应商不确定性——主要是关于合作伙伴的不确定性,如在合资企业中。在需要建立新供应链以及由此产生的新关系的创新中,这种类型的不确定性会显著增加。③竞争不确定性——对于缺乏对竞争对手可能采取的行动的有关认识,我们将其称为无知的(Innocent)竞争不确定性,而当某些利益相关者故意为其竞争对手制造不确定性以获得优势时,我们将其称为战略性(Strategic)竞争不确定性[27]。

(3)监管/制度不确定性:如果这种不确定性来源提供了不明确的和/或相互矛盾的信号,误导了新技术的开发者和投资者,则它可能会成为一个障碍,导致延迟甚至放弃创新。同样道理,积极的、支持性的监管/制度架构,可以促进或加速新技术的发展。

(4)政治不确定性:当不同层次上(如超国家的、国家的和地方的)实施的政策不一致时,会导致混乱和惰性,从而在创新过程中产生障碍。不过,一致的、精心设计的政策,可能成为新技术发展的重要驱动因素。

(5)接受性/合法性不确定性:这种不确定性来源出现于"必要的技能和知

识让用户现有的技能和知识失效"时,或者是"创新威胁到个人的基本价值观和/或者组织的规范"时[19]。

(6)管理不确定性:通常导致这类不确定性的原因有:①对于在风险性环境中本来用于支持创新行为、但也可能导致失败的活动的有效性,缺乏足够的认识;②缺乏用于处理创新过程中固有风险的管理工具。

(7)时机不确定性:这种不确定性来自:①"在创新的早期阶段缺乏信息",导致企业难以发现投资决策的最佳时机;②创新后期阶段的模糊信息;③创新者面对的时间复杂性[19]。

(8)资源不确定性:在企业要扩大创新的规模,将其从实验室推向市场时,如果对需要的资源的可用性(如原材料、人力和金融资源)难以做出准确的预测,就会出现这种不确定性。人力资源上的不确定性与进行创新所需的知识和技能的可用性,具有关联关系[27]。

四维框架中的不确定性:生物基生产案例

生物经济是在21世纪初作为经济合作与发展组织(Organization for Economic Cooperation and Development,OECD)内部的一个政策概念出现的,目前已经被公认为是实现可持续发展目标的一个潜在驱动力①。然而,仍然存在一些障碍,阻碍其发挥全部的潜力:

(1)尽管在过去的10年里,对化学品和原材料进行生物基生产的潜力已经得到了广泛的认可,但是,整个欧洲对于产业化生物技术和生物提炼厂的投资仍然很低[5]。

(2)此外,尽管欧盟(European Union,EU)资助了大量旨在促进生物基产业的项目,生产者还是未能成功地达到足以克服碎片化、从而在欧洲建立整合的生物基产业价值链的关键临界质量[11]。

(3)最后,也许最重要的是,在这一领域的大部分努力都被导向了生物基产品的生产,所利用的是从专用作物获得的生物质,而不是来自生物废物处理过程的有价值的化合物②。

每年仅在欧盟就会产生1.2亿~1.4亿吨生物废物,其总量中的大约40%被填埋处理——在部分成员国中,填埋比例达到了100%[12]。因此,让生物废

---

① 政策制定者对生物基生产(BBP)的兴趣表现为一系列的政策倡议(如2012年可持续增长的创新:欧洲的生物经济;2012年美国国家生物经济蓝图;2012年欧洲农业生产力和可持续性创新伙伴;2030年的生物经济:设计政策时间表[30];等等。
② 例如,可溶性生物有机(Soluble Bio-Organic,SBO)物质、酚类、脂肪酸、甘油三酯、蛋白质、碳水化合物等。

物的处理更为环保,已经成为政策制定者的一项关键目标。

在整个世界范围内,处理城市生物废物的最常用做法是进行厌氧消化和堆肥,从而在处理过程的终端实现对废物的(完全的或部分的)再利用。但是,这些方法产生的是低价值的产品,只有边际经济价值。因此,生物废物处理(Bio-Waste Valorzation)可以具有很多优点,但最主要的是它解决了一个关键的废物管理问题①,体现了可持续的、可再生的资源,让其加倍环保。

事实上,更先进的技术(通过识别和分离存在于生物废物流中的有价值成分)有潜力能够回收可以用于化学、农业、制药或其他行业的更高价值产品[7,25,29]。但是在这些鼓舞人心的证据之外,还有很多的不确定性阻碍了从生物废物处理过程摄取新的生物基产品。这些不确定性出现在不同的层次(即宏观的、中观的和微观的)、处于不同的阶段(即发展前、启动、加速和稳定)、在不同的时间点和空间中出现与发展。

当谈到从生物废物处理过程中衍生的生物基产品时,我们考虑的主要是生物基化学品,它们可以进一步用于获得不同的产品,如生物塑料包装材料、洗涤剂、乳化剂、发泡剂、光敏剂、纳米材料、纺织助剂、肥料。考虑到这一点,我们现在将以(来自生物废物处理过程的)生物基化学品为案例,来探讨不同类型的不确定性和四维框架的组成部分之间的联系。

目前,生物基化学品必须面对一场与已经有坚实基础的石化产品的"激烈"战斗,而后者可以依靠现有的炼油厂、规模经济、可靠的供应链和长期的客户关系[2]。

在生物基化学品的案例中,至少有两组原因导致其与不确定性高度相关。一方面,存在资金不稳定的问题;例如,为了达到稳定阶段,新的生物基化学品需要"比大多数投资者可以容忍的无收入或无利润时间长 5~10 年。风险投资家和风险导向的股票投资者可能会愿意等上好几年,但是他们不愿意承担商用规模化所需要的数十亿美元。银行和债券投资者在传统上,一直为能够提供适度的、但是可预期的年回报率的大型项目提供资金,但是他们不愿意承担技术风险或未经验证的市场"[2]。

针对生物基化学品,表现出风险规避(Risk-Aversion)倾向的,不仅只有银行、风险投资家或债券投资者,现有的石化公司同样如此。农用化工巨头 Archer Daniels Midland(ADM)就是一个很好的例子,它放弃了与一家年轻的生物质

---

① 通过减少垃圾填埋量、减少非受控的温室气体排放量,以及减少通过无机物浸出导致的水污染等。

公司(Metabolix)建立的高规格的合资企业,该企业的业务是生产和销售生物塑料。虽然 ADM 预定从合资企业的盈利中收取 3 亿美元,但他们决定放弃 Metabolix 的发酵技术"表现良好"的说法,而是引述说"在投入资本和产品成本周围,与市场接受率相结合,存在不确定性"[2]。

从实验室转向产业规模而产生的对大量投资的需求还受到技术性能不确定性的影响。换言之,"不仅需要进行塑造的技术本身会出现不确定性,新兴技术将要嵌入的社会体制环境也存在不确定性……技术开发人员将感受到用户需求和市场需求的不确定性,而潜在用户将感受到新技术所能提供的内容的不确定性"[28]。此外,我们还有与潜在市场规模有关的不确定性,还要设立新的、复杂的价值链,而需要长远的眼光。

另一方面,利益相关者的范围很广泛,他们具有不同程度的专业性和知识,会导致感受到的不确定性不断累积、失去动力,并总是导致对决策过程产生不同的理解。"在项目的内外部环境中,从不同来源感受到的不确定性和影响因素之间的负面相互作用(如涉及的参与者的构成发生改变、制度的变化或者外部的技术发展),对此似乎发挥了关键的作用"[28]。

新的生物基化学品还必须考虑到严格的监管规定,因为化学工业正由于大家对化学品毒性作用的担心,而越来越多地受到国家和国际机构的关注。欧盟就是这方面的一个例子,它在化学品登记、评估、授权和限制(Registration Evaluation Authoristion and Restriction of Chemicals,REACH)①上采取了严格的监管措施(EC – no. 2006/1907)。正如人们所看到的,"尽管法律规定让生产商/进口商可以分担为了登记该物质而必须获得的必要的危害数据和风险数据所需的成本,但是完成登记所需的测试成本和行政成本仍然是可观的。欧盟的(较)小规模生产商,尤其是从食品废物再加工中获得新物质/混合物的生产商,可能最终会发现,REACH 立法的合规成本已经成为影响该工艺的商业可行性的主要障碍"[25]。此外,生物基化学品的监管程序很复杂,有时"比针对石油化工的规定更为繁重"。例如,"单个生物基化学品可能受到多个机构的监管,这导致了依法合规变得极为复杂、不确定和成本高昂——这些情况对于初创公司尤其如此"[2]。

基于所有这些情况,我们在图 7.3 中提供了在前述的四维框架内对所有影响生物基生产的不确定性来源的可视化表述。通过该图,我们可以将整个不确定性的情况,体现重组到一个单一的框架中,将这个复杂的、相互关联的状况作

---

① "这要求欧盟内部所有那些年产量在 1t 以上的制造商(或额度达到这一标准的进口商)完成相关化学品的登记,否则不得将该物质投放到欧盟内部的市场"[25]。

为一个整体来加以考虑。

在我们建立图 7.3 时,认识到以下问题:①为了应对作为生物基生产体现特点的不确定性,对不确定性的不同来源(即市场、技术等)进行区分,是非常重要的。这是因为,对每种不确定性来源应当采用不同的处理方法。②让决策者看到的不确定性最小化是一个实际的考虑(事实上,投资者、废物处理企业家和创新企业的管理层都会将不确定性看作根本性的障碍)。由此,为了缩小理论与实践的差距,我们试图在图 7.3 中体现在从化石燃料化学品和产品,向生物基化学品和产品的社会-技术转型中,最有可能出现的所有不确定性来源。因此,我们基于文献综述和实证证据,对每种不确定性来源给出了它出现和发展的层次、阶段、空间和时间跨度。

我们可以看到,社会-技术转型的前两个阶段(发展前和启动)牵涉大部分类型的不确定性:①技术不确定性:"在发展前阶段,技术开发人员正在不同的方向上进行探索,关于有何种可能以及可能选择哪个方向的不确定性非常高。在启动阶段,尚不清楚哪项技术将通过哪些技术参数来成为主导"[27]。此外,技术不确定性可能会阻碍对创新的正确评估,从而影响创新决策(促使管理不确定性的出现)。②政治不确定性:在发展前阶段和启动阶段都可能起重要的作用,如果我们考虑到针对向生物基化学品的可持续性转型,政策可以通过多种措施,如财政手段或微观管理措施,来指引方向或者促进其加速。此外,"在整体面貌层次,转型政策的关键挑战之一,是要找到杠杆来提高替代系统选择方案的吸引力,从而提升变化的可能性"[13]。③市场不确定性:通过其所有组成部分——但最明显的是竞争不确定性——这在发展前阶段就已经开始显现,因为不能确定哪家企业将把竞争技术带入市场,也不能确定这些竞争技术的表现如何。在启动阶段,竞争不确定性是最主要的,因为新技术既要和已有的技术进行竞争,还要和竞争性的新技术展开竞争[27]。供应商不确定性:在启动阶段有较为突出的作用,如当创新企业要找到能够大量提供高质量部件的可靠供应商,从而保证商业化时。消费者不确定性:在前两个阶段会对创新企业产生强烈的影响,因为"潜在消费者无法清晰地表达他们对新技术的期望和需求"[27],对将要用于替代传统产品的新产品也是如此。④接受性/合法性不确定性:在这两个阶段中需要的技能和知识超过了用户现有的技能和知识时就会出现[19]。⑤时机不确定性:会被创新公司感受到,尤其是当他们面临缺乏应对内在风险所需的管理工具时。⑥对人力资源的资源不确定性:在发展前阶段是最主要的,而在存在激烈竞争时,关于金融不确定性在启动阶段最为显著[27]。

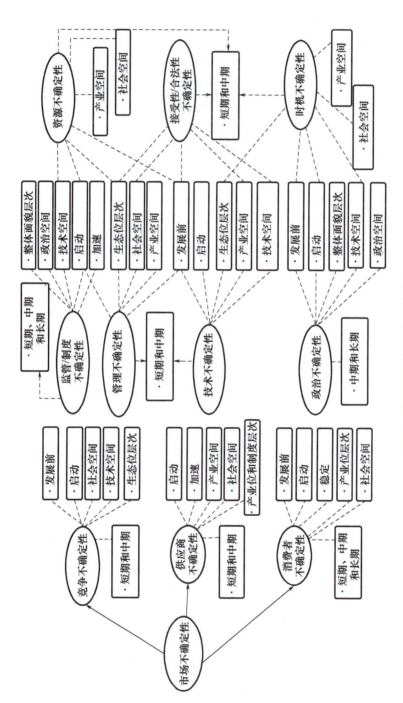

图7.3 四维框架中不确定性的影响

7.5 结论和进一步的发展

对风险和不确定性进行管理是一项挑战,吸引了经济学家、政策分析家、企业家和政策制定者的关注。在本书中,我们试图提供一些指引,用于识别和处理可持续性转型框架内的复杂系统中的不确定性。

具体而言,我们旨在提供一些深入的见解,说明作为生物基生产系统特征的不同类型的不确定性(我们识别出8类不确定性,它们都对各个利益相关者具有不同的意义),如何对来自生物废物处理的生物基化学品的发展产生影响,以及更为一般化地,它们如何影响面向生物经济的转型。

从这个角度出发,为了给参与生物基生产的不同利益相关者(投资者、政策制定者、废物处理厂所有者、不同行业的代表等)提供一个清晰的行动框架,我们决定采用一个四维的框架,基于以下考虑来构建它:①社会-技术转型意味着一个长期、连续的变化过程,具有处于不同阶段(即发展前、启动、加速和稳定阶段)的并行发展;②社会-技术转型意味着在不同层次上的发展,即整体面貌(宏观的)、制度(中观的)、生态位(微观的);③在每个层次上,都可能牵涉技术、工业、政治和社会的变化[23];④这些变化将会发生在不同的时间(短期、中期和长期)。

在这个框架内,我们的研究作出的主要贡献是将不确定性分类应用到这个四维框架中,强调在每个维度上可能出现哪些种类的不确定性。我们相信,这会非常有助于在企业层次和政策制定层次上,设计管理战略的过程。

我们的评估提供了一个全面的方法,对于研究对象中的这个复杂系统所蕴含的不确定性进行处理。反过来,这使我们能够描绘将不确定性和四维分析框架的众多组成要素联系起来的错综复杂的网络。这项工作被证明是非常重要的,因为,它设定了一个指导方针,来对风险和不确定性进行更为明智的管理。未来的研究要承担的是确定各种方法来减少这些风险。

事实上,我们相信,为了明确在社会-技术转型的4个阶段和时间跨度中,不同类型的不确定性在不同的层次上(即宏观的、中观的和微观的)和空间中(即社会、科技、工业、政治)是如何发展的,还需要做进一步的研究和实证工作。评估每种不确定性来源会对涉及的利益相关者(即投资者、废物处理厂所有者等)、市场接受的生物基化学品类型以及接受的时间产生怎样的影响,也是未来的研究工作要面对的挑战。

参考文献

[1] ADEME:Guide de l'achat public eco – responsable. http://www. campusresponsables. com/ sites/default/ files/ressources/guide_achats_eco – responsables. pdf (2004). Accessed 7 Feb 2013.

[2] Andrews, E., MacLean, C., Kurtzman, J.:Unleashing the power of the bioeconomy. financial innovations lab ® report, Milken Institute, Feb 2013. http://www. milkeninstitute. org/pdf/ BioEconFIL. pdf (2013). Accessed 26 Aug 2013.

[3] Avdeitchikova, S., Coenen, L.:Commercializing clean technology innovations – the emergence of new business in an agency – structure perspective, paper no. 2013/06, Centre for Innovation, Research and Competence in the Learning Economy (CIRCLE) Lund University. http://www. circle. lu. se/? wpfb _ dl = 7 (2013). Accessed 10 July 2013.

[4] BTG:Sustainability criteria & certification systems for biomass production. Final report prepared for DG – TREN European comission. http://www. rpd – mohesr. com/uploads/ custompages/sustainability_criteria_ and_certification_systems. pdf (2008). Accessed 6 Feb 2013.

[5] Carus, M., Carrez, D., Kaeb, H., Ravenstijn, J., Venus, J.:Policy paper on bio – based Economyin the EU:level playing field for bio – based chemistry and materials. http://www. bio – based. eu/ policy/en/ (2011). Accessed 23 Feb 2013.

[6] Dequech, D.:Uncertainty:a typology and refinements of existing concepts. J. Econ. Iss. XLV(3), 621 – 640 (2011).

[7] D'Hondt, E., Voorspoels, S.:Maximising value making the most of biowaste. http://www. waste – management – world. com/articles/print/volume – 13/issue – 1/features/maximising – valuemaking – the – most – of – biowaste. html (2012). Accessed 6 Feb 2013.

[8] Dosi, G., Egidi, M.:Substantive and procedural uncertainty. J. Evol. Econ. 1(1), 145 – 198 (1991).

[9] EPEC:Detailed assessment of the market potential and demand for an EU ETV scheme. Business case annexes. http://www. ec. europa. eu/environment/etv/pdf/ETV%20Final%20Report%20Business%20Case%20Annexes. pdf (2011). Accessed 6 Feb 2013.

[10] European Commission:Accelerating the development of the market for bio – based products in Europe. Report of the taskforce on bio – based products. http://www. ec. europa. eu/enterprise/ policies/innovation/ files/lead – market – initiative/bio_based_products_taksforce_report_en. pdf (2007). Accessed 5 Feb 2013.

[11] European Commission:Proposal for a council regulation on the bio – based industries joint undertaking, Brussels, 10.7.2013, COM (2013) 496 final. http://www. eur – lex. europa. eu/LexUriServ/LexUriServ. do? uri = COM:2013:0496:FIN:en:PDF (2013). Accessed 26 Aug 2013.

[12] EU:Supporting Environmentally sound decisions for bio – waste management a practical guide to life cycle thinking (LCT) and life cycle assessment (LCA), JRC scientific and technical reports. http://www. lct. jrc. ec. europa. eu/pdf – directory/D4A – Guidance – on – LCT – LCA – appliedto – BIO – WASTE – Management – Final – ONLINE. pdf (2011). Accessed 6 Feb 2013.

[13] Faber, A., Alkemade, F.: Success or failure of sustainability transition policies. A framework for the evaluation and assessment of policies in complex systems. DIME final conference, Maastricht. http://www.final.dime-eu.org/files/Faber_Alkemade_C5.pdf (2011). Accessed 26 Aug 2013.

[14] Feduzi, A., Runde, J., Zappia, C.: De Finetti on the insurance of risks and uncertainties. Br. J. 603 Philos. Sci. 63, 329–356 (2012).

[15] Friedman, M.: Price Theory: A Provisional Text. Aldine, Chicago (1976).

[16] Friends of Europe: The rise of the bio-based economy. Report of the greening Europe forum (GEF) roundtable. http://www.friendsofeurope.org/Portals/13/Documents/Reports/2012/FoE_2012_The_rise_of_the_bio-based_economy_Report_WEB.pdf (2012). Accessed 5 Feb 2013.

[17] Hodgson, G. F.: The ubiquity of habits and rules. Camb. J. Econ. 21(6), 663–684 (1997).

[18] IEA Bioenergy: Economic sustainability of biomass feedstock supply. Technical report. http://142.150.176.36/task43/library/otherreports/IEA_Bioenergy_Task43_TR2013-01.pdf (2013). Accessed 15 Feb 2013.

[19] Jalonen, H.: The uncertainty of innovation: a systematic review of the literature. J. Manag. Res. 4(1), E12 (2012).

[20] van Haveren, J., Scott, E. L., Sanders, J.: Review: bulk chemicals from biomass. Biofuels ioprod. Biorefin. 2, 41–57 (2008).

[21] Kemp, R., Schot, J., Hoogma, R.: Regime shifts to sustainability through processes of niche formation. The approach of strategic niche management. Tech. Anal. Strat. Manag. 10(2), 175–195 (1998).

[22] Kemp, R.: The Dutch energy transition approach. IEEP 7(2–3), 291–316 (2010).

[23] Könnölä, T., Van der Have, R., Carrillo-Hermosilla, J.: System transition. Concepts and framework for analysing nordic energy system research and governance, VTT working papers 99. http://www.vtt.fi/inf/pdf/workingpapers/2008/W99.pdf (2008). Accessed 10 July 2013.

[24] Knight, F.: Risk, Uncertainty and Profit. University of Chicago Press, Chicago (1921).

[25] Lin, C. S. K., et al.: Food waste as a valuable resource for the production of chemicals, materials and fuels. Current situation and global perspective. Energy Environ. Sci. (2012). doi:10.1039/C2EE23440H.

[26] Loorbach, D., Rotmans, J.: Managing transitions for sustainable development. In: Olsthoorn, X., Wieczorek, A. J. (eds.) Understanding industrial transformations: views from different disciplines, pp. 187–205. Springer, Dordrecht (2006).

[27] Meijer, I. S. M., Hekkert, M. P., Faber, J., Smits, R. E. H. M.: Perceived uncertainties regarding socio-technological transformations: towards a typology. Working paper for the Druid Winter 2005 Ph. D. conference. http://www2.druid.dk/conferences/viewpaper.php?id=2534&cf=17 (2005). Accessed 27 June 2013.

[28] Meijer, I. S. M., Koppenjan, J. F. M., Pruyt, E., Negro, S. O., Hekkert, M. P.: The influence of perceived uncertainty on entrepreneurial action in the transition to a low-emission energy infrastructure: the case of biomass combustion in the Netherlands. Technol. Forecast. Soc. Chang. 77, 1222–1236 (2010).

[29] Montoneri, E., Mainero, D., Boffa, V., Perrone, D. G., Montoneri, C.: Biochemenergy: a project to turn an urban wastes treatment plant into biorefinery for the production of energy, chemicals and consumer's products with friendly environmental impact. Int. J. Glob. Environ. Iss. 11(2), 170–195

(2011).

[30] OECD:The Bioeconomy to 2030:designing a policy agenda. Main findings and policy conclusions. http://www.oecd.org/futures/long-termtechnologicalsocietalchallenges/ 42837897.pdf (2009). Accessed 6 Feb 2013.

[31] Powell, W. W., DiMaggio, P. J.:The New Institutionalism in Organizational Analysis. University of Chicago Press, Chicago (1991).

[32] Rip, A., Kemp, R.:Technological change. In:Rayner, S., Malone, L. (eds.) Human Choice and Climate Change. Resources and Technology, vol. 2, pp. 327–399. Battelle Press, Washington (1998).

[33] Rotmans, J., Kemp, R., et al.:More evolution than revolution:transition management in public policy. Foresight:J. Futur. Stud. Strateg. Think. Policy 3(1), 15–32 (2001).

[34] Runde, J.:Clarifying Frank Knight's discussion of the meaning of risk and uncertainty. Camb. J. Econ. 22(5), 539–546 (1998).

[35] Schot, J. W.:The usefulness of evolutionary models for explaining innovation. The case of the Netherlands in the nineteenth century. Hist. Technol. 14, 173–200 (1998).

[36] Sorasalmi, T., Nieminen-Sundell, R., Ylén, J. P.:A dynamic analysis of socio-technical transition towards bio-economy, VTT Technical Research Centre of Finland. http://www.systemdynamics.org/web.portal? P1285+0 (2013). Accessed 30 June 2013.

[37] Sporri, A.:Integrating and structuring expert knowledge for sustainability transitions in sociotechnical systems. Applied to swiss waste management. http://www.e-collection.library.ethz.ch/eserv/eth:1357/eth-1357-02.pdf (2009). Accessed 27 June 2013.

[38] Stirling, A.:Science, precaution, and the politics of technological risk. Converging implications in evolutionary and social scientific perspectives. Ann. N. Y. Acad. Sci. 1128, 95–110 (2008).

[39] Stirling, A.:Keep it complex. Nature 468(7327), 1029–1031 (2010).

[40] UNEP:Waste and climate change:global trends and strategy framework. http://www.unep.org/ietc/Portals/136/Publications/Waste%20Management/Waste&ClimateChange.pdf (2010). Accessed 25 Jan 2013.

[41] Van Den Bergh, J. C. J. M., Truffer, B., Kallis, G.:Environmental innovation and societal transitions:Introduction and overview. Environ. Innov. Soc. Trans. 1, 1–23 (2011).

[42] Wiek, A., Lang, D. J., Siegrist, M.:Qualitative system analysis as a means for sustainable governance of emerging technologies:the case of nanotechnology. J. Clean. Prod. 16(8–9), 988–999 (2008).

第三部分
方法与应用

第 8 章

基于仿真的复杂系统的全局最优化方法

Giampaolo Liuzzi, Stefano Lucidi, Veronica Piccialli

8.1 简 介

许多现实世界的问题都可以被视为全局优化问题,可以通过有可能代价巨大的仿真代码,来计算得到目标函数值。从数学上看,相关问题可以表达为

$$\min_{x \in F \subseteq \Re^n} f(x) \tag{8.1}$$

式中 $f:\Re^n \to \Re$。

在本章中,我们专注于基于仿真的全局优化问题,这类问题通常具有以下共同特征:

(1) 它们可以被表述成为单目标最优化(Single Objective Optimization)问题。

(2) 它们需要执行相应的仿真模拟程序,来计算那些性能度量指标的结果;而这些性能度量指标则定义了相关的现实问题。

(3) 通过目标问题进行定义的一些函数是"黑匣子"类型的。因此,与其相关的衍生信息(Derivative Information)是不可用或不可靠的。

(4) 除了存在全局极小值,还有许多并不重要/不被关注的局部极小值。

可以设想还存在一些其他特征,将会影响目标问题的分析难度。因此,这

Giampaolo Liuzzi,意大利国家研究委员会"安东尼奥·卢贝蒂"所。
Stefano Lucidi,罗马第一大学信息工程与自动管理学部,"安东尼奥·卢贝蒂"所。
Veronica Piccialli,罗马第二大学土木工程与信息工程学部。

些特征可被应用于选择求解算法。这些特征是：

(1) 仿真代码计算量非常大。

(2) 必须以高精度来计算全局最小值(或者近似最小值)。

(3) 全局最小点具有非常狭窄的吸引区域(Region of Attraction)。

(4) 存在很多局部最小值，使得目标函数的结果值彼此之间非常接近。

作为典型示范案例，我们报告了出现在不同领域的4个实际应用问题，第一个案例涉及蛋白质表面贴剂的结构比较和比对，这是蛋白质-配体结合位点识别的基本问题。这个问题处理起来的代价并不是特别高，但可能具有许多局部最小值，而全局最小值将具有一个合理的、范围较大的吸引区域。

第二个案例是设计一种用于核磁共振成像的小型、低成本、低磁场的多极磁体，这些磁体具有高度的磁场均匀性。在这个案例中，目标函数的计算是关于磁场模拟仿真的结果，其计算成本是非常昂贵的。由于需要达到高度的磁场均匀性，因此必须以高精度来计算全局最小值。

第三个案例与船舶设计问题相关，即减少船舶在海浪中前进时起伏运动的幅度。同样地，在这个案例中，目标函数的计算开销可能非常昂贵，并且还可能存在许多结果接近的目标函数局部最小点。

第四个案例来自对致密星体的双星系统在合并过程中所发射出来的引力波进行观测的场景。从全局优化的角度来看，由于全局最小点具有非常窄的吸引区域，因此解决这个问题非常困难。

为了解决上述案例中的难点，我们可以在定义不同的解决方案时，尽可能地考虑问题的性质和先验知识(如果有)。特别地，我们提出了不同类别的全局优化算法，并且已经成功应用于这些案例。下面简要回顾三种主要的全局优化方法。

8.1.1 基于种群的算法

本节介绍基于种群的算法(Population Based Algorithm)。在能够解决现实世界全局优化问题的各种方法中，随机方法(Stochastic Method)[45,48]已经被证明在许多实际问题中是非常稳健并且足够可靠的[4,7-8,11,14,19,22,26,36-37,41-42,49,52]。这些算法所使用的种群包括M个独立个体(或取值点)。其初始种群(Initial Population)是在可行集合(Feasible Set)上随机生成的；在每次迭代中，该群体将通过利用当前种群所给出的目标函数信息，产生新的个体，从而实现种群的进化发展。随着算法的不断执行，点云(Cloud of Points)将逐渐聚集在问题的全局最小点附近。特别地,这些算法只需要较少的迭代次数,就可以找到一个好的全局最小近似值。然而,它们可能需要进行很多次函数评估,特别是当最终的解决方案需要具有高精度时。参考文献[4]采用了属于该类算法的自适应控制随机搜索(Adaptive Controlled Random Search,ACRS)算法,来解决蛋白质结构排列问题。

8.1.2 多起点类型算法

多起点类型算法(Multistart - Type Algorithm)是通过重复使用有效局部最小化算法,来产生关于最小值的良好近似[2,28]。但是,当局部算法起点距离全局最小值较远时,它可能会陷入局部最优。为了避免这种情况发生,我们考虑两种可能的方法,基于此,产生了两种不同的方法子类:

(1)通过模拟退火实现全局化。根据概率密度函数进行局部搜索起始点的随机选择,该概率密度函数在算法的迭代期间将被更新,以便聚焦到问题的全局最小点附近。实际上,采用了一种模拟退火可接受性准则(Simulated Annealing Acceptability Criterion);基本思想是,根据某个适合的概率密度函数,随机选择一系列起始点,让局部最小化的处理过程从这些点开始。属于这类方法的一个分布式算法(Distributed Algorithm)已经应用于参考文献[26]中的核磁共振成像(Magnetic Resonance Imaging,MRI)问题。

(2)通过填充功能实现全局化。一旦式(8.1)中的第一驻点(Stationary Point)x_1^*被确定了,就将建立关于目标函数的扰动(Perturbation),称为填充函数(Filled Function)[15]。从而,使得其驻点满足关系$f(x)<f(x_1^*)$。按照这种方式,通过最小化填充函数,则有可能找到填充函数的驻点,使得原始目标函数的取值低于$f(x_1^*)$。那么,从该驻点开始局部最小化,式(8.1)中新的局部最小点将可能获得,产生更低的目标函数取值;并且该迭代过程将持续执行,直到找到全局最小值。这类算法已被应用于解决参考文献[8]中的船体设计问题。

8.1.3 基于分区的算法

如果式(8.1)的目标函数需要的计算量不至于大到难以评估,那么就有可能使用一种确定性的方式,来确保算法的收敛性,如我们考虑基于分区的全局优化算法[27]。这种想法的主要思路为,在一组点上对可行域进行采样,这些点将在极限处变得稠密,从而确保强理论收敛性(Strong Theoretical Convergence Property)。由于它们的确定性属性,基于分区的算法可能需要相当规模的函数评估,才可能找到关于全局最小值的足够好的近似值。由此,将导致算法在大多数基于模拟的全局优化问题中效率低下。这种内在的效率低下,可以通过适当地修改基于分区的标准算法来克服。第一种可能的修改方法是:在每次迭代中选择一组"有希望"的点,并从中开始一个有效的局部优化算法。第二种可能的选择方式是:通过"攫取"各种条件,以尽可能地使分区策略适应问题,如尽可能地利用任何关于目标函数行为的先验信息。遵循后一种策略的基于分区的算法已应用于解决参考文献[46]中的引力波探测问题。

8.2 基于仿真的应用

在本节中,我们将介绍来自不同领域的 4 个重要的基于仿真的应用。特别地,我们考虑了一个蛋白质结构排列中出现的问题;两个优化设计问题,其中一个与核磁共振成像有关,另一个与船体优化有关;最后一个应用是具有挑战性的天体物理学问题。

8.2.1 蛋白质结构排列

给定两个蛋白质结构 $\mathcal{P}$ 和 $\mathcal{Q}$,我们分别使用 P 和 Q 来对 $\mathcal{P}$ 和 $\mathcal{Q}$ 这两个结构所对应的活性位点原子(Atoms of the Active Sites)的有限点集进行定义。我们令 $n=|P|, m=|Q|$;同时,不失一般性地假设 $n \leq m$。集合 P 通常代表了一个查询形状(Query Shape),而集合 Q 则定义了参考模型形状(Reference Model Shape)。

三维空间中的等距变换(Isometric Transformation)可以通过一个单位四元组(Unit Quaternion) $\boldsymbol{a}_r=(a_0, a_1, a_2, a_3)^T \in \mathfrak{R}^4 (\|\boldsymbol{a}_r\|=1)$ 和一个平移向量(Translation Vector) $\boldsymbol{a}_t \in \mathfrak{R}^3$ 来进行定义。假设,$\boldsymbol{a}^T=(\boldsymbol{a}_r^T \boldsymbol{a}_t^T)$ 为变换定义向量,并通过符号 T_a 表示相应的变换,即

$$y = T_a(x) = \boldsymbol{R}(\boldsymbol{a}_r)x + \boldsymbol{a}_t$$

对于每个 $x \in \mathfrak{R}^3$,其中,$\boldsymbol{R}(\boldsymbol{a}_r)$ 为单位四元组 $\boldsymbol{a}_r$ 的旋转矩阵。

$\boldsymbol{a} \in \mathfrak{R}^7$ 表示 $\mathfrak{R}^3$ 空间中的等距变换向量,$\Theta \subset \mathfrak{R}^7$ 表示这些向量的集合。对

于给定的变换向量 $a \in \Theta$，令 $T_a(P) = P_a$，表示对 P 的每一个点施加变换 T_a 所得到的点集，即

$$T_a(P) = P_a = \{y : y = \boldsymbol{R}(\boldsymbol{a}_r)p + \boldsymbol{a}_t, \forall p \in P\}$$

令 $\psi : P \to Q$ 表示一个点到点的映射，对于 P 的每个点都会映射到 Q 中的一个点。正如前述的假设，既然 P 和 Q 都是有限集，那么类 Ψ 所有的映射 ψ 都拥有有限的势，即 $|\Psi| = m^n$。

给定映射 $\psi \in \Psi$，a 表示一个等距变换向量，那么 P 和 Q 的均方误差函数就可以表示为

$$f(\psi, \boldsymbol{a}) = \frac{1}{n} \sum_{p \in P} \| \psi(p) - \boldsymbol{R}(\boldsymbol{a}_r)p - \boldsymbol{a}_t \|^2$$

我们用 $\psi(\boldsymbol{a}) = \mathrm{argmin}_{\psi \in \Psi} f(\psi, \boldsymbol{a})$ 表示最近点映射[5]，并且满足 $g(\boldsymbol{a}) = f(\psi(\boldsymbol{a}), \boldsymbol{a})$，那么，蛋白质表面排列就可以表示成

$$\min_{\boldsymbol{a} \in \Theta} g(\boldsymbol{a}) \tag{8.2}$$

从定义上看，式(8.2)的每个全局解 $\boldsymbol{a}^*$，对于所有 $\boldsymbol{a} \in \Theta$ 都满足 $f(\psi(\boldsymbol{a}^*), \boldsymbol{a}^*) \leq f(\psi(\boldsymbol{a}), \boldsymbol{a})$。式(8.2)是一个全局优化问题，它包含一个黑箱类型的目标函数、一个可行集 Θ；并且，该集合由边界约束(Box Constraint)和一些"简单"约束("Easy" Constraints)来描述，其中，"简单"约束诸如 $\| \boldsymbol{a}_r \| = 1$ 类型。此外，数值实验表明，该问题具有许多局部最小值，且存在一个具有相当大吸引域的全局最小值。

8.2.2 核磁共振成像

核磁共振成像或核磁共振断层扫描(Magnetic Resonance Tomography, MRT)[9,18,23]是一种强大的诊断工具，特别是因为它的无创性、高分辨率等优点，甚至可以用于对软组织进行扫描。接受核磁共振检查的病人平躺在扫描台上，被放置在一个巨大磁体(Magnet)形成的磁场(Magnetic Field)中。

在过去，MRI 设备的设计就是为了降低 MRI 分析中所面临的成本。这就需要新技术的发展，特别是在磁体设计(Magnet Design)方面。其主要目的就是建立经济型 MRI 系统，以便聚焦于专用场景的使用要求，如骨科应用的低场强 MRI 系统(Low-Field MRI System)。

通常情况下，低场强仪器设备天生就不如高场强仪器设备灵敏。然而，这种缺陷可以通过高均匀性的磁场来克服，从而产生高分辨率的图像。

在参考文献[26]中,考虑了椭圆基座的柱面多极磁体的模型。选择椭圆形状的磁体基座(Magnet Basis),可以最大化地适应不同情况下使用的可能性(如外骨骼和儿科)。

磁体由12个椭圆铁环组成,每个环上有18个小型永磁体。特别地,着重考虑了以下优化变量:

(1)环围绕圆柱的坐标信息$(x_1,\cdots,x_6)$(图8.1(b))。

(2)每一行小的永久磁铁的角坐标$(x_7,\cdots,x_{10})$(图8.1(a)),位于不同环上相同位置的磁铁组成的一排(图8.1(c))。

(3)最外面的4个环相对于最里面的两个环的偏移量$(x_{11},\cdots,x_{14})$(图8.1(b))。

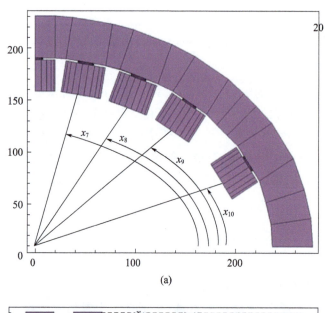

(a)

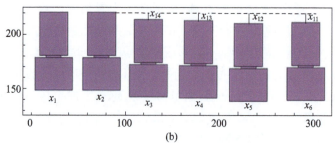

(b)

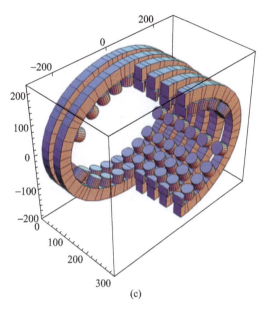

图 8.1 优化向量

(a) 角度;(b) 放置和偏移;(c) 多极化磁体结构。

尽管模型结构简单,但是由于铁轭(Iron Yoke)所带来的高度非线性,导致其所产生的磁场无法通过解析计算得到。出于这个原因,对应于上述变量的可行选择的多极磁体模型是通过现场模拟程序,利用计算机释义得到的。该程序通过一种复杂的有限元分析方法来预测磁场的行为(RADIA[10,12] 欧洲同步辐射装置的有限元模拟设备)。

假设,XYZ 为表示原点在结构中心的笛卡儿坐标系,其中,X 轴平行于柱面轴,Y 轴和 Z 轴分别指向圆柱底面的长半轴和短半轴。正如前面所说的,我们希望这个多极磁体产生的磁场 B 在目标区域内尽可能均匀分布,并且是沿着 Z 轴方向的。

为了测量目标区域内磁场的均匀性,在感兴趣的圆柱形区域内,我们只需要在均匀分布的网格 N_p 上采样 B 的三个分量。假设 $B_X^{(i)}(x)$、$B_Y^{(i)}(x)$ 和 $B_Z^{(i)}(x)$ 为网格第 i 点处所测得磁场的三个分量,那么,目标函数可以表示为

$$U(x) = \frac{\sum_{i=1}^{N_p}((B_Z^{(i)}(x) - \bar{B}_Z(x))^2 + (B_X^{(i)}(x))^2 + (B_Y^{(i)}(x))^2)}{\bar{B}_Z(x)^2}$$

式中：$x=(x_1,\cdots,x_{14})^T$；$\bar{B}_Z(x)=\dfrac{\sum_{i=1}^{N_p}B_Z^{(i)}(x)}{N_p}$。

此外，还存在许多的约束（也就是49项约束）被认为是实现物理可实现性的磁装置的必要条件，特别是：①变量的边界条件；②线性约束，以确保环与环彼此相互分离，以及磁体角位置排列等；③非线性、非凸（Non-Convex）约束，以防止磁铁之间互相堆叠。因此，由此产生的问题可按照如下方式表达：

$$\begin{cases} \min U(x) \\ \text{s. t. } \ell \leq x \leq u \\ g(x) < 0 \end{cases}$$

并具有以下性质：

（1）目标函数是黑箱型，即目标函数除了在可行集上连续外，看不见其他任何关于其结构的信息，且计算量大。

（2）目标函数在可行集之外没有定义，并且约束是连续非凸的；另外，"相对"容易生成可行点并保持在可行集合内。

（3）有可能找到一个可行点 $\tilde{x}$，使集合 $\{x \in R^n : g(x)<0, l \leq x \leq u, U(x) \leq U(\tilde{x})\}$ 是紧凑的。

（4）目标函数不满足任何凸性假设，因此，问题具有局部最小值。

8.2.3 船体设计

在本节中，我们考虑参考文献[8]中一个与集装箱船的船体设计有关的优化设计问题。

造船厂和海军经常要求船舶在不规则海域前进时能够限制上下摆动和加速度。通常，通过研究频域中的问题来获得对该行为的预测。该问题基于两个主要假设：①不规则海浪可以表示成一个简单的确定振幅（根据选定的谱密度）以及随机相位（均匀分布）的正弦波总和；②船在不规则波下前行的反应可以表示成船在单个正弦分量得到船的反应的总和。为这个应用选择的目标函数为，当船在顶头浪（Head Seas）中以恒定速度前进时，对于升沉运动（Heave Motion）所形成的响应振幅算子（Response Amplitude Operator，RAO）的峰值。那么，对于一艘给定的船舶，响应振幅算子则被定义为规则波传递函数在每个频率下幅值的平方，即在任何指定相对方向的入射波下，船舶的所有6个运动的传递函数。

特别地,这里考虑的是 S175 集装箱船①在迎着顶头浪时,以 16kn 的速度前进的情况。无量纲频率大于 0.4 和船速 $Fr=0.198$(弗劳德数 Fr 被定义为惯性与重力的比值)的情况下寻找响应函数的最小值。

S175 集装箱船的海上适航性能(Seakeeping Performance)是采用基于切片理论(Strip Theory)的仿真代码进行数值评估的[35]。通过这种方法,船体被表示为一系列的二维薄片(Two-Dimensional Slice),流体的模型则基于势流假设(Potential Flow Assumptions)进行建立。那么,输出结果则是船舶在任何给定相对方向入射波下所有 6 次运动的传递函数。

根据参考文献[39]对船体形状所进行的参数化处理,并在原始船体形状上叠加贝塞尔曲面(Béziér Patch)。曲面的 6 个控制点作为设计变量,对船体形状进行调整、修正。并且,这个叠加曲面只作用于 y(横向)方向。因此,在优化过程中,认为船体的龙骨线保持不变。

为了提出具有实际设计案例特征的问题,必须具备一系列几何约束。本节共采用了三种不同的约束条件,具体是对位移变化程度 Δ 以及入射波 B 分别给出特定的取值范围,即

$$2398t \leq \Delta(x) \leq 2460t \tag{8.3}$$

$$25m \leq B(x) \leq 26m \tag{8.4}$$

最后,为了避免不可靠的船体形式,规定设计变量 x_i 的最大变化范围为

$$-20.0 \leq x_i \leq 20.0, i=1,\cdots,6 \tag{8.5}$$

然而,请注意,在这个优化设计问题中,已知全局最小值点 x^* 是严格可行的,也就是 $g(x^*)<0$ 和 $l<x^*<u$。

由此产生的全局优化问题将会有一个计算量庞大的黑箱类型目标函数。它将具有许多彼此接近的局部极小值和一个具有狭窄吸引区域的全局极小值。进而,我们注意到,一方面,可行集是非凸的;另一方面,目标函数在定义域上也存在不可行点。

8.2.4 引力探测

在现代天体物理学中,探测引力波(Gravitational Waves,GW)是一个非常宏伟的目标,因为它将为爱因斯坦的广义相对论提供验证,并且还能够提供一种

---

① 它已被 ITTC(Int. Towing Tank Conf,一个海军水体流动领域的国际组织)适航委员会(Seakeeping Committee)采纳作为基准测试。

关于宇宙的新型信息[47]。为此,引力波探测器网络已经广泛部署,但是由于探测过程中存在着诸多困难,至今①尚未观测到引力波。这些困难与引力波本身比较微弱、产生引力波的事件比较罕见以及探测器的仪器噪声等均有关。由于这些原因,引力波的探测往往需要复杂、精细的数据分析技术。此外,由于探测器每天24h采集到的数据量极其巨大,所以需要对数据进行实时在线分析。

我们重点研究了联合双星系统(Coalescing Binary Systems)发射的引力波,这是非常有希望探测到的数据来源。通常,使用匹配滤波器(the Matched Filter)来解决这个问题。该方法利用探测到的引力信号的波形,并且假定仪器噪声为平稳高斯随机过程(Stationary Gaussian Stochastic Process)。匹配滤波器的计算核心就是一个强边界条件约束下全局优化问题的解。在这个问题中,由于噪声的存在,目标函数是一个随机过程。在实际应用中,探测器的输出数据将同时包含噪声样本,因此,必须解决该样本对应的优化问题。

为此,探测引力波的问题则在于确定探测器输出是包含引力信号,还是仅由噪声构成。通常,探测器输出结果建模表达为

$$x(t) := r(t) + h(t;\boldsymbol{\theta})$$

其中:t 表示时间;$r(t)$ 表示噪声;$h(t;\theta)$ 表示引力信号,$\boldsymbol{\theta}$ 是参数向量。我们假设 $r(t)$ 是严格意义上的白噪声,即均值为0、方差为1的广义平稳高斯随机过程。我们关注紧密星体(中子星和/或黑洞)的合并双星系统发出的引力信号,这是地基激光干涉探测器最寄希望的波源之一。在这种情况下,每年预计发生相对较多的事件(在几百百万秒差距内每年发生数十件)[32],并且发射波的模型是可用的,即所谓的线性调频信号(the Chirp Signal),频率和振幅随时间增加而增加,这在系统接近的两个对象合并前都适用[33]。对应的参数向量表示为 $\boldsymbol{\theta} := (A, \varphi_0, t_0, m_1, m_2)$,其中 A 为振幅,φ_0 为初始相位,t_0 为信号到达时间,m_1 和 m_2 分别为双星的质量;所有这些参数都是未知的。那么,在实际过程中,探测器的输出以一定的时间步长进行采样,因此某一段数据是可用的,这将是一个 N 维向量,即 $\boldsymbol{x} := (x[0], \cdots, x[N-1])$;如果存在引力信号,相应的采样信号将是一个 M 维向量,表达为 $\boldsymbol{h} := (h[0], \cdots, h[M-1])$,并且 $M < N$(为了简化,这里 $\boldsymbol{\theta}$ 的影响被忽略了)。

匹配滤波器是最广泛使用的检测技术,这是一种最佳的线性滤波器,用于检测平稳高斯噪声中已知形状的信号[3]。它基本由以下三个步骤组成:

---

① "至今"是指作者写作时,时间应为2015年5月之前,并不代表后续对引力波探测的最新情况与进展。余同。——译者

(1) 将检测器的输出与一系列模板相关联,包括线性调频信号 $h(\boldsymbol{\theta})$,$\boldsymbol{\theta}$ 在合适的范围内变化。

(2) 找到关于所有参数相关的最大值。

(3) 将该最大值与合适的阈值进行比较,以确定检测器的输出是否包含引力信号(若最大值超过阈值,则说明检测到引力信号)。

该过程基于以下的观察结果,即当模板信号的参数值与信号中的相同时,滤波器输出达到最高信噪比(Signal–to–Noise Ratio,SNR),并且该信噪比等于相关平均值的最大值[34]。阈值的选择与虚警概率有关,虚警概率表示在输出并不包含目标信号的情况下却认为检测到了目标信号的概率,即认为输出中包含引力信号时的检测概率[34]。

我们注意到,步骤(2)中最大值对应的幅度和初始相位可以用其他参数的最优值来表示;因此,实际上,最大相关性必须通过优化质量(m_1,m_2)和下标为样本 $n_0 \in I = \{0, \cdots, N-M\}$ 的信号到达时间来得到。此外,当给定(m_1,m_2)时,相对于 n_0 下的最大相关性是很容易计算的[3]。因此,步骤(2)可以被表达成边界约束下的全局优化问题,即

$$\underset{(m_1,m_2) \in \Omega}{\text{maximize}} F(m_1, m_2) \tag{8.6}$$

式中

$$\Omega := \{(m_1, m_2) \in \Re^2 : l \leq m_1, m_2 \leq u\}$$

以及

$$F(m_1, m_2) := \sqrt{\max_{n_0 \in I}(C_0^2(n_0, m_1, m_2) + C_{\pi/2}^2(n_0, m_1, m_2))}$$

式中:$C_0(n_0, m_1, m_2)$ 和 $C_{\pi/2}(n_0, m_1, m_2)$ 是 x 与匹配信号 $\hat{\boldsymbol{h}}_0 = (m_1, m_2)$ 和 $\hat{\boldsymbol{h}}_{\pi/2} = (m_1, m_2)$ 归一化的正交分量,即

$$C_0(n_0) := \sum_{k=n_0}^{n_0+M-1} x[k] \hat{\boldsymbol{h}}_0[k-n_0]$$

$$C_{\pi/2}(n_0) := \sum_{k=n_0}^{n_0+M-1} x[k] \hat{\boldsymbol{h}}_{\pi/2}[k-n_0]$$

式中:为了简化符号,忽略了 m_1 和 m_2 产生的影响。

式(8.6)的解具有以下特征:目标函数 F 是高度非线性的,它有许多局部极大值,这些点是不可导的(图8.2)。此外,对 F 进行评估需要消耗大量的计算资源,因为它需要求解两个常微分方程(Ordinary Differential Equations,ODE),来生成每个模板信号的正交分量[6],并执行 3 次长度为 N 的快速傅里叶变换来计算 x 与正交分量的相关性[34]。而且,在检测过程中,准确地计算 F 的最大值是至关重要

的,因为如果误差大,将可能导致 F 的值低于阈值,从而影响信号的检测[38]。

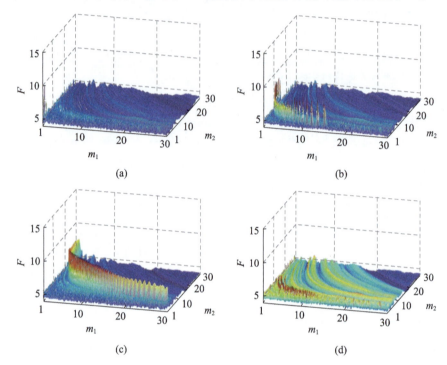

图 8.2　目标函数 F 的三维图,对应噪声以及叠加来自不同质量(m_1,m_2)的引力信号

(a)$\tilde{m}_1=\tilde{m}_2=1.4M_\odot$($M_\odot$表示太阳质量;信噪比等于10);(b)$\tilde{m}_1=1.4M_\odot,\tilde{m}_2=10M_\odot$;

(c)$\tilde{m}_1=5M_\odot,\tilde{m}_2=10M_\odot$;(d)仅噪声。

8.2.5　问题建模与约束处理

前面小节中介绍的 4 种应用,可以表述为约束下的全局优化问题:

$$\min f(x)$$
$$\text{s. t. } g(x)\leqslant 0$$
$$l\leqslant x\leqslant u$$

其中,可行集合(the Feasible Set)可以根据具体应用进一步调整,特别是约束 $g(x)\leqslant 0$。更准确地说,有可能确定以下情况:

(1)没有一般约束(General Constraint),因此可行集仅由变量的约束来决定,如在引力波探测问题中(参见第 8.2.4 节)。

(2)某种程度上来讲,一般约束条件是"容易"的,即可行集上的投影算子可以很容易地计算出来,例如在蛋白质结构比对问题中(参见第 8.2.1 节)。

(3)一般约束是"软"约束,因为它们可以放宽限制,这样目标函数也可以在不可行点上计算,例如在船体设计问题中(参见第 8.2.3 节)。

(4)一般约束是"硬"约束,意味着目标函数的定义域必须满足这些约束,如在核磁共振成像问题中(参见第 8.2.2 节)。我们回忆一下在核磁共振成像问题中,一般约束虽然很强,但很容易满足。

虽然边界约束很明确,但是在确立一般约束时(如果有)必须适当地考虑上述分类。特别地,在情况(2)中,求解算法直接利用投影算子,只有可行点能够运算得到。在情况(3)中,可以使用"经典的"非光滑惩罚函数。最后,在情况(4)中,只要 x 不可行,就有可能采用极端的屏障法(Barrier Approach),即 $f(x) = +\infty$。

在接下来的几节中,我们将介绍 4 类全局优化算法,它们非常适合于解决本节中所讨论的问题。

8.3 基于种群的算法

用于全局优化的基于群体的算法是随机方法的一个子类,并且可以被看作对于参考文献[44]中提出的基本随机搜索方法的改进。它们(大部分)基于两个不同的主要步骤,即采样步骤(Sampling Step)和细化(或优化)步骤(Refinement or Optimization Step)。

在采样步骤中,算法试图通过在构成初始种群的随机生成的可行点的初始集合上,对目标函数进行采样,从而提取出关于目标函数的"全局"行为的信息。然后,通过重复执行细化步骤,该算法试图通过逼近局部最小值,来迭代地改进初始种群。这样,对于更有可能包含目标函数全局最小值的子区域周围来说,则可能将聚集起越来越多的样本点。

在本节中,我们将详细描述一类特殊的基于种群的算法,称为控制随机搜索(Controlled Random Search,CRS)算法。为了完整起见,我们将首先介绍参考文献[40]中提出的基本 CRS 算法。

算法 8.3.1:控制随机搜索算法
数据:一个正整数 $m \geq n+1$。
采样步骤:令 $k:=0$;确定 $\mathcal{F}$ 随机选取点的初始集合 $S^k = \{x_1^k, \cdots, x_m^k\}$。
重复(以下为细化步骤)

确定点 x_{max}^k、x_{min}^k 和值 f_{max}^k、f_{min}^k，使得

$$f_{max}^k = f(x_{max}^k) = \max_{x \in S^k} f(x) \text{①}$$

$$f_{min}^k = f(x_{min}^k) = \min_{x \in S^k} f(x)$$

在 S^k 上随机选择 n 个点 $x_{i_1}^k, \cdots, x_{i_{n-1}}^k, x_{i_n}^k \text{②}$。

计算 n 个点 $x_{i_1}^k, \cdots, x_{i_{n-1}}^k, x_{i_n}^k$ 的质心 c^k，即

$$c^k = \frac{1}{n} \sum_{j=1}^n x_{i_j}^k$$

计算测试点 (the Trial Point) $\tilde{x}^k = \mathcal{P}_\mathcal{F}(c^k - (x_{i_0}^k - c^k))$ 和 $f(\tilde{x}^k)$。

if $(f(\tilde{x}^k) < f_{max}^k)$ **then** $S^{k+1} := S^k \cup \{\tilde{x}^k\} \setminus \{x_{max}^k\}$

else $S^{k+1} := S^k$

令 $k := k+1$

直到 (满足结束条件)

在上述方案中，$\mathcal{P}_\mathcal{F}(x)$ 表示 x 在可行集上的投影。

从上述参考文献[40]中提出的控制随机搜索方法开始，几种新的控制随机搜索算法也被提了出来，详见参考文献[1,7,11,25,41,43,49]。这些算法引入了细化步骤的改进完善，其目的都是在算法迭代过程中尽可能多地利用所获得的关于最小化问题的信息。

下面，我们将描述改进的控制随机搜索算法，该算法不仅保持了良好的全局搜索性能，而且具有改进的局部搜索能力，称为自适应 CRS 算法 (Adaptive CRS Algorithm, ACRS)。

算法 8.3.2：自适应 CRS 算法 (ACRS)

数据：一个正整数 $m \geq n+1$。

令 $k := 0$；确定 $\mathcal{F}$ 随机选取点的初始集合 $S^k = \{x_1^k, \cdots, x_m^k\}$。

重复

确定点 $f_{max}^k = \max_{x \in S^k} f(x)$ 和 $f_{min}^k = \min_{x \in S^k} f(x)$。

---

① 原文有误。原文中为 f_{max}^k，根据上下文分析，等号左边应为 f_{max}^k，翻译中予以更正，供参考。——译者

② 原文有误。原文中点集描述为 $x_{i_0}^k, \cdots, x_{i_{n-1}}^k, x_{i_n}^k$，根据上下文分析，应为 $x_{i_1}^k, \cdots, x_{i_{n-1}}^k, x_{i_n}^k$；下同。翻译中予以更正，供参考。——译者

通过加权随机过程,选择 $n+1$ 个点 $x_{i_1}^k,\cdots,x_{i_{n-1}}^k,x_{i_{n+1}}^k$。令

$$f(x_{i_{n+1}}^k) \geqslant f(x_{i_j}^k), \quad j=1,\cdots,n$$

计算加权质心 c^k,有

$$c^k = \sum_{j=1}^{n+1} w_j^k x_{i_j}^k$$

式中:对于 $j=1,\cdots,n$,满足 $w_j^k \geqslant 0$ 和 $\sum_{j=1}^{n} w_j^k = 1$。

通过 c^k 对 $x_{i_{n+1}}^k$ 进行加权映射,从而计算测试点 $\tilde{x}^k$:

$$\tilde{x}^k = \mathcal{P}_\mathcal{F}(c^k - \alpha^k(x_{i_{n+1}}^k - c^k))$$

式中: $\alpha^k > 0$。

if $(f(\tilde{x}^k) < f_{\max}^k)$ **then**

$$S^{k+1} := S^k \cup \{\tilde{x}^k\} \setminus \{x_{\max}^k\}$$

else

$$S^{k+1} := S^k$$

End if

令 $k := k+1$

直到(满足结束条件)

算法 8.3.3:加权随机过程

数据:集合 $S^k = \{x_1^k,\cdots,x_m^k\}$,使得 $f(x_i^k) \leqslant f(x_{i+1}^k)$,$i=1,\cdots,m-1$

For $j:=1,\cdots,n+1$ **do**

重复

产生一个随机数 r_j,服从 $[0,1]$ 区间的均匀分布并计算

$$i_j = \lceil m(2^{r_j} - 1) \rceil$$

Until $i_j \neq i_l, l=1,\cdots,j-1$。

End for

选择 $\{x_{i_1}^k,\cdots,x_{i_n}^k,x_{i_{n+1}}^k\}$ 集合,使得点 $x_{i_j}^k$,$j=1,\cdots,n+1$,是集合 S^k 第 i_j 个元素。

该算法将产生包括 m 个点的集合的序列 $\{S^k\}$。初始化 $(k=0)$，在可行集 $\mathcal{F}$ 随机选择产生 $\{S^k\}$。每次迭代中，该算法试图用那些能够提升目标函数值的新的点，来替换集合 $\{S^k\}$ 中能够得到最大函数值的点，从而对集合 $\{S^k\}$ 进行"改进"。通过利用包含在集合 $\{S^k\}$ 中的信息，来搜索这种点，特别地，有以下几种情况：

(1) 通过使用加权随机过程，在集合 $\{S^k\}$ 上选择 $n+1$ 个点，该加权随机过程具有赋予目标函数值较小的点的特权。

(2) 给定这些样本，选择具有最大函数值的点 $x^k_{i_{n+1}}$，并计算加权质心 c^k。

(3) 在选定的 $n+1$ 个点上计算的函数值，将很好地代表目标函数在点 c^k 附近的局部行为，并且 $c^k - x^k_{i_{n+1}}$ 将确定目标函数在点 c^k 处所对应的较好的下降方向。

(4) 通过将 c^k 沿 $c^k - x^k_{i_{n+1}}$ 方向进行适当的移动，获得新测试点 $\tilde{x}_k$，函数将呈现递减趋势，至少在局部区域内是这样的。

为了完成对算法的描述，我们必须指定如何计算权重 $w^k_j, j=1,\cdots,n+1$ 和步长 α^k。这些量值实现自适应的更新，以便在全局搜索和局部搜索之间可以找到良好的平衡。

在优化的早期阶段，当主要依赖全局搜索时，这个量在计算加权质心和新的试验点时不优先考虑任何特定的点 $x^k_{i_1},\cdots,x^k_{i_{n+1}}$。也就是说，当 $f^k_{\max} - f^k_{\min}$ 较大时，有 $w^k_j \approx 1, j=1,\cdots,n+1$，并且 $\alpha^k \approx 1$。

随着迭代次数的增加，将会得到更多关于此问题的可用信息，并且高效的局部搜索将成为主要的功能。因此，质心应通过对越来越多的函数值较小的点加权来定义，并且产生的试验点将越来越靠近质心。

对于 $w^k_j, j=1,\cdots,n+1$ 以及 α^k 来说，对应的合适选择为

$$w^k_j = \frac{\eta^k_j}{\sum_{j=1}^{n+1} \eta^k_j}$$

式中

$$\eta^k_j = \frac{1}{f(x^k_{i_j}) - f(x^k_{\min}) + \phi^k}$$

以及

$$\alpha^k = 1 - \frac{f(x^k_{i_{n+1}}) - \sum_{j=1}^{n+1} w^k_j f(x^k_{i_j})}{f(x^k_{\max}) - f(x^k_{\min}) + \phi^k}$$

式中

$$\phi_k = \gamma \frac{(f(x_{\max}^k) - f(x_{\min}^k))^2}{f(x_{\max}^0) - f(x_{\min}^0)}$$

关于自适应控制随机搜索(ACRS)算法描述中使用的常数值,参考文献[25]将它们设置为 $m = 25n, p = 2, \gamma = n$,且 tol $= 10^{-6}$。

因此,对于约束简单且全局最小值具有相当大的吸引区域的全局优化问题而言,基于种群的算法求解特别有效,特别是 ACRS 算法。

事实上,在参考文献[4]中,ACRS 算法已经成功地应用于解决 8.2.1 节中描述的蛋白质结构比对问题。我们在图 8.3 中描述了两种蛋白质 1atp 和 1hck 之间的计算比对。

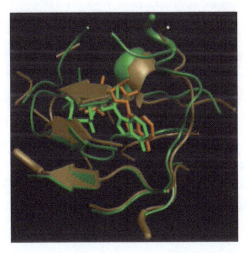

图 8.3 蛋白质 1atp 和 1hck 配体 ATP 结合位点重叠的例子

8.4 模拟退火型算法

多起点算法是基于重复使用局部最小化算法作为全局最小值的局部搜索引擎。事实上,众所周知,通过使用有效的局部最小化算法,可以获得最小点的良好近似。

当一个局部算法从远离全局极小点的地方开始搜索时,它可能会陷入局部极小值。为了克服这一持久的困难,参考文献[26]提出了一种可能的方法:

(1)局部搜索起点是根据算法迭代过程中更新的概率密度函数随机选择

的,在算法迭代过程中对其进行更新,以使其可以聚集在问题的全局最小点附近。

(2)局部搜索由一种算法执行,该算法具有被任何全局最小点吸引的特性。

无梯度局部极小化,是通过利用参考文献[31]所提出的算法来实现的。这种算法通过使用沿坐标轴的线搜索(Linesearches),从而试图实现对于目标函数的足够充分的强制降低。为了更好地描述分布式模拟退火算法,我们引入了过程 $DF(x,\alpha)$,该过程从点 x 开始,使用 $\alpha \in \Re^n, \alpha > 0$ 作为初始步长,沿所有坐标轴进行线搜索。此外,我们还回顾了 $DFA(x,\alpha_{tol})$ 过程,该过程从 x 点开始,重复运用 DF 处理过程,直到达到小于 α_{tol} 的稳定的度量结果。只要起点足够接近全局最小点,DFA 就会被目标函数的任何全局最小点吸引[26]。为了确保这一点,在下面的算法(DDFSA 算法)中,使用了参考文献[30]中提出的模拟退火可接受性准则。具体来说,基本思想是让局部最小化从与 $e^{\frac{-(f(x)-f_{min})^+}{T}}$ 成比例的概率密度函数随机选择点开始,其中 T 是一个称为"退火温度"的参数,在最小化过程中逐渐降低;f_{min} 是关于全局最小值的当前估计值。

为了更好地覆盖可行集以及提高解的精度,参考文献[26]使用尽可能少的函数进行评估,引入由 m 个三元组 $(x,f(x),\alpha)$ 组成的工作集(Working Set) W。特别地,α 是在 x 处的无梯度算法的当前步长。工作集 W 可以通过两种方式进行更新:可以执行无导数算法的单个步骤(运用 DF 过程),或者可以通过使用局部最小化产生的点来替换最差点(即导致目标函数取值最大的点);其中,该局部最小化产生的点,通过从满足模拟退火准则开始执行 DFA 过程来获得。

DDFSA 算法

(1)数据:$\alpha^0 > 0$。

(2)计算初始温度 T^0,令 $k: = 0$。

(3)产生初始工作集:$W^k = \{(x_i, f(x_i), \alpha_i)^k, i = 1, 2, \cdots, m\}$。

(4)令

$$(x_{min}, f_{min}, \alpha_{min})^k := (\bar{x}, \bar{f}, \bar{\alpha}) \in W^k : \bar{f} = \min_{(x, f(x), \alpha) \in W^k} f(x)$$

$$(x_{max}, f_{max}, \alpha_{max})^k := (\bar{x}, \bar{f}, \bar{\alpha}) \in W^k : \bar{f} = \max_{(x, f(x), \alpha) \in W^k} f(x)$$

$$\alpha_{stop}^k = \max_{(x, f(x), \alpha) \in W^k} \alpha$$

(5)随机选择一个可行点 $x^k \in \Re^n$ 以及一个标量 $z^k \in (0,1)$。

(6)若 $z^k > e^{\frac{-(f(x^k)-f_{min})^+}{T^k}}$,则计算 T^{k+1},并且跳转至步骤(9)。

(7) 计算 $(\tilde{x}^k, \tilde{\alpha}^k) = \mathrm{DFA}(x^k, \alpha_{\mathrm{stop}}^k)$。

(8) 如果 $f(\tilde{x}^k) < f_{\max}^k$，那么令

$$W^{k+1} := (W^k \setminus \{(x_{\max}, f_{\max}, \alpha_{\max})^k\}) \cup \{(\tilde{x}^k, f(\tilde{x}^k), \tilde{\alpha}^k)\}$$

$k := k+1$，并跳转至步骤(4)。

(9) 对于任意三元组 $(x_i, f(x_i), \alpha_i)^k \in W^k$，令 $(\tilde{x}_i^k, \tilde{\alpha}_i^k) = \mathrm{DF}(x_i^k, \alpha_i^k)$
令

$$W^{k+1} := \bigcup_{i=1}^{m} \{(\tilde{x}_i^k, f(\tilde{x}_i^k), \tilde{\alpha}_i^k)\}$$

$k := k+1$，并跳转至步骤(4)。

关于步骤(6)中温度参数 T^k 的更新，我们采用了参考文献[30]中提出的更新规则。

回顾参考文献[26]可知，其可能证明了对于每一个 $f(x)$ 在 $\mathcal{F}$ 的全局最小点 x^*，如果存在一个非常接近 x^* 的点 x^k，将在有限的步骤中以概率1被接受。因此，如果从这样的一点开始局部最小化，将会被全局最小值所吸引。

DDFSA 算法确实适用于解决磁共振成像问题。这是因为：①使用有效的无梯度局部搜索，能够保证全局最小点计算求解的高精度；②它所具有的分布式特性，确保了可以大大减少解决问题所需的函数评估次数。

实际上，该方法已经应用于 8.2.2 节中描述的磁共振优化设计问题，通过极端障碍方法(Extreme Barrier Approach)处理一般约束，产生函数值为 1.095×10^{-7} 的点，这相当于均匀性区域内磁场的 z 分量的均匀性为 17×10^{-6}，x 分量的均匀性为 10×10^{-6}，y 分量的均匀性为 9×10^{-6}。

磁场的 z 分量的平均值为 $\bar{B}_z = 743.5$ 高斯[①]。在图 8.4 中，我们描述了由优化程序确定的最佳结构。

全局优化算法能够帮助我们获得令人满意的磁场均匀性。已知现有低场强的小 MR 磁体呈现出 50×10^{-6} 的场均匀性。为了能够对磁场均匀性水平的改善情况有充分了解，我们绘制了 YZ 平面上的磁场性能(Field Behavior)。图 8.5(a)对应于 z 分量的场均匀性约为 28×10^{-6} 的情况，图 8.5(b)对应于 DDF-SA 检测到的最佳结构。

---

① 1 高斯 = 0.0001T。

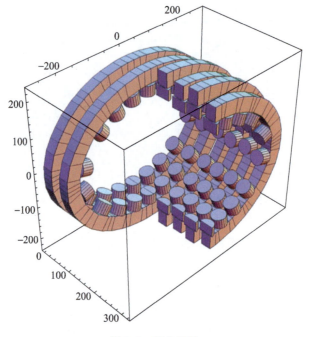

图 8.4　优化设计

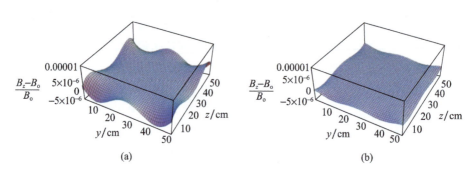

图 8.5　次优和最优设置的场均匀性的比较

(a)具有 $28\times10^{-6}z$ 分量均匀性的配置;(b) 具有 $17\times10^{-6}z$ 分量均匀性的最佳配置。

8.5　基于填充函数的算法

多起点方法所面临的最主要困难在于避开"强大"的局部最小值。一种可能的方法是对原目标函数构建一个扰动,称为填充函数,使其驻点满足 $f(y)<$

$f(x_k^*)$[①],其中 x_k^* 为当前的最佳局部最小值。这样,通过对填充函数进行最小化处理,就有可能找到这个填充函数的驻点,使得其原始目标函数的值低于$f(x_k^*)$。更加正式地说,基于填充函数的通用算法框架可以按照如下方式进行表达:

> **算法 8.5.1:填充函数**
>
> **数据**:$x_0 \in \Re^n$,令 $k \leftarrow 0$。
>
> **步骤1**:以 x_k 为起点,通过运用局部最小化算法,求解式(8.1),从而计算 x_k^*。
>
> **步骤2**:定义填充函数 $U_k(x)$。
>
> **步骤3**:选择点 $\bar{x}$,并且以 $\bar{x}$ 为起点,通过运用局部最小化算法来找到
> $$y \in \arg\min_{x \in \Re^n} U_k(x)$$
>
> **步骤4**:如果 $f(y) < f(x_k^*)$,那么令 $x_{k+1} \leftarrow y, k \leftarrow k+1$,并且跳转至步骤1,否则跳转至步骤3。

参考文献[15]引入了填充函数的概念,并且从这篇文章开始,研究人员提出了许多拓展和改进。根据不同论文对于填充函数给予的不同定义,存在着与之相应的不同表达方式。通常来看,填充函数的一般结构由 $\eta_k(x)$ 和 $\phi_k(x)$ 两项组成,可以采用两种不同的方式进行组合,从而产生不同的填充函数:

(1)乘法填充函数:$U_k(x) = \phi_k(x)\eta_k(x)$。

(2)加法填充函数:$U_k(x) = \phi_k(x) + \eta_k(x)$。

式中:$\phi_k(x)$ 的作用是去除式(8.1)中不感兴趣的驻点,即对应于目标函数值大于或等于 $f(x_k^*)$ 的那些驻点。

$\eta_k(x)$ 的作用是,确保点 x_k^* 可以作为起点,来执行填充函数最小化的分析过程。这可以通过两种方式实现:要么令 x_k^* 为填充函数的严格局部最大值("填充"其吸引域),要么确保填充函数的梯度在 x_k^* 中不等于零。在第一种情况下,能够确保从 x_k^* 开始,局部极小化会产生一个与 x_k^* 完全不同的点;在第二种情况下,$\eta_k(x)$ 能够确保填充函数具有"良好"的结构特性,如矫顽磁性(Coercivity)。

根据函数结构的选择、$\eta_k(x)$ 的作用以及填充函数的参数数量,可以获得不同的算法[15-17,24,29,50-51]。

---

① 原文有误。原文此处为$f(x) < f(x_k^*)$,经分析上下文,认为应是$f(y) < f(x_k^*)$。翻译时予以更正,供参考。——译者

参考文献[8]介绍了一种新的无约束优化填充函数,用于求解船体优化设计问题,其表达式如下:

$$Q(x,x_k^*,\tau,\varrho) = \exp\left(-\frac{\|x-x_k^*\|^2}{\gamma^2}\right) + 1 - \exp(-\tau[f(x)-f(x_k^*)+\varrho]) \tag{8.7}$$

式中:$\gamma>0$,是一个常数;$\varrho>0$ 和 $\tau \geqslant 1$ 是实数。

这个填充函数是一个加法函数,其中,第一项使得 x_k^* 成为填充函数 $Q(x, x_k^*,\tau,\varrho)$ 的局部最大值,而第二项则过滤那些目标值大于或等于 $f(x_k^*)$ 的 $f(x)$ 的驻点,并确保各参数取值准确。$Q(x,x_k^*,\tau,\varrho)$ 有一个目标值低于 $f(x_k^*)$ 的局部最小值点,为了充分考虑约束(8.3)~式(8.5),使用惩罚函数(Penalty Function)l_∞。由此产生的问题如下:

$$\begin{cases} \min p_\epsilon(x) = f(x) + \dfrac{1}{\epsilon}\max\{0,g_1(x),\cdots,g_m(x)\} \\ l \leqslant x \leqslant u \end{cases} \tag{8.8}$$

式中:$\epsilon > 0$,为惩罚参数(Penalty Parameter),惩罚参数应尽可能选择足够小的值,以确保问题式(8.8)能够等同于问题式(8.1)。

填充算法 FILLED 的一个关键地方在于步骤3。也就是说,根据起点 $\bar{x}$,步骤3 所产生的点 y 可能并不满足条件 $f(y)<f(x_k^*)$。这是因为通过局部最小化算法产生的点序列,不在集合 $\mathcal{L}_f(x_0)$ 之中。因此,通过选择不同的起始点 $\bar{x}$ 来重复步骤3,将是非常必要的。通常,所需的起始点是从伪随机序列(Pseudo-Random Sequence)中提取的。在参考文献[8]中,基于确定性点生成策略,提出了一种不同的选择规则。特别是,基于 DIRECT 算法(详见 8.6 节中描述)形成生成策略。其思想是,当 DIRECT 算法应用于常数目标函数时,从生成的质心序列中选择填充算法所需的起始点。这样,保证选择的点在可行集上充分均匀地分布。由此产生的算法称为 FILLDIR。

在表 8.1 中,我们记录了当使用 $100n$ 或 $1000n$ 最大函数评估时,通过 FILLDIR 算法计算得到的目标函数值。我们还给出了相对于初始形状改进的百分比(improv.)。

表 8.1 FILLDIR 获得的 RAO 升沉运动峰值优化结果

maxnf = $100n$			maxnf = $1000n$		
$f_{\min}$	improv. /%	nf	$f_{\min}$	improv. /%	nf
0.8796	33.36	320	0.8572	35.06	982

图 8.6 显示了在 maxnf = 100n 的情况下，S175 集装箱船的原始和最优解船体形式以及相应的设计变量值。由于 DIRECT 和 DDFPSO 之间在数值结果上存在差异微小（即 DIRECT 为设计变量值，DDFPSO 为目标函数最优值），可知它们所对应的优化船体形状是相似的。

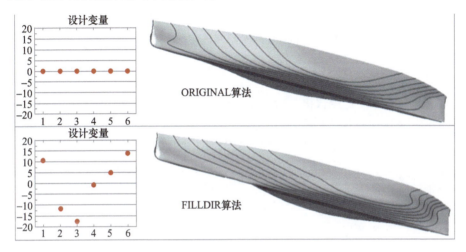

图 8.6　S175 原始和最优解船体形状与设计变量（$\mathrm{maxnf}=100n$）

8.6　基于分区的算法

如果问题式（8.1）目标函数的计算量不是大到难以预计，那么就可以利用确定性的方式，来确保算法的收敛性。例如，我们考虑基于分区的全局优化算法。其思想是在极限上稠密的（Dense）一组点进行可行域（Feasible Domain）的采样，从而保证理论上的强收敛特性。

算法 8.6.1：基于分区的算法（Partition Based Algorithm，PBA）

步骤 0：令 $\mathcal{D}^0 = \mathcal{F}^0, l^0 = l, u^0 = u, I_0 = \{0\}, k = 0$。

步骤 1：给定 $\mathcal{F}$ 的分区 $\{\mathcal{D}^i : i \in I_k\}$，使得

对于所有 $i \in I_k$，都有 $\mathcal{D}^i = \{x \in R^n : l^i \leq x \leq u^i\}$

使用选择策略来选择一个特定的子集 $I_k^* \subseteq I_k$。

步骤 2：使用分区策略分割每个子区间 $\mathcal{D}^h, h \in I_k^*$，由此生成 I_{k+1}。

步骤3：更新目前的分区 $\{\mathcal{D}^i: i \in I_{k+1}\}$。

步骤4：令 $k = k+1$，并且跳转至步骤1。

在每次迭代中，基于分区的算法 PBA 产生集合 $\mathcal{F}$ 的一个新的分区。为此，可以基于目标函数的信息，来选择待划分的超区间集合 I_k^*。

基于特定的选择和分区策略，多种多样的算法呈现出不同的理论性能和计算性能。在这方面，一个具有代表性的例子就是众所周知的划分矩形（Divide REC Tangles）算法[21]。

在产生的第 k 次迭代中，通过对前一次划分所形成的一组潜在的最优超矩形（Hyperrectangle）进行再次划分，将建立一个对 $\mathcal{F}$ 划分为超矩形的分区。通过超矩形本身的某种度量和其中心的 f 值来识别潜在的最佳超矩形。关于分区的细化将会一直继续下去，直到已经执行了预先规定数量的函数评估，或者满足了其他的停止条件。f 在最终分区的所有中心的最小值以及相应的中心，就是问题的近似解。

一旦定义了下列问题，DIRECT 算法就明确了：

（1）度量超矩形（尺寸）的方法。

（2）选择潜在最佳超矩形的方法（选择策略（Selection Strategy））。

（3）划分超矩形的方式（划分策略（Partitioning Strategy））。

在算法的原始版本中，超矩形的大小被设置为从其中心到顶点的距离 d，即超矩形直径的一半[21]。

关于划分策略，DIRECT 沿最长边的方向三等分来划分潜在的最优区间，如图 8.7 所示。参考文献[21]提出了一个基于目标函数值的规则，由此来在多个最长边中进行选择；该规则能够确保较小的函数值位于较大的超矩形中，根据下面描述的选择策略，这些超矩形在下一次迭代中将更有可能被分割。参考文献[20]中描述了一个更为简单的规则。

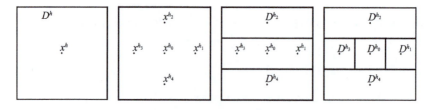

图 8.7　超矩形分区示例

假设，在选择策略中，超矩形 D^h（具有质心 x^h 和尺寸度量 d^h）被定义为潜

在最优,如果存在 $\alpha > 0$,则有

$$f(x^h) - \alpha d^h \leq f(x^i) - \alpha d^i \quad \forall D^i, i \in I_k \tag{8.9}$$

$$f(x^h) - \alpha d^h \leq f_{\min} - \varepsilon |f_{\min}| \tag{8.10}$$

式中:$f_{\min}$ 是到目前为止所找到的 f 的最小值,并且参数 ε 的取值是在算法开始执行时即设置的。关于选择标准式(8.9)和式(8.10)的图形解释可以给出,如图 8.8 所示。每个超矩形均通过一个带坐标 (d, f) 信息的黑点来表示;选择标准式(8.9)和式(8.10)要求在图中点的右下角凸包上选择超矩形。换而言之,根据超矩形的尺寸对其进行分组,并且在这些组中选择最佳的组(即具有最小的函数值)。由于这种方法通过根据中心-顶点距离(Center - Vertex Distance)对超矩形函数值进行加权,并且既包括小的超矩形,也包括大的超矩形,这种划分策略能够在局部搜索和全局搜索之间取得平衡。参数 ε 是为了防止过度局部搜索的保障措施[13];ε 越大,就越有可能排除具有非常好的函数值但尺寸相当小的超矩形;相反,如果 ε 较小,则算法将偏向于选择尺寸小的超矩形作为潜在的最优超矩形,从而迫使算法进行局部搜索。从这个意义上看,ε 可以解释为一个调谐参数(Tuning Parameter),以进一步控制局部和全局搜索之间的平衡[13]。

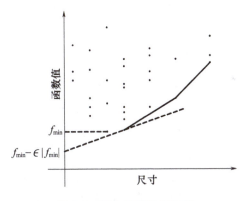

图 8.8　潜在的最优超矩形

在每次迭代中,DIRECT 算法直接在 $\mathcal{F}$ 上采样一组点,即关于域分区(Domain Partition)的一系列超矩形所对应的中心;算法的收敛则基于这样一个事实,即随着迭代次数趋于无穷大,采样点集在 $\mathcal{F}$ 中将处处变得稠密[21]。

基于分区的算法通常需要大量的函数评估来探索其可行集合(Feasible Set),因此,对于大多数基于仿真的全局优化问题来说,这种机理的算法可能是不能很好胜任的。这种内在的低效率,可以通过不同的方法来克服。例如,一种可能性是通过利用关于目标函数行为的任何先验信息,尽可能用划分策略适

应该问题,如参考文献[46]针对引力波检测问题所做的那样(详见8.2.4节中描述)。特别地,可以通过对可行域进行适当的离散化来获得这种信息,这种离散化称为"网格搜索"(Grid Search),这是天体物理学界对引力波探测的参考算法[3]。

上述离散化给出了"有希望的"点的网格G(图8.9),该网格包含关于目标函数行为的重要信息,但对其进行完全探索,还需要开展体量极其巨大的函数评估。参考文献[46]中提出的想法是利用网格信息,来驱动DIRECT的分区策略。

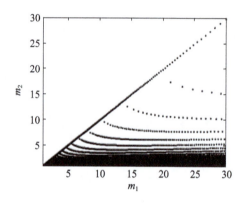

图8.9 质量空间(Space of the Masses)中的网格

通过观察可以发现,在DIRECT的某些迭代中,如果超矩形H_i和H_j具有相同的对径(Diameter),那么它们将会被划分在同一组,并且仅仅基于它们所对应的典型函数值表达,又会被相互区分开来。然而,鉴于在Ω中的G所包含点的分布存在高度不均匀性(图8.9),因此,可能会发生以下情况:

$$|G \cap H_i| \gg |G \cap H_j|$$

式中:$|A|$表示集合A的势。在这种情况下,如果代表函数值$f(c_i)$和$f(c_j)$很接近,那么,在下一次迭代中给予H_i更高的优先级,来开展进一步的研究和细分则似乎是合理的。这个简单的观察结果表明,在选择潜在的最佳超矩形时,算法还应该考虑落入其中的网格点的数量。由于选择标准是基于代表函数的取值和超矩形的尺寸,因此,在选择过程中体现网格驱动信息(Grid-Driven Information)最直接的方法是,调整修改超矩形尺寸的定义。具体而言,在选择标准式(8.9)和式(8.10)中,中心-顶点距离d在参考文献[46]中替换为

$$d^* := \begin{cases} |G \cap H|, & |G \cap H| > 1 \\ d, & 其他 \end{cases} \qquad (8.11)$$

值得注意的是,对于每一个超矩形,存在 $d^* \geq d$;特别地,对于那些满足 $d^* = d$ 的超矩形而言,结果是 $d^* < 1$(因为 $n = 2$)。

采用这种选择后,如果超矩形所包含的网格点的数量大于 1,那么将根据它们所包含的网格点的数量对超矩形进行分组;否则,将根据超矩形的对径长度进行分组。DIRECT 算法的这种改进型版本称为 DIRECT – G。

在图 8.10 中,我们给出了分别应用两种算法(DIRECT 和 DIRECT – G),经过 3000 次函数评估之后生成的点集,得出了关于问题式(8.6)的有关实例结果,问题式(8.6)具有最优解 $(\bar{m}_1, \bar{m}_2) = (1.4, 1.4)$。我们看到,通过对包含点非常少的区域 G,DIRECT 倾向于采用过采样(Oversample)方式,均匀覆盖可行域(图 8.9),因此 $F(x)$ 的可变性非常小。与此相反,DIRECT – G 强制分区策略遵循 G 中所包含点的空间分布,从而加快向最佳点收敛的速度。

对于不同测试问题的数值实验表明,DIRECT – G 在很大程度上优于 DIRECT 和网格搜索,后者是天体物理界的参考算法。特别地,DIRECR – G 在最棘手的测试问题上非常有效。

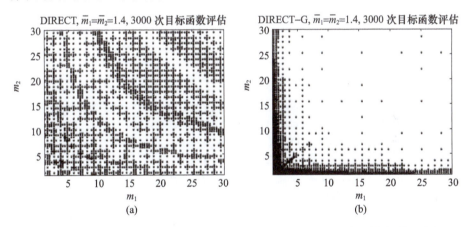

图 8.10 对于一个解为 $(\bar{m}_1, \bar{m}_2) = (1.4, 1.4)$ 的问题,在 3000 次目标函数评估后产生的可行点域,分别为两种算法运算得到的结果:DIRECT(a)和 DIRECT – G(b)

8.7 结　论

在这一章中,我们对 4 个来自现实世界不同领域的应用实例进行了探讨和改进完善,这些应用实例都提出了非常具有挑战性的、基于仿真的全局优化问题。相应地,为了应对好相关问题,我们借鉴参考文献所关注的重要方法类别,研究提出了 4 种特定的解决方案算法。在此过程中,我们确定了每个问题的一系列特殊属性,并将它们与解决方法的特征相匹配。总而言之,通过对 4 个案例的研究表明,针对特定应用所选用的算法越贴合问题,其处理结果在计算量和解决方案质量上将越令人满意。

参考文献

[1] Ali, M. M., Törn, A., Viitanen, S.: A numerical comparison of some modified controlled random search algorithms. J. Glob. Optim. 11, 377–385 (1997).

[2] Archetti, F., Schoen, F.: A survey on the global optimization problem: General theory and computational approaches. Ann. Oper. Res. 1(2), 87–110 (1984).

[3] Babak, S., Balasubramanian, R., Churches, D., Cokelaer, T., Sathyaprakash, B. S.: A template bank to search for gravitational waves from inspiralling compact binaries I: physical models. Classical Quantum Gravity 23, 5477–5504 (2006).

[4] Bertolazzi, P., Guerra, C., Liuzzi, G.: A global optimization algorithm for protein surface alignment. BMC Bioinf. 11, 488 (2010). doi:10.1186/1471–2105–11–488.

[5] Besl, P. J., McKay, N. D.: A method for registration of 3–d shapes. IEEE Trans. Pattern Anal. Mach. Intell. 14, 239–255 (1992).

[6] Blanchet, L., Rlyer, B., Wiseman, A. G.: Gravitational waveforms from inspiralling compact binaries to second–post–Newtonian order. Classical Quantum Gravity 13, 575–584 (1996).

[7] Brachetti, P., De Felice Ciccoli, M., Di Pillo, G., Lucidi, S.: A new version of the Price's algorithm for global optimization. J. Glob. Optim. 10, 165–184 (1997).

[8] Campana, E. F., Liuzzi, G., Lucidi, S., Peri, D., Piccialli, V., Pinto, A.: New global optimization methods for ship design problems. Optim. Eng. 10, 533–555 (2009).

[9] Cho, Z., Jones, J. P., Singh, M.: Foundations of Medical Imaging. Wiley, New York (1993).

[10] Chubar, O., Elleaume, P., Chavanne, J.: A 3d magnetostatics computer code for insertion devices. J. Synchrotron Radiat. 5, 481–484 (1998).

[11] Cirio, L., Lucidi, S., Parasiliti, F., Villani, M.: A global optimization approach for the synchronous motors design by finite element analysis. J. Appl. Electromagn. Mech. 16, 13–27 (2002).

[12] Elleaume, P., Chubar, O., Chavanne, J.: Computing 3d magnetic field from insertion devices. In: Proceedings of the PAC97 Conference, pp. 3509–3511 (1997).

[13] Gablonsky, J. M., Kelley, C. T.: A locally–biased form of the DIRECT algorithm. J. Glob. Optim. 21(1), 27–37 (2001).

[14] Garcia, I., Ortigosa, P. M., Casado, L. G., Herman, G. T., Matej, S.: Multidimensional optimization in image reconstruction from projections. In: Bomze, I. M., Csendes, T., Horst, R., Pardalos, P. (eds.) Developments in Global Optimization, pp. 289–300. Kluwer, Dordrecht (1997).

[15] Ge, R. P. : A filled function method for finding a global minimizer of a function of several variables. Math. Program. 46(1 – 3), 191 – 204 (1990).

[16] Ge, R. P., Qin, Y. : The globally convexized filled functions for global optimization. Appl. Math. Comput. 35(2), 131 – 158 (1990).

[17] Ge, R. P., Qin, Y. F. : A class of filled functions for finding global minimizers of a function of several variables. J. Optim. Theory Appl. 54(2), 241 – 252 (1987).

[18] Haacke, E. M., Brown, R. W., Thompson, M. R., Vankatesan, R. : Magnetic Resonance Imaging: Physical Principles and Sequence Design. Wiley, New York (1999).

[19] Hendrix, E., Ortigosa, P., Garcia, I. : On success rates for controlled random search. J. Glob. Optim. 21, 239 – 263 (2001).

[20] Jones, D. R. : DIRECT global optimization. In: Floudas, C. A., Pardalos, P. M. (eds.) Encyclopedia of Optimization, pp. 725 – 735. Springer, New York (2009).

[21] Jones, D. R., Perttunen, C. D., Stuckman, B. E. : Lipschitzian optimization without the Lipschitz constant. J. Optim. Theory Appl. 79(1), 157 – 181 (1993).

[22] Klepper, O., Rousse, D. I. : A procedure to reduce parameter uncertainty for complex models by comparison with real system output illustrated on a potato growth model. Agric. Syst. 36, 375 – 395 (1991).

[23] Liang, Z., Lauterbur, P. C. : Principles of Magnetic Resonance Imaging: A Signal Processing Approach. IEEE Press, New York (2000).

[24] Liu, X. : Finding global minima with a computable filled function. J. Glob. Optim. 19(2), 151 – 161 (2001).

[25] Liuzzi, G., Lucidi, S., Parasiliti, F., Villani, M. : Multi – objective optimization techniques for the design of induction motors. IEEE Trans. Magn. 39, 1261 – 1264 (2003).

[26] Liuzzi, G., Lucidi, S., Piccialli, V., Sotgiu, A. : A magnetic resonance device designed via global optimization techniques. Math. Program. 101(2), 339 – 364 (2004).

[27] Liuzzi, G., Lucidi, S., Piccialli, V. : A partition – based global optimization algorithm. J. Glob. Optim. 48, 113 – 128 (2010).

[28] Locatelli, M., Schoen, F. : Global Optimization: Theory, Algorithms, and Applications. MOS – SIAM Series on Optimization. SIAM, Philadelphia (2013).

[29] Lucidi, S., Piccialli, V. : New classes of globally convexized filled functions for global optimization. J. Glob. Optim. 24(2), 219 – 236 (2002).

[30] Lucidi, S., Piccioni, M. : Random tunneling by means of acceptance – rejection sampling for global optimization. J. Optim. Theory Appl. 62, 255 – 279 (1989).

[31] Lucidi, S., Sciandrone, M. : A derivative – free algorithm for bound constrained optimization. Comput. Optim. Appl. 21(2), 119 – 142 (2002).

[32] Milano, L., Barone, F., Milano, M. : Time domain amplitude and frequency detection of gravitational waves from coalescing binaries. Phys. Rev. D 55(8), 4537 – 4554 (1997).

[33] Mohanty, S. D. : Hierarchical search strategy for the detection of gravitational waves from coalescing binaries: extension to post – newtonian waveforms. Phys. Rev. D 57(2), 630 – 658 (1998).

[34] Mohanty, S. D., Dhurandhar, S. V. : Hierarchical search strategy for the detection of gravitational waves

from coalescing binaries. Phys. Rev. D 54(12), 7108 – 7128 (1996).

[35] Newman, J. N.:Marine Hydrodynamics. Wei Cheng Cultural Enteroprise Company, Taipei(1977).

[36] Nsakanda, A. L., Diaby, M., Price, W. L.:Hybrid genetic approach for solving large – scale capacitated cell formation problems with multiple routings. Eur. J. Oper. Res. 171(3), 1051 – 1070 (2006).

[37] Nsakanda, A. L., Price, W. L., Diaby, M., Gravel, M.:Ensuring population diversity in genetic algorithms:A technical note with application to the cell formation problem. Eur. J. Oper. Res. 178(2), 634 – 638 (2007).

[38] Owen, B. J.:Search templates for gravitational waves from inspiraling binaries:choice of template spacing. Phys. Rev. D 53(12), 6749 – 6761 (1996).

[39] Peri, D., Rossetti, M., Campana, E. F.:Design optimization of ship hulls via cfd techniques. J. Ship Res. 45(2), 140 – 149 (2001).

[40] Price, W. L.:A controlled random search procedure for global optimization. In:Dixon, L., Szego, G. (eds.) Towards Global Optimization, vol. [2] North – Holland, Amsterdam (1978).

[41] Price, W. L.:Global optimization algorithms for a CAD workstation. J. Optim. Theory Appl. 55, 133 – 146 (1983).

[42] Price, W. L., Woodhams, F.:Optimising accelerator for CAD workstations. IEEE Proc. Comput. Digit. Tech. 135(4), 214 – 221 (1988).

[43] Price, W. L.:Global optimization by controlled random search. J. Optim. Theory Appl. 40, 333 – 348 (1983).

[44] Rastrigin, L. A.:The convergence of the random search method in the extremal control of a many parameter system. Autom. Remote Control 24(10), 1337 – 1342 (1963).

[45] Schoen, F.:Stochastic techniques for global optimization:a survey of recent advances. J. Glob. Optim. 1(3), 207 – 228 (1991).

[46] Serafino, D., Liuzzi, G., Piccialli, V., Riccio, F., Toraldo, G.:A modified dividing rectangles algorithm for a problem in astrophysics. J. Optim. Theory Appl. 151(1), 175 – 190 (2011).

[47] Thorne, K. S.:Gravitational radiation. In:Hawking, S. W., Israel, W. (eds.) 300 Years of Gravitation, pp. 330 – 458. Cambridge University Press, Cambridge (1987).

[48] Törn, A., Ali, M., Viitanen, S.:Stochastic global optimization:Problem classes and solution techniques. J. Glob. Optim. 14, 437 – 447 (1999).

[49] Villani, M., Daidone, A., Parasiliti, F., Lucidi, S.:A new method for the design optimization of three – phase induction motors. IEEE Trans. Magn. 34, 2932 – 2935 (1998).

[50] Xu, Z., Huang, H. X., Pardalos, P. M., Xu, C. X.:Filled functions for unconstrained global optimization. J. Glob. Optim. 20(1), 49 – 65 (2001).

[51] Zhang, L. – S., Ng, C. – K., Li, D., Tian, W. – W.:A new filled function method for global optimization. J. Glob. Optim. 28(1), 17 – 43 (2004).

[52] Zinflou, A., Gagné, C., Gravel, M., Price, W. L.:Pareto memetic algorithm for multiple objective optimization with an industrial application. J. Heuristics 14(4), 313 – 333 (2008).

第 9 章

具有时变到达率特性的人员行程安排：仿真最优化应用

Mieke Defraeye, Inneke Van Nieuwenhuyse

9.1 简 介

在许多服务系统中，顾客到达率（Customer Arrival Rates）随时间而波动（如在一天或一周的过程中）：例如，急诊部门（Emergency Departments, ED）[46,79]和呼叫中心[27,53]，以及航站楼[54,71]、餐馆[14,39]和零售店[51,55]。以图 9.1 为例，它显示了比利时一家地区医院急诊病人的每小时到达率：从图中数据可以明显看出，该急诊在上午和下午早些时候面临高峰需求；需求在晚上 8 点之前保持相对较高的水平，之后在晚上会保持较低水平。如果不相应调整人员容量，需求高峰可能会导致等待时间大幅度增加。在具有需求随时间变化特征的服务系统中，实施适当的容量规划（Capacity Planning），是一种控制客户等待时间的自然而然的手段。

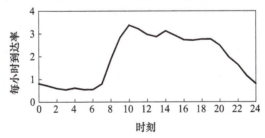

图 9.1 一家比利时急诊部门的时变到达率

Mieke Defraeye, Inneke Van Nieuwenhuyse，比利时鲁汶大学运营管理研究中心决策科学与信息管理学部。

Thompson[82]指出了服务系统中人员规划(Personnel Planning)管理所面临的两个方面的挑战:一是需要构建轮班时间表,以便他们以一种代价并不昂贵的方式来提供所需的服务质量;二是通过充分利用所有可用容量(Available Capacity)以实现服务性能的最大化[82]。因此,容量规划问题可以分解为两个部分[41]:其一,性能度量,旨在对给定人员日程安排的客户服务质量进行定量化表达(等待时间、排队长度、放弃率);其二,实际的容量优化(Capacity Optimization),指的是在一系列(潜在大量的)备选方案中,搜索确定令人满意的时间安排方式。

本章探索了离散事件仿真(Discrete-Event Simulation)在处理诸如 $M(t)/G/s(t)+G$ 形式的服务系统容量优化方面的机遇,这类系统具有耗尽式服务策略(Exhaustive Service Policy)(即如果在服务器计划下班时,有关服务仍在运行,那么服务器将采用超时工作的方式)。$M(t)/G/s(t)+G$ 队列代表一个系统,该类系统的特点为:具有时变的泊松到达($M(t)$)、通用的服务时间分布(第一个 G)、时变的容量水平($s(t)$),以及客户放弃情况遵循通用分布(最后一个 G),这些都遵循肯德尔符号表示(Kendall Notation)[52]。这一系统假设(将在 9.2 节中进一步详细讨论)确保该设置具有高度的真实性,因此与许多现实生活中的设置密切相关。此外,在 9.3 节中,我们将详细讨论离散事件仿真是唯一允许在这种情况下能够准确估计系统性能的方法,因此,将其嵌入到优化框架的这种做法,将会是特别具有吸引力的。在 9.4 节中,我们讨论了两种方法(快速两步启发式方法(Fast Two-Step Heuristic Method)和更复杂的分支定界方法(Branch-and-Bound Method)),这两种方法在时间范围内,按照满足预定义的客户服务水平,搜索成本代价最小的调度计划。在 9.5 节中,根据最终解决方案所涉及的转移成本(Shift Cost)以及运行算法至完成所需要的仿真模拟次数,对上述两种方法进行了对比分析。启发式方法通常产生接近于估计最优值的解(由分支定界法产生最优值估计解);此外,分支定界法通常只需要很少的计算量,就可以改进这些问题。另外,我们检查了这些方法在仿真模型中使用时,对于重复次数(Number of Replications)的敏感性。9.6 节总结了开展进一步研究所面临的机遇。

9.2 问题设置和符号表示

考虑一个单阶段多服务器服务系统(Single-Stage Multiserver Service System),如图 9.2 所示。当前时间表示为 t,变化范围为从 0 到时间界限(Time Horizon)T(即服务系统的开放时间)。顾客到达系统的情况,遵循一个随时间变化的泊松分布 $\lambda(t)$。假设到达率(Arrival Rate)遵循一个重复的(因此,是可预测的)模式。那么,到达曲线的形状通常被视为三峰、双峰或单峰[8,33,81]:即到达模式将显示为每天三个峰值(如餐馆),每天两个峰值(如在交通收费站),或每天一个峰值。到达过程的泊松假设(Poisson Assumption)是建立在经验观测基础上的[9,35]。另外,作为备选方案,我们也可以将到达率建模描述为分段常数函数。从相关研究文献来看,当现实的数据基于累积偏差(Aggregated Basis)是可用时(如每小时或每半小时)[3,35,46],通常采用这种处理方式。

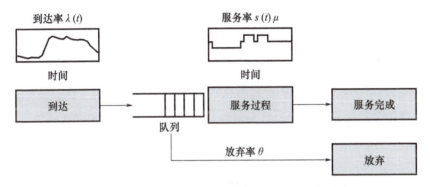

图 9.2 具有时变需求的单级排队系统的示意图

客户的耐心是有限的,他们可能会选择离开服务等待队列。这种行为通常称为放弃(Abandonment, AB)[17],主要是由长时间的等待造成的(如参考文献[50]中显示,在急诊科,几乎 77% 的未经治疗的患者表示,他们是因为长时间的等待而放弃的)。在呼叫中心和急诊部门中,放弃现象也十分普遍。尽管放弃是应该避免的,但是放弃会减少服务系统的负荷,这又往往会产生稳定的效果[36,88]。我们假设每个离开服务系统的客户都是"损失"(Lost)。假设每台服务器的服务率和放弃率分别为 μ、θ,那么服务流程和放弃流程将均遵循某种通用分布。在以往的研究中,通常假设服务和放弃均遵循指数分布[28,43,91]。这一假设将有可能帮助研究人员通过分析模型(如排队模型)评估客户的等待时间。然而,非指数分布在实践中似乎更常见:例如,参考文献[9,12]分别对于对数正态分布(Lognormal Distributions)和埃尔兰分布(Erlang Distributions)进行了研究分析(两篇文章都以呼叫中心作为研究背景)。

仅允许在固定的时间点对可用容量进行改变。容量保持恒定不变的时间间隔,称为人员配备时间间隔(Staffing Intervals),其长度表示为 Δ_s。在观察到的时间界限内,存在 I_S 个人员配备时间间隔,表示为 $\boldsymbol{I}_S = \{1,\cdots,I_S\}$,包含各个人员配备时间间隔的下标。我们假设服务策略是耗尽型(Exhaustive)的,也就是说,当服务提供者被安排离开时(如因为轮班结束),那么他/她在离开之前,应该完成其正在进行的服务任务(如果存在的话),因此,如果需要,他/她将会加班完成。这种类型的政策与许多现实生活中的客户服务系统密切相关。然而,在先前的参考文献中,经常隐含地假设一种先发制人式的服务策略(pre-Emptive Service Policy),即当服务提供者被安排离开岗位时,处于服务过程中的客户将被安排重新加入到服务队列。例如,参考文献[40]中所展示的场景,如果忽略耗尽型策略,将可能导致预估等待时间的严重偏差(尤其是在服务器数量频繁变化,并且服务所需时间较长的情况下)。

系统中的客户将按照"先进先出"(First-In, First-Out)的原则进行处理。我们定义 $W(t)$,即顾客在 t 点到达时所将经历的等待时间;同时,假设其最大可以接受的等待时间为 τ。那么,过度等待的概率为 $\Pr(W(t)>\tau)$。进而,对于任何给定时间 t 的客户服务质量(Quality of Service, QoS),提供一种度量方法(请注意,过度等待的概率将作为客户服务水平的补充[27, 36]。我们要求这一概率始终不高于用户所定义的目标值 α,即

$$\Pr(W(t)>\tau) \leq \alpha, \forall t \in [0, T] \tag{9.1}$$

通过这种方式,我们可以得到确保所有客户的最低服务质量(QoS)水平度量,而不必考虑他们的到达时间。先前的参考文献通常将研究重点集中于时变延迟概率(Time-Varying Delay Probability)[25, 35],将此作为度量标准,有可能在许多服务系统的应用中会显得过于粗略,因为它并没有考虑等待时间的长度(通常情况下,短的等待时间是可以接受的)。因此,过度等待的概率往往会更加相关。

在本章中,我们对比分析了两种方法,这两种方法清楚地显示了如何将仿真和优化成功地结合起来,用于处理具有时变服务需求的排班问题。我们解决了一个具有随机性能约束的排班问题(由式(9.1)给出)。我们假设存在 K 个符合条件的轮班类型(Shift Type,这些均假设已提前知道)。每种轮班类型都指定了工作轮班的开始时间、持续时间和轮班内的休息时间。轮班向量 $w = \{w(1),\cdots,w(K)\}$ 定义了给每种轮班类型所分配的工人数量。c_w 代表最终形成的轮班成本(以工时表示)。在此基础上,我们针对(随机)服务水平约束条件,对排班问题进行处理:

$$\min c_w = \sum_{i_S=1}^{I_S} \sum_{j=1}^{K} a(j,i_S) w(j) \qquad (9.2)$$

$$\text{s.t.} \ \Pr(W(t) > \tau) \leq \alpha, \forall t \in [0,T]$$

$$w(j) \geq 0 \text{ 且是整数}, \forall j = 1, \cdots, K$$

式中:$a(j,i_S)$ 表示轮班说明矩阵(Shift Specification Matrix,SSM) A 的元素。如果时间间隔 i_S 是处在轮班周期 j 中的有效区间,则变量 $a(j,i_S)$ 等于 1;否则,$a(j,i_S)$ 等于 0。

请注意,这里研究的系统所给出的假设是:客户和服务器都是同质的(即客户类只有一个,所有服务器的性能也都是一样的[27])。这实际上仍然是对现实情况的简化处理:在现实生活中,服务系统通常以客户和/或服务器的异构性为特征(如在一个急诊部门中,并不是所有的客户都具有相同的优先级或服务需求;同时,也并非所有服务提供者都具有相同的技能)。此外,系统只考虑了单个服务步骤;而实际上,许多服务系统均是由服务步骤网络(Network of Service Steps)来构成的。

9.3 性能度量和容量规划的含义

性能度量(Performance Measurement)规定了在任意给定的轮班或调度方案下如何评估时间依赖型的客户服务质量。目前已经提出了许多方法来评估具有时变需求的系统性能;表 9.1 给出了简要总结。对于每种方法,该表表明我们找到的文章是否考虑了放弃、使用服务和/或放弃过程的通用分布,以及耗尽型服务策略(Exhaustive Service Policy,EXH)等情况,这些是我们开展系统研究的主要假设。此外,表 9.1 还指出了该方法是否可以应用于具有异构客户或服务器(Heterogeneous,HE)以及处理步骤网络的系统(Network of Process Steps,N)。

表9.1 具有时变到率的队列中的性能评估

方法	关键参考文献	AB	G	EXH	HE	N
平稳近似法	[20,36,89]	×	×		×	×
常微分方程的数值积分法 (Numerical Integration of ODE)	[31,42,54]					
随机化方法 (Randomization Approach)	[16,40]	×	×	×		

续表

方法	关键参考文献	AB	G	EXH	HE	N
闭合近似法（Closure Approximation）	[15,74,78,80]		×		×*	×*
离散时间建模法（Discrete-Time Modeling, DTM）	[13,83-84,90]	×	×			
流体和扩散近似法（Fluid and Diffusion Approximation）	[2,49,60,64,66,68-70,77,87]	×	×		×	×
离散事件仿真	[5-6,11,26,56]	×	×	×	×	×

注：×* 仅适用于无限服务器队列。

平稳近似法（Stationary Approximations, SA）几乎是目前最流行的方法。这些方法将时间范围划分为更小的区间，并通过一系列平稳排队模型（Stationary Queueing Models）来逼近非平稳系统。存在许多平稳近似法，如逐点平稳逼近法（Pointwise Stationary Approximation, PSA）[29-30,34,85]、平稳独立逐周期逼近法（Stationary Independent Period-by-Period Approach, SIPP）[32]和修正的提供负载逼近法（Modified Offered Load Approximation, MOL）[19,25,47-48,58,72-73]；更多参考文献请参见[20,36,89]的综述论文。从理论上看，若假设所对应的平稳模型是可以被评估的这一前提成立，那么，平稳近似则可以应用于任何非平稳模型。然而，当偏离典型假设时（如指数分布的服务和放弃时间），静态模型却通常难以求解，需要使用近似值（如参考文献[86]和[44]取 $M/G/s(t)+G$ 队列的性能指标的近似）。此外，将问题分解为几个静态模型，意味着静态模型被隐含地假定为独立的。随着服务时间的增加，这一假设将趋向于越来越不成立[32]。最后，平稳近似法（SA）无法考虑耗尽型服务策略对性能可能产生的影响。

常微分方程（Ordinary Differential Equation, ODE）的数值积分（Numerical Integration）特别不适合我们的系统类型，这是因为它不能考虑到可能出现的放弃服务或者耗尽型的服务策略。该方法通常假设服务时间呈指数分布。

此外，参考文献[42,45]表明，即使对于 $M(t)/M/s(t)$ 队列，随机化方法也优于常微分方程的数值积分，因为它产生类似的精度，并且所需的计算量显著减少。Creemers 等[16]提出的随机化方法，通过使用相位型分布近似 $G(t)/G(t)/s(t)+G(t)$ 队列，将 Ingolfsson[40]的方法扩展到通常的具有到达、服务和放弃时间以及耗尽型服务策略的非平稳队列。他们报告说，可能需要较长的计算时间来实现准确的性能估计，特别是如果服务和放弃过程不是泊松分布的情况。闭合近似法[15,74,78,80]通过有限数量的方程(例如,参考文献[78]中采用的2个或参考文献[15]中采用的5个)来近似(无限)微分方程组,因此,它们称为"闭合"微分方程组。我们没有找到应对具有有限数量服务器网络的相关文章(尽管参考文献[74]将该方法应用于 $Ph(t)/Ph(t)/\infty$ 个队列的多类型网络)。然而,闭合近似法实现起来很麻烦,并且在精度和计算速度方面通常被其他方法"碾压"[42]。离散时间建模方法考虑了一般服务时间(更多内容请详见文献[84,90]),但需要较长的计算时间[45]。据我们所知,目前所有的离散时间建模方法相关论文所研究的系统均为容量水平随时间保持不变的系统。

流体模型(Fluid Model)往往更适用于服务器多、流量强度高的系统;如果系统负载不足,它们就可能无法准确地捕捉系统动态特性[2,4,49]。在以前的相关文献中,已经对流体模型进行了较为严格的研究(关于指数型的服务和/或放弃时间的流体近似模型,可以在参考文献[49,64,67-70,77]中找到;在参考文献[59-63,67,87]中,可以找到关于通用的服务/放弃时间的模型,提供适用于有关服务网络的模型)。

离散事件仿真是一种广泛采用的方法;它能够模拟超出解析和数值方法能力的复杂性。这尤其适用于本章研究的 $M(t)/G/s(t)+G$ 队列,对于该队列问题不存在具有封闭形式的结果。关于离散事件仿真的综合教科书,我们可以参考文献[56];关于模拟优化方法的综述,可以在参考文献[5-6,11,26]中找到。在参考文献[3,7,21,25,46,79,92]中,提出了针对非平稳到达系统的仿真优化方法。一些作者提出了依赖于通用仿真模型(General Simulation Model)的优化方法(如参考文献[7,21,25]),而另一些作者将特定于上下文的仿真模型,嵌入优化框架中(如参考文献[3,46,79]侧重于处理急诊部的问题,参考文献[92]则针对长期护理中的床位容量规划问题)。

针对指定的人员调度安排问题,表 9.1 中列出的性能评估(Performance Evalvation)方法提供了对服务质量进行评估的方法;从另一方面来看,容量规划定义了如何在潜在的大的解决方案空间中找到性能良好的人员配置解决方案。如果指定了某些随机性能约束(如目标服务级别),容量优化将通常使用迭代方法。在 9.3 节中描述的任何性能评估方法,均可应用于迭代容量优化算法(详见参考文献[43],他们对 $M(t)/M/s(t)$ 队列使用随机优化方法)。目前,离散事件仿真显然是分析现实系统的首选方法,因为它在模型假设方面具有很大的灵活性。虽然参考文献[16]所讨论的随机化方法涵盖了该类系统研究中可能涉及的所有复杂性问题,但研究发现,其准确性是变化的(取决于服务和放弃分布的变化系数的平方)。此外,较长的计算时间,导致该方法在迭代优化算法中并不太实用。

9.4 方法论

我们从仿真模型的描述开始(9.4.1节),该模型用于评估问题式(9.2)中机会约束的可行性。9.4.2节描述了一种快速启发式方法(Fast Heuristic),该方法将问题分解为两个阶段:首先选择满足性能约束的人员需求(第一步),然后根据这些人员需求调整轮班时间表(第二步)。在9.4.3节中,我们描述了一种分支定界方法(Branch-and-Bound Approach),该方法进一步改进了启发式方法处理得到的求解,以获得估计的最优解。

9.4.1 性能评估

过度等待的概率,定义为 $\Pr(W(t)>\tau)$,通过对虚拟等待时间(Virtual Waiting Times)进行仿真建模从而度量得到。由于 t 时刻之前到达的所有客户都已得到了服务[37,57,65],为此,虚拟等待时间对应于 t 和(预定的)服务器最早开机时间之间的时间段:

$$W(t) = \min\{w : (N^t(t+w) \leq s(t+w) - 1) \wedge (w \geq 0)\} \quad (9.3)$$

式中:$s(t+w)$ 表示时刻 $t+w$ 时的容量,$N^t(t+w)$ 表示时刻 t 前到达且时刻 $t+w$ 时仍在系统中的客户数量。请注意,虚拟等待时间是在特定时刻测量的(与观察等待时间相反,观察等待时间是在一个时间间隔内测量的)。虚拟等待时间分布可以通过仿真直接进行度量。在 r 次重复中,在任意时刻 $t \in t_p$,向系统中插入一个虚拟(假想设定的)客户,使得虚拟等待时间 $W_r(t)$ 等于该虚拟客户进入服务的时间。令 R 代表仿真运行中的重复的总次数;将 $\delta_r(t)$ 定义为表示虚拟等待时间是否超过目标 τ 的二进制变量,那么,对于给定的时刻 t 和重复次数 r,有

$$\delta_r(t) = \begin{cases} 1, & W_r(t) > \tau \\ 0, & \text{其他} \end{cases}$$

由此,在时刻 t,过度等待的概率估计公式为

$$\Pr(W(t) > \tau) = \frac{1}{R} \sum_{r=1}^{R} \delta_r(t) \quad (9.4)$$

9.4.2 启发式方法：两步顺序法

绝大多数关于排班调度的文献都假定最低的人员要求是预先知道的。因此，可以找到可行的解决方案（但不一定是最优的）来搜索所需要的最小容量（即忽略轮班限制），并将这些最小人员需求插入传统的排班调度算法中。尽管这种分解方案产生了启发式的解决方案，但在人员配备步骤中（便捷地）考虑了随机性能约束，使得排班成为一个确定性的问题。由于人员配备和调度问题是以顺序的方式解决的，我们将这种方法称为两步启发式（Two-Step Heuristic）算法。

由于在时间范围内的任何时刻 t 都满足表达式(9.1)中的性能约束，因此最低人员配置要求问题实现了总人员配置成本(c_S，以工时表示)的最小化：

$$\begin{aligned} & \min c_S \\ & \text{s. t. } \Pr(W(t) > \tau) \leq \alpha, \forall t \in [0, T] \\ & s(i_S) \geq 0, \text{且是整数}, \forall i_S \in I_S \end{aligned} \quad (9.5)$$

式中：人员配置向量(Staffing Vector) s 指定了在每个人员配备间隔期间 i_S 内所需要的可用容量为 $s(i_S)$；人员配备成本 c_S 代表与 s 相对应的总工时数。

我们运用 ISA(τ) 启发式算法[21]对问题式(9.5)进行求解。这种仿真优化启发式算法确定了满足性能目标所需要的最小容量。这样做将不会考虑轮班限制。在 ISA(τ) 中，根据估计得到的客户服务质量，人员配置向量将被反复调整改进（图9.3）。对应于给定人员配置解决方案的过度等待的概率，使用离散事件仿真模型来进行估计。过度等待的实现概率 $\Pr(W(t) > \tau)$ 与目标 α 之间的偏差，用来调整改变人员配置函数。在每一个人员配置调整间隔中，我们将人员配置向量乘以一个放大系数：与目标的偏差越大，容量级别的变化就越大。ISA(τ) 方法受费尔德曼等的迭代人员配置算法(Iterative Staffing Algorithm, ISA)启发[25]，这是一种极具前景的基于仿真的算法，用于确定人员配备要求（考虑到稳定延迟概率）。

在第 2 阶段中，构建满足轮班约束的人员时间表（图9.3）。排班算法以最低的人员需求作为给定的输入。我们应用传统的最小成本轮班问题，如 Dantzig[18]所建议的（更复杂的模型可以在参考文献[10,76]中找到；详见参考文献[23-24]，可获得更多的综述和参考书目）：

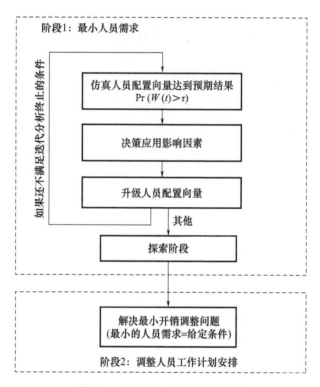

图 9.3　两步启发式方法的示意图

$$\min c_w$$
$$\text{s.t.} \sum_{j=1}^{K} a(j,i_S)w(j) \geq s(i_S), \forall i_S \in I_S \quad (9.6)$$
$$w(j) \geq 0,且是整数, \forall j=1,\cdots,K$$

两步方法是一种启发式方法：人员配备问题和排班问题的严格分离，可能会产生次优解决方案（不同的人员配备解决方案可能会产生不同的排班解决方案，尽管它们都是可行的，但成本差异可能很大）。为了评估这一缺点对于解决方案质量的影响程度，我们将启发式算法与一个估计的最优排班进行比较，这是通过下一节讨论的分支定界方法找到的。

9.4.3　分支定界法

通过运用基于仿真的分支定界算法，在参考文献[22]中提出的分支定界算法，改进了上述启发式解决方案。该算法包括一个枚举搜索过程，目标是开放

时间有限的 $M(t)/G/s(t)+G$ 系统和一个耗尽式服务策略。构建一个搜索树，其中每个节点代表一个人员配置向量。图9.4显示了三个人员配置迭代间隔的树形结构。树中的每个节点代表一个人员配置向量 s，并带有相应的人员配备成本 c_S。树的根节点被初始化为下限 s^{LB}（至少在一个区间内容量小于 s^{LB} 的人员配置向量是不可行的，它们不需要在搜索树中考虑）。从根节点开始，s 在整个搜索树中增加。树中的每一级都用它的深度 $d=0,\cdots,I_S$ 来表示（$d=0$ 代表根节点的深度）。通过向给定的人员配备间隔添加容量，可以从父节点生成子节点；其他时间间隔中的人员配备级别与父节点中的人员配备级别相同。在整个算法中，存储目前为止找到的最好的（可行的）轮班向量（w^*，轮班成本为 c_w^*）。

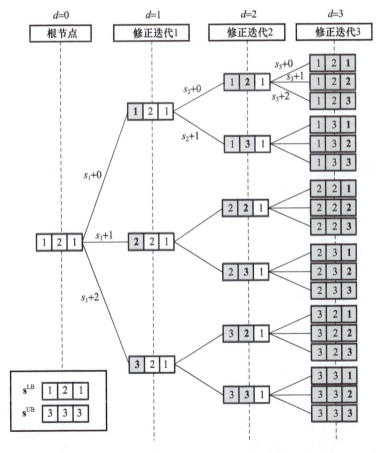

图9.4 分支定界法中树结构的图示

如图 9.5 所示,考虑到仿真次数的限制,每个节点都以逐步(step-wise)的方式进行探索,并确定解空间中不能包含最优解的区域。对于每个节点(或人员配置向量)来说,从问题式(9.6)中得出相应的轮班向量;这仅针对 $c_S < c_w^*$ 的节点进行处理。仅当解决方案能够在成本方面改进最优值时(即如果 $c_S < c_w^*$),除非我们从以前的仿真中知道该解决方案是由于它在给定的时间段内无法提供充足的处理容量,而导致不可行的。在这种情况下,通过仿真对性能约束进行检查,则是多余的(更多细节信息,请见参考文献[22])。离散事件仿真的使用意味着我们对机会约束进行预测,是具备可行性的。虽然降低仿真模型的准确性(通过减少每次仿真运行的重复次数),只会在有限的程度上影响最佳成本,但所涉及的性能约束(参见 9.5 节)可能将不再满足。

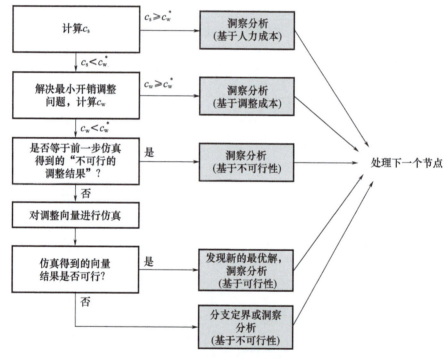

图 9.5　分支定界法中节点探索的示意图

分支定界算法需要一个初始可行解(Initial Feasible Solution);虽然我们在这里使用算法来对从两步法中所获得的启发式解进行改进,但是也可以插入其他初始可行解。如参考文献[22]所示,该算法在小规模系统中成功地运用有限的计算量,找到了估计的最优值(平均提供负载(Offered Load),$\bar{\lambda}/\mu$ 变化范围为 5~15)。

9.5 数值结果

我们评估启发式方法(即两步方法,见 9.4.2 小节)与估计获得的最佳值(通过分支定界算法获得,见 9.4.3 小节)之间差异性的不同程度。此外,我们还研究了重复次数如何影响轮班成本和仿真优化算法中所需的仿真次数。

测试集通过改变表 9.6 中的参数来构建,其由 972 个实例组成。我们假设服务系统每天开放 12h($T=12$),并且所有到达率都遵循正弦模式,每天有两个峰值,在平均速率 $\bar{\lambda}$ 附近波动:

$$\lambda(t) = \bar{\lambda}\left(1 + 0.5\sin\left(\frac{2\pi t}{12}\right)\right) \quad (9.7)$$

测试集包括平均到达率、服务分布和放弃率、性能目标、最大允许等待时间和人员配备间隔长度的不同设置(详见表 9.6)。我们的数值实验中,假设到达过程遵循非平稳泊松分布;由于性能是通过仿真来评估的,因此可以使用任何的通用到达过程。对每次仿真运行的少量重复(即参考文献[7]中建议的 100 次)和大量重复(2500 次,如参考文献[21]中建议的)进行实验,以评估该参数对于预估的最优解和计算速度的影响。我们使用与参考文献[22]相同的轮班设置:轮班时长为 4h、6h 或 8h,其中还可能包括 1h 的休息时间。这就产生了一套 $\Delta_S=240$min 的 5 轮班制,一套 $\Delta_S=120$min 的 12 轮班制,一套 $\Delta_S=60$min 的 45 轮班制(轮班设置见本章附录)。在我们的实验中,每次轮班结束时,耗尽式服务策略可能会导致超时(表 9.2)。

表 9.2 实验设置

参数	参数值
服务率(客户人数/h)	{1,2,4}
提供负载	{5,10,15}
放弃率(客户人数/h)	{0,μ}
最大等待时间 τ/min	{0,10,20}
服务和放弃时间的平方系数	{0.5,1,2}
人员配备间隔 Δ_S/min	{240,120,60}
性能区间 Δ_p/min	5
每次仿真的重复次数 R	{100,2500}
目标 α	{0.2}

(1)两步启发式对比分支定界法。表9.3给出了分支定界算法的主要结果,对应于不同的人员配备间隔长度设置和 $R=2500$。图9.6用图形表示了 $R=2500$ 下的分支定界法的性能;每个单元格显示了测试集中需要给定仿真数量的问题实例的百分比;同时探索分支定界树(即每一行)以及与在此过程中实现的初始可行解决方案相比所带来的成本降低效果(即每一列)。较高的百分比用较暗的阴影表示。回想一下可知,启发式方法是分支定界方法的初始解。因此,图9.6和表9.3阐明了两步启发式方法和分支定界方法在最优轮班成本和计算量方面的差异。

表9.3 分支定界算法结果,包含所有设置:人员配备区间长度 Δ_S(总),分隔值 Δ_S(240,120,60)和 $R=2500$

项目	总计(所有 Δ_S 的值)	$\Delta_S=240$	$\Delta_S=120$	$\Delta_S=60$
解决最优性	87.9%	100.0%	100.0%	63.6%
解决最优以及在5%以内的初始解	49.8%	46.9%	60.5%	42.0%
解决最优性和最初最优解	5.1%	6.8%	5.6%	3.1%
先验性能区域(仿真次数>1000,改进小于或等于10%)	18.1%	0.0%	0.0%	54.3%

成本改进情况(关于初始解决方案)

仿真次数(分支定界树)	0	[0,0.05]	[0.05,0.1]	[0.1,0.15]	[0.15,0.2]	>0.2	
25000	0.00%	5.56%	5.76%	0.82%	0.00%	0.00%	12.14%
[10000,24999]	0.00%	0.82%	1.23%	0.00%	0.00%	0.00%	2.06%
[1000,10000]	0.41%	2.26%	2.06%	0.21%	0.00%	0.00%	4.94%
[100,1000]	0.00%	3.29%	2.88%	0.00%	0.00%	0.00%	6.17%
[10,100]	0.62%	8.23%	4.32%	0.00%	0.00%	0.00%	13.17%
[1,10]	0.21%	12.55%	5.35%	1.44%	0.00%	0.00%	19.55%
[0,1]	1.03%	17.49%	11.73%	8.02%	0.82%	0.00%	39.09%
0	2.88%	0.00%	0.00%	0.00%	0.00%	0.00%	2.88%
	5.14%	50.21%	33.33%	10.49%	0.82%	0.00%	100.00%

图9.6 分支定界算法的仿真次数和初始解的改进比例($R=2500$)

如果在25000次仿真后仍然没有找到预测的最优解,那么分支定界算法将予以终止(在这种情况下,我们不能保证截至终止状态所找到的最优解,确实是预测的最优解)。图9.6中的最上面一行包含了无法求解到最优的实例;12.14%的情况就是如此。人员配备间隔长度在这里起着关键作用。表9.3揭示了在25000次仿真运行内,$\Delta_S=60$ 并不总能得到最优解(尽管可以实现10%~15%的成本降低)。启发式方法仅在5.1%的情况下是最优的(这意味着初始解并不能被改进)。在大约50%的情况下,启发式解位于最优解的5%以内。鉴于此,我们可以得出结论:在许多情况下,启发式方法提供了一个足够接近最优解的解。

只有在可以用有限的额外计算时间找到最优解的情况下,或者与启发式解法相比可以实现实质性改进的情况下,搜索估计的最优解才是值得的。图9.6表明,进一步改进启发式解决方案——或验证其最优性——通常只需要很少的额外仿真。我们在分支定界算法中定义了区域代表"较差的性能"(图9.6中用粗线框标出):它包含需要在分支定界树中进行1000次以上仿真的实例,并且该算法未能成功实现至少10%的成本降低。总之,测试集中有18%的实例属于这个区域(均具备$\Delta_S=60$)。

类似的结果适用于$R=100$,如图9.7和表9.4所示。虽然限制重复次数会减少每次仿真运行的计算时间,但算法找到的估计最优值可能是不可行的,因为机会约束的估计不太准确(我们将在下一节对此进行更详细的探讨)。

仿真次数（分支定界树）	成本改进情况(关于初始解决方案)						
	0	[0,0.05]	[0.05,0.1]	[0.1,0.15]	[0.15,0.2]	>0.2	
25000	0.00%	5.35%	5.14%	0.21%	0.00%	0.00%	10.70%
[10000,24999]	0.00%	0.41%	0.82%	0.00%	0.00%	0.00%	1.23%
[1000,10000]	0.00%	2.06%	2.26%	0.41%	0.00%	0.00%	4.73%
[100,1000]	0.21%	3.70%	1.85%	0.21%	0.00%	0.00%	5.97%
[10,100]	0.21%	8.02%	5.56%	0.41%	0.00%	0.00%	14.20%
[1,10]	1.03%	13.99%	7.61%	1.03%	0.00%	0.00%	23.66%
[0,1]	1.65%	16.26%	12.96%	4.94%	0.21%	0.00%	36.01%
0	3.50%	0.00%	0.00%	0.00%	0.00%	0.00%	3.50%
	6.58%	49.79%	36.21%	7.20%	0.21%	0.00%	100.00%

图9.7 分支定界算法中执行的仿真次数与初始解的改进百分比($R=100$)

表9.4 分支定界算法结果,包含所有设置:人员配备区间长度Δ_S(总),分隔值$\Delta_S(240,120,60)$和$R=100$

项目	总计(所有Δ_S的值)	$\Delta_S=240$	$\Delta_S=120$	$\Delta_S=60$
解决最优性	89.3%	100.0%	100.0%	67.9%
解决最优以及在5%以内的初始解	51.0%	50.6%	61.7%	40.7%
解决最优性和最初最优解	6.6%	11.7%	6.8%	1.2%
先验性能区域(仿真次数>1000,改进小于或等于10%)	16.0%	0.0%	0.0%	48.1%

(2)重复次数的影响。在基于仿真的优化中,仿真性能的精确度/不精确度

可能会影响算法返回的解。分支定界法对于机会约束条件下的可行性估计误差,可能会格外敏感:解空间的一大部分会根据性能估计进行裁剪,因此不准确的估计可能会产生很大的影响,并导致算法错过最佳值。我们对 $R=100$ 和 $R=2500$ 的情况进行对比,从而评估重复次数(以及精度)对于优化过程产生的影响程度。

当在仿真模型中使用 100 次与 2500 次重复时,我们考虑了运行启发式或分支定界算法到完成所需的仿真次数的差异:

$$\Delta \text{SIM} \equiv |\text{SIM}(R=100) - \text{SIM}(R=2500)| \tag{9.8}$$

我们定义了两步启发式或分支定界法的成本差异(百分比):

$$\Delta c_w^* \equiv \frac{|c_w^*(R=100) - c_w^*(R=2500)|}{c_w^*(R=100)} \tag{9.9}$$

表 9.5 显示了仿真的次数在启发式方法中不受影响,但是在分支定界方法中却可能存在很大的不同。这意味着计算工作量(就仿真数量而言)显示了很高的可变性,这取决于所使用的重复次数。相比之下,运算开销的差异就不那么明显了:增加的重复次数对于最终解决方案的成本影响有限。在启发式(最优)方法中,使用少量的重复次数产生的 c_w^* 与平均值相差 2.3%(2%)。如果这种偏差是可接受的,那么 $R=100$ 是优先选择的,因为它所要求的每次仿真运行的计算时间显著减少。然而,我们发现在 33.7% 的实例中,用 $R=100$ 获得的最终解似乎不能用于 $R=2500$ 的评估。虽然通常只在有限数量的性能间隔内违背性能约束,但这表明在严格性能约束的设置中,R 应该很大。

表 9.5 最优解对重复次数的敏感性

参数	两步启发式方法		分支定界算法	
	Δc_w^*	ΔSIM	Δc_w^*	ΔSIM
Min	0.0%	0	0.0%	0
$P_{0.05}$	0.0%	0	0.0%	0
Med	1.8%	2	1.4%	1
$P_{0.95}$	6.9%	6	6.4%	6215
Max	15.4%	12	13.3%	24958
Avg	2.3%	2	2.0%	807

对于分支定界法,我们在每个时间点测量了 $\Pr(W(t) > \tau)$ 附近的置信区间。置信区间通过二项式比例(参考文献[1,75])的威尔逊置信区间(Wilson

Score Interval)确定,替代方法详见参考文献[38])。对于 $R=100$,时间平均下的置信区间(CI)半宽度(Half Width)平均在 0.032~0.062。重复次数越多,半宽度越小;如果 $R=2500$,则半宽度平均在 0.005~0.012。

9.6 结 论

在本章中,我们讨论了客户具有时变到达模式下系统的容量规划这一难题。离散事件仿真被证明是在这种情况下测量时变服务质量最具吸引力的方法,特别是当考虑到其他客观存在的、现实中的系统特征时(如客户放弃、服务和放弃过程的通用分布以及耗尽式轮班终止策略等)。针对需求时变的排班问题,我们提出了两步启发式算法和分支定界法。数值实验的结果证实,启发式算法通常会产生良好的调度计划(如果需要,可以使用分支定界算法实现进一步的改进)。

分支定界算法的一个缺点在于,它只能应用于开放时间有限的系统(这是因为它采用了洞察规则(Fathoming Rule));启发式方法也适用于连续操作系统。令人惊讶的是,在我们的计算实验中,仿真模型的重复次数通常对于最优成本并没有很大影响。然而,精确地估计机会约束(Chance Constraint),对于保证最终解决方案的可行性是非常重要的:为了保证机会约束中的估计误差是可接受的,重复的次数需要足够大。

致谢:本研究得到了佛兰德斯研究基金会(Research Foundation – Flanders,FWO)的资助(批准编号为:G.0547.09)。

附录 轮班说明

轮班说明如表 9.6 所列。

表9.6 轮班规格(所有休息时间假定为1h)。K 表示人员配备间隔长度为 Δ_S 下问题实例的轮班集合大小

人员配备区间长度 (轮班次数)	轮班说明 {开始时间,结束时间,开始时间间隔}
$\Delta_S=240(K=5)$	{0,4,-},{4,8,-},{8,12,-},{0,8,-},{4,12,-}

续表

人员配备区间长度 (K轮班次数)	轮班说明 {开始时间,结束时间,开始时间间隔}
$\Delta_S = 120(K=12)$	{0,4,-},{2,6,-},{4,8,-},{6,10,-},{8,12,-},{0,6,-}, {2,8,-},{4,10,-},{6,12,-},{0,8,-},{2,10,-},{4,12,-}
$\Delta_S = 60(K=45)$	{0,4,-},{1,5,-},{2,6,-},{3,7,-},{4,8,-},{5,9,-}, {6,10,-},{7,11,-},{8,12,-},{0,6,2},{1,7,3},{2,8,4}, {3,9,5},{4,10,6},{5,11,7},{6,12,8},{0,6,3},{1,7,4},{2,8,5}, {3,9,6},{4,10,7},{5,11,8},{6,12,9},{0,6,4},{1,7,5},{2,8,6}, {3,9,7},{4,10,8},{5,11,9},{6,12,10},{0,8,3},{1,9,4},{2,10,5}, {3,11,6},{4,12,7},{0,8,4},{1,9,5},{2,10,6},{3,11,7},{4,12,8}, {0,8,5},{1,9,6},{2,10,7},{3,11,8},{4,12,9}

参考文献

[1] Agresti, A., Coull, B. A.: Approximate is better than "exact" for interval estimation of binomial proportions. Am. Stat. 52(2), 119–126(1998).

[2] Aguir, S., Karaesmen, F., Akskin, O. Z., Chauvet, F.: The impact of retrials on call center performance. OR Spectr. 26(3), 353–376(2004).

[3] Ahmed, M. A., Alkhamis, T. M.: Simulation optimization for an emergency department healthcare unit in Kuwait. Eur. J. Oper. Res. 198(3), 936–942(2009).

[4] Altman, E., Jiménez, T., Koole, G.: On the comparison of queueing systems with their fluid limits. Probab. Eng. Inf. Sci. 15, 165–178(2001).

[5] April, J., Glover, F., Kelly, J. P., Laguna, M.: Practical introduction to simulation optimization. In: Proceedings of the Winter Simulation Conference, pp. 71–78(2003).

[6] April, J., Better, M., Glover, F., Kelly, J.: New advances and applications for marrying simulation and optimization. In: Proceedings of the 36th Winter Simulation Conference(2004).

[7] Atlason, J., Epelman, M. A., Henderson, S. G.: Optimizing call center staffing using simulation and analytic center cutting-plane methods. Manag. Sci. 54(2), 295–309(2008).

[8] Aykin, T.: A composite branch and cut algorithm for optimal shift scheduling with multiple breaks and break windows. J. Oper. Res. Soc. 49(6), 603–615(1998).

[9] Brown, L., Gans, N., Mandelbaum, A., Sakov, A., Shen, H., Zeltyn, S., Zhao, L.: Statistical analysis of a telephone call center: a queueing perspective. J. Am. Stat. Assoc. 100(469), 36–50(2005).

[10] Brunner, J. O., Bard, J. F., Kolisch, R.: Midterm scheduling of physicians with flexible shifts using branch and price. IIE Trans. 43(2), 84–109(2010).

[11] Carson, Y., Maria, A.: Simulation optimization: methods and applications. In: Proceedings of the 29th Winter Simulation Conference, pp. 118–126(1997).

[12] Castillo, I., Joro, T., Li, Y.Y.: Workforce scheduling with multiple objectives. Eur. J. Oper. Res. 196(1), 162–170(2009).

[13] Chassioti, E., Worthington, D., Glazebrook, K.: Effects of state–dependent balking on multiserver non–stationary queueing systems. J. Oper. Res. Soc. Forthcoming(2013).

[14] Choi, K., Hwang, J., Park, M.: Scheduling restaurant workers to minimize labor cost and meet service standards. Cornell Hosp. Q. 50(2), 155–167(2009).

[15] Clark, G.M.: Use of Polya distributions in approximate solutions to nonstationary M = M = s queues. Commun. ACM 24(4), 206–217(1981).

[16] Creemers, S., Defraeye, M., Van Nieuwenhuyse, I.: G–RAND: a phase–type approximation for the nonstationary G. t/ = G. t/ = s. t/ C G. t/ queue. Performance Evaluation, accepted(2013).

[17] Dai, J.G., He, S.: Customer abandonment in many–server queues. Math. Oper. Res. 35(2), 347–362 (2010).

[18] Dantzig, G.: A comment on Edie's traffic delay at toll booths. Oper. Res. 2, 339–341(1954).

[19] Davis, J.L., Massey, W.A., Whitt, W.: Sensitivity to the service–time distribution in the nonstationary erlang loss model. Manag. Sci. 41(6), 1107–1116(1995).

[20] Defraeye, M., Van Nieuwenhuyse, I.: Setting staffing levels in an emergency department: opportunities and limitations of stationary queuing models. Rev. Bus. Econ. 56(1), 73–100(2011).

[21] Defraeye, M., Van Nieuwenhuyse, I.: Controlling excessive waiting times in small service systems with time–varying demand: An extension of the ISA algorithm. Decis. Support Syst. 54(4), 1558–1567 (2013).

[22] Defraeye, M., Van Nieuwenhuyse, I.: A branch–and–bound algorithm for shift scheduling withnonstationary demand. Research report KBI_1322, KU Leuven, Leuven(2013).

[23] Ernst, A.T., Jiang, H., Krishnamoorthy, M., Sier, D.: Staff scheduling and rostering: a review of applications, methods and models. Eur. J. Oper. Res. 153(1), 3–27(2004).

[24] Ernst, A.T., Jiang, H., Krishnamoorthy, M., Owens, B., Sier, D.: An annotated bibliography of personnel scheduling and rostering. Ann. Oper. Res. 127, 21–144(2004).

[25] Feldman, Z., Mandelbaum, A., Massey, W.A., Whitt, W.: Staffing of time–varying queues to achieve time–stable performance. Manag. Sci. 54(2), 324–338(2008).

[26] Fu, M.C., Glover, F.W., April, J.: Simulation optimization: a review, new developments, and applications. In: Proceedings of the Winter Simulation Conference(2005).

[27] Gans, N., Koole, G., Mandelbaum, A.: Telephone call centers: tutorial, review, and research prospect. Manuf. Serv. Oper. Manag. 5(2), 79–141(2003).

[28] Gans, N., Sheng, H., Zhou, Y.–P., Korolev, N., McCord, A., Ristock, H.: Parametric stochastic programming models for call–center workforce scheduling. Working paper, University of Washington (2012). Available online athttp://faculty.washington.edu/.

[29] Green, L.V., Kolesar, P.J.: The pointwise stationary approximation for queues with nonstationary arrivals. Manag. Sci. 37(1), 84–97(1991).

[30] Green, L. V., Kolesar, P. J.: The lagged PSA for estimating peak congestion in multiserver Markovian queues with periodic arrival rates. Manag. Sci. 43(1), 80 – 87(1997).

[31] Green, L. V., Soares, J.: Computing time – dependent waiting time probabilities in M. t/ = M = s. t/ queueing systems. Manuf. Serv. Oper. Manag. 9(1), 54 – 61(2007).

[32] Green, L. V., Kolesar, P. J., Soares, J.: Improving the SIPP approach for staffing service systems that have cyclic demands. Oper. Res. 49(4), 549 – 564(2001).

[33] Green, L. V., Kolesar, P. J., Soares, J.: An improved heuristic for staffing telephone call centers with limited operating hours. Prod. Oper. Manag. 12(1), 46 – 61(2003).

[34] Green, L. V., Kolesar, P. J., Svoronos, A.: Some effects of nonstationarity on multiserver Markovian queueing systems. Oper. Res. 39(3), 502 – 511(1991).

[35] Green, L. V., Soares, J., Giglio, J. F., Green, R. A.: Using queueing theory to increase the effectiveness of emergency department provider staffing. Acad. Emerg. Med. 13(1), 61 – 68(2006).

[36] Green, L. V., Kolesar, P. J., Whitt, W.: Coping with time – varying demand when setting staffing requirements for a service system. Prod. Oper. Manag. 16(1), 13 – 39(2007).

[37] Gross, D., Shortle, J. F., Thompson, J. M., Harris, C. M.: Fundamentals of Queueing Theory, 4th edn. Wiley Series in Probability and Statistics. Wiley – Blackwell, Hoboken(2008).

[38] Guan, Y.: A generalized score confidence interval for a binomial proportion. J. Stat. Plan. Inf. 142, 785 – 793(2012).

[39] Hueter, J., Swart, W.: An integrated labor – management system for Taco Bell. Interfaces 28(1), 75 – 91(1998).

[40] Ingolfsson, A.: Modeling the M. t/ = M = s. t/ queue with an exhaustive discipline. Working paper, University of Alberta(2005). Available online onhttp://www.business.ualberta.ca/aingolfsson/publications.htm.

[41] Ingolfsson, A., Haque, A., Umnikov, A.: Accounting for time – varying queueing effects in workforce scheduling. Eur. J. Oper. Res. 139(3), 585 – 597(2002).

[42] Ingolfsson, A., Akhmetshina, E., Budge, S., Li, Y.: A survey and experimental comparisonof service level approximation methods for non – stationary M(t)/M/s(t) queueing systems with exhaustive discipline. INFORMS J. Comput. 19(2), 201 – 214(2007).

[43] Ingolfsson, A., Campello, F., Wu, X., Cabral, E.: Combining integer programming and the randomization method to schedule employees. Eur. J. Oper. Res. 202(1), 153 – 163(2010).

[44] Iravani, F., Balcioglu, B.: Approximations for the M = GI = N C GI type call center. Queueing Syst. 58(2), 137 – 153(2008).

[45] Izady, N.: On queues with time – varying demand. PhD Thesis, Lancaster University(2010).

[46] Izady, N., Worthington, D. J.: Setting staffing requirements for time – dependent queueing networks: The case of accident and emergency departments. Eur. J. Oper. Res. 219, 531 – 540(2012).

[47] Jagerman, D. L.: Nonstationary blocking in telephone traffic. Bell Syst. Tech. 54, 625 – 661(1975).

[48] Jennings, O. B., Mandelbaum, A., Massey, W. A., Whitt, W.: Server staffing to meet timevarying demand. Manag. Sci. 42(10), 1383 – 1394(1996).

[49] Jiménez, T., Koole, G.: Scaling and comparison of fluid limits of queues applied to call centers with time

varying parameters. OR Spectr. 26(3) 413 −422(2004).

[50] Johnson, M., Myers, S., Wineholt, J., Pollack, M., Kusmiesz, A. L. : Patients Who Leave the Emergency Department Without Being Seen. J. Emerg. Nurs. 35(2), 105 −108(2009).

[51] Kabak, Ö., Ülengin, F., Aktaş, E., Önsel, Ş, Topcu, Y. I. : Efficient shift scheduling in the retail sector through two − stage optimization. Eur. J. Oper. Res. 184(1), 76 −90(2008).

[52] Kendall, D. G. : Stochastic processes occurring in the theory of queues and their analysis by the method of the imbedded Markov chain. Ann. Math. Stat. 24(3), 338 −354(1953).

[53] Koole, G., Pot, A. : An overview of routing and staffing algorithms in multi − skill customer contact centers. Working paper, VU University, Amsterdam(2006). Available online at http:// www. math. vu. nl/.

[54] Koopman, B. O. : Air − Terminal queues under time − dependent conditions. Oper. Res. 20(6), 1089 − 1114(1972).

[55] Lam, S., Vandenbosch, M., Pearce, M. : Retail sales force scheduling based on store traffic forecasting. J. Retail. 74(1), 61 −88(1998).

[56] Law, A. M., Kelton, W. D. : Simulation Modeling and Analysis. McGraw − Hill Series in Industrial Engineering and Management Science. McGraw − Hill, Boston(2000).

[57] Le Minh, D. : The discrete − time single − server queue with time − inhomogeneous compound Poisson input and general service time distribution. J. Appl. Probab. 15, 590 −601(1978).

[58] Liu, Y., Whitt, W. : Stabilizing customer abandonment in many − server queues with time − varying arrivals. Working paper, Columbia University, New York(2009). Available online at http:// www. columbia. edu/ ~ ww2040/recent. html.

[59] Liu, Y., Whitt, W. : A Fluid Approximation for the GI. t/ = GI = s. t/ C GI Queue. Working paper, Columbia University, New York(2010). Available online at http://www. columbia. edu/ ~ ww2040/allpapers. html.

[60] Liu, Y., Whitt, W. : A Network of Time − Varying Many − Server Fluid Queues with Customer Abandonment. Oper. Res. 59(4), 835 −846(2011).

[61] Liu, Y., Whitt, W. : Large − Time Asymptotics for the Gt = Mt = st CGIt Many − Server Fluid Queue with Abandonment. Queueing Syst. 67(2), 145 −182(2011).

[62] Liu, Y., Whitt, W. : The Gt = GI = st C GI many − server fluid queue. Queueing Syst. 71(4), 405 −444 (2012).

[63] Liu, Y., Whitt, W. : A many − server fluid limit for the Gt = GI = st C GI queueing model experiencing periods of overloading. OR Lett. 40, 307 −312(2012).

[64] Mandelbaum, A., Massey, W. A. : Strong approximations for time − dependent queues. Math. Oper. Res. 20(1), 33 −64(1995).

[65] Mandelbaum, A., Momgilovic, P. : Queues with many servers: the virtual waiting − time process in the QED regime. Math. Oper. Res. 33(3), 561 −586(2008).

[66] Mandelbaum, A., Massey, W. A., Reiman, M. I. : Strong approximations for Markovian service networks. Queueing Syst. 30(1), 149 −201(1998).

[67] Mandelbaum, A., Massey, W., Reiman, M. : Strong approximations for Markovian service networks. Queueing Syst. 30(1), 149 −201(1998).

[68] Mandelbaum, A., Massey, W. A., Reiman, M. I., Rider, B.: Time varying multiserver queues with abandonments and retrials. In: Proceedings of the 16th International Teletraffic Conference, vol. 3, pp. 355 – 364(1999).

[69] Mandelbaum, A., Massey, W. A., Reiman, M. I., Stolyar, A.: Waiting time asymptotics for time varying multiserver queues with abandonment and retrials. In: Proc. 37th Allerton Conf. Monticello, pp. 1095 – 1104(1999).

[70] Mandelbaum, A., Massey, W. A., Reiman, M. I., Stolyar, A., Rider, B.: Queue lengths and waiting times for multiserver queues with abandonment and retrials. Telecommun. Syst. 21(2 – 4), 149 – 171 (2002).

[71] Mason, A. J., Ryan, D. M., Panton, D. M.: Integrated simulation, heuristic and optimisation approaches to staff scheduling. Oper. Res. 46(2), 161 – 175(1998).

[72] Massey, W. A., Whitt, W.: An analysis of the modified offered – load approximation for the nonstationary erlang loss model. Ann. Appl. Probab. 4(4), 1145 – 1160(1994).

[73] Massey, W. A., Whitt, W.: Peak congestion in multi – server service systems with slowly varying arrival rates. Queueing Syst. 25(1), 157 – 172(1997).

[74] Nelson, B. L., Taafe, M. R.: The ŒPht = Pht = 1K queueing system: Part II—The multiclass network Part II – The multiclass network. INFORMS J. Comput. 16(3), 275 – 283(2004).

[75] Newcombe, R. G.: Two – sided confidence intervals for the single proportion: comparison of seven methods. Stat. Med. 17, 857 – 872(1998).

[76] Rekik, M., Cordeau, J. – F., Soumis, F.: Implicit shift scheduling with multiple breaks and work stretch duration restrictions. J. Schedul. 13(1), 49 – 75(2010).

[77] Ridley, A. D., Fu, M. C., Massey, W. A.: Customer relations management: call center operations: Fluid approximations for a priority call center with time – varying arrivals. In: Proceedings of the 35th Conference on Winter Simulation, New Orleans, vol. 2, pp. 1817 – 1823(2003).

[78] Rothkopf, M. H., Oren, S. S.: A closure approximation for the nonstationary M/M/s queue. Manag. Sci. 25(6), 522 – 534(1979).

[79] Sinreich, D., Jabali, O.: Staggered work shifts: a way to downsize and restructure an emergency department workforce yet maintain current operational performance. Health Care Manag. Sci. 10, 293 – 308 (2007).

[80] Taaffe, M., Ong, K.: Approximating nonstationary Ph. t/ = Ph. t/ = 1 = c queueing systems. Ann. Oper. Res. 8(1), 103 – 116(1987).

[81] Thompson, G. M.: Accounting for the multi – period impact of service when determining employee requirements for labor scheduling. J. Oper. Manag. 11(3), 269 – 287(1993).

[82] Thompson, G. M.: Labor staffing and scheduling models for controlling service levels. Naval Res. Log. 44 (8), 719 – 740(1997).

[83] Wall, A. D., Worthington, D. J.: Using discrete distributions to approximate general service time distributions in queueing models. J. Oper. Res. Soc. 45(12), 1398 – 1404(1994).

[84] Wall, A. D., Worthington, D. J.: Time – dependent analysis of virtual waiting time behaviour in discrete time queues. Eur. J. Oper. Res. 178(2), 482 – 499(2007).

[85] Whitt, W. :The pointwise stationary approximation for M. t/ = M. t/ = s queues is asymptotically correct as the rates increase. Manag. Sci. 37(3), 307 – 314(1991).

[86] Whitt, W. :Engineering solution of a basic call – center model. Manag. Sci. 51(2), 221 – 235(2005).

[87] Whitt, W. :Staffing a call center with uncertain arrival rate and absenteeism. Prod. Oper. Manag. 15(1), 88 – 102(2006).

[88] Whitt, W. :Fluid models for multiserver queues with abandonments. Oper. Res. 54(1), 37 – 54(2006).

[89] Whitt, W. :What you should know about queueing models to set staffing requirements in service systems. Naval Res. Log. 54(5), 476 – 484(2007).

[90] Worthington, D., Wall, A. :Using the discrete time modelling approach to evaluate the timedependent behaviour of queueing systems. J. Oper. Res. Soc. 50(8), 777 – 788(1999).

[91] Zeltyn, S., Marmor, Y. N., Mandelbaum, A., Carmeli, B., Greenshpan, O., Mesika, Y., Wasserkrug, S., Vortman, P., Shtub, A., Lauterman, T., Schwartz, D., Moskovitch, K., Tzafrir, S., Basis, F. :Simulation – based models of emergency departments:Operational, tactical, and strategic staffing. ACM Trans. Model. Comput. Simul. 21(4), 1 – 25(2011).

[92] Zhang, Y., Puterman, M. L., Nelson, M., Atkins, D. :A simulation optimization approach tolong – term care capacity planning. Oper. Res. 60(2), 249 – 261(2012).

第 10 章

面向短期灾难管理问题的随机双动态规划解决方法

Ebru Angün

10.1 简　介

据估计,每年地球发生超过 500 起的各类灾害,造成约 75000 人死亡,受到影响的超过 2 亿多人[1]。为了减少受灾人数和死亡人数,设计出高效和有效的应急后勤系统(Emergency Logistics System),则是非常重要的。2010 年海地地震后,低能效的应急后勤系统造成了以下影响:战地记者[2-3]纷纷报道后勤网络的救援工作停滞不前的状况,由此导致许多援助仍未送达;造成了 300 多万人受灾,其中,死亡人数超 20 万,受伤人数超 100 万。

灾害救援(Disaster Operations)指的是在灾害发生之前、发生期间以及发生后,为了减少损失而进行的一系列活动。从传统意义上看,灾害救援的作业周期(Life Cycle)被划分为 4 个阶段,分别是风险降低(Mitigation Operations)、救灾准备(Preparedness Operations)、响应实施(Response Operations)和恢复重建(Recovery Operations)。风险降低在灾害发生前进行,旨在降低灾害造成的影响,诸如减少人员伤亡以及生命财产损失等。救灾准备阶段是指在灾难发生前为了及时做出有效响应而进行的一系列准备活动。响应实施阶段是为了应对在灾害发生时带来的直接威胁,包括生命救援、满足基本生活需要(食物、住所、衣物、公共卫生和安全),以及疏散受灾地区人员等。最后,恢复重建阶段是在灾难发生后执行的,指的是为了恢复社区正常功能而进行的短期或长期活动。参

Ebru Angün,土耳其伊斯坦布尔加拉塔萨雷大学工业工程系。

考文献[4-5]分别给出了关于灾难操作管理和用于应急物流的优化模型综述。

本节的其余部分将介绍救援作业周期中的救灾准备阶段和/或响应实施阶段所涉及的一些早期工作。需要说明，我们只考虑自然（不考虑人为）灾害。

以下参考文献仅关注灾难发生后的相关工作，如救援物资的分发、灾后疏散等行动。参考文献[6]考察了灾后救援物资的分发问题，将一个多商品、多模态、带时间窗的网络流问题表述为在时空网上的大规模的混合积分规划问题，这能解释动态决策过程（Dynamic Decision Process）。除此之外，参考文献[6]还解决了一个多周期确定性优化问题，使不同类型的成本总和最小化。随后，参考文献[7]通过定义一组场景，对其工作进行了拓展，引入了对于不确定性问题的考虑，如供应、需求以及道路容量等方面的不确定性。此外，参考文献[7]还将救援物资的分配问题转化为两个阶段的随机规划问题，使得不同类型成本的预期总和最小化。参考文献[7]中的结论（即关于救援物资的分配数量）是静态的。参考文献[8]考虑了在没有通知情况下的灾民大规模疏散问题，并提出了一种多周期、确定性的交通流的线性规划优化模型。这个模型在对系统总行程时间实现最小化的同时，还将实现疏散目的地、交通资源分配以及疏散时间表的最优化。最后，参考文献[9]考虑了一个综合性问题，包括临时医疗中心的定位、救援物资的分配、灾民的疏散问题以及转移伤员到急救中心等多方面问题。此外，参考文献[9]还提出了一个多商品网络流混合积分模型（Mixed-Integer Multi-Commodity Network Flow Model），其最大限度地降低了向紧急人群提供救援物资和医疗服务的延误时间；该模型是多周期的、确定性的。与参考文献[6-8]的区别在于，参考文献[9]并没有考虑成本相关的准则。

参考文献[10]仅关注灾难发生前的准备工作，并考虑了救援物资的随机库存预定位问题。Lodree 和 Taskin 将该问题描述为最优停止时间问题（Optimal Stopping Time Problem）[10]，以实现库存决策的数量以及调配速度能够达到最优。此文献假设随机风速服从一种已知的先验分布，但是该分布中存在某些参数是未知的，这些参数通过贝叶斯更新（Bayesian Updates）进行调整。该问题通过动态优化得到了解决，所获得的最优解将会在预测成本（随时间减少）和订单/生产成本（随时间增加）之间进行综合权衡。

参考文献[11-14]考虑了灾难发生前以及灾难发生后的阶段。Balcik 等[11]提出最后一英里分配系统（Last Mile Distribution System），其中，一个局部的分配中心负责存储救援物资，并使用一组固定的车辆将这些物资分配到大量需求点。因此，该问题转化为通过一个多商品库存路由模型的变体来确定每辆车的运送计划，并通过考虑供应对象、车辆容量和运送时间限制来做出库存分配决策。此外,参考文献[11]使用滚动时域方法(Rolling Horizon Approach)来捕捉问题的多周期性。参考文献[12-13]考虑了存储设施的设施位置、应急商品的库存预定位和救济分配的综合问题。Rawls 和 Turnquist[12]将该问题表示成一个两阶段的随机规划模型,参考文献[13]将该静态两阶段模型扩展成多周期模型并进行动态求解。参考文献[12-13]都是假设需求、道路容量等均为随机性的,都具有一个已知的、联合的离散分布。与上述所有参考文献不同之处在于,参考文献[14]明确地考虑了那些无法使用汽车进行疏散的年轻人、老年人、残疾人和低收入居民等。在灾难发生之前的阶段,参考文献[14]确定了永久性的撤离设施点,这些设施点遭受疏散的可能性相同,并且遭受破坏的可能性相同。在遭遇灾难之后的阶段,参考文献[14]确定了疏散人员到接送点的分配,以及疏散车辆到仍然在工作中的接送点的分配方案和时间表;假设撤离人员到达接送点的人数是确定的。基于此,参考文献[14]将这个问题转化为一个中等规模的线性积分规划问题(Linear Integer Programming Problem)并求解。

论文的贡献和结构

本章中我们考虑了灾难发生灾前和发生后两个阶段,并建立了备灾和救援分配问题的多阶段随机优化模型。第一阶段是综合设施选址和库存预先定位问题。我们将随后阶段的问题表述为容量受限的多商品网络流分流问题的变形。事实上,本章模型是对参考文献[12]的两阶段随机优化模型的扩展。基于10.1节中讨论的参考文献综述,本章在以下几个方面作出了贡献。

(1)10.1节中的许多参考文献为灾害管理问题建立了多阶段优化模型。考虑到多周期性,这些模型都是动态的。由于考虑到多个阶段的特点要求不同,本章所提出的模型也是动态的。也就是说,我们会在后续阶段对第一阶段的库存清单决策(First-stage Inventory Decisions)进行动态更新;同时,还将对库存可能出现的随机存量,更新其相关的实现。

(2)10.1节通过定义一组场景来定义随机数量。然而,本章假设随机需求和道路通行能力满足连续分布的特性;也就是说,我们最初可以有无限多的可能场景。然后,我们将上面的分布离散化,通过不同的采样技术,如粗糙蒙特卡洛采样(Crude Monte Carlo Sampling,CMCS)和拉丁超立方体采样(Latin Hypercube Sampling,LHS),获得了具有大量(但有限)场景的想定树(Scenario Trees)。接下来,通过样本平均近似值(Sample Average Approximations,SAA)来估计难以计算的期望值,这通常需要多维积分来计算。

(3)在某些假设下,多阶段模型通过随机双动态规划(Stochastic Dual Dynamic Programming,SDDP)算法进行求解,该算法提供非预期策略(Non-Anticipative Policy);即第 t 阶段策略是基于直到该阶段所观察到随机性来确定的,并且它们不考虑随机量在未来可能出现的情况。从这个意义上来讲,这些策略是可实施的。目前为止,在灾害管理文献中还没有提到过这个问题。

(4)据我们所知,本章和参考文献[15]是第一批在多阶段随机优化框架(Multistage Stochastic Optimization Framework)中使用不同抽样技术(即粗糙蒙特卡洛采样或拉丁超立方体采样)的论文之一。

在本章中,仿真是从无限多种现实场景中为数学编程问题生成场景的附加手段。因此,我们对仿真的使用与基于仿真的优化(Simulation-Based Optimization)不同。在基于仿真的优化中,子程序的优化附加在随机离散事件模拟器(Discrete-Event Simulator)上,并为模拟器提供候选解决方案,详见参考文献[16]。

本章的其余部分安排如下。10.2 节给出了关于一般多阶段随机线性优化问题的公式介绍,并解释了拉丁超立方采样方程。10.3 节详细解释了 10.2 节中问题的随机双动态规划(SDDP)算法,并给出了该算法前向和后向传播的两方面的伪代码。10.4 节介绍了仅考虑地震后的第一个 72h 所涉及的备灾和短期救援分配问题,并给出了计算结果。10.5 节总结了研究结果,并提供了一些未来的研究方向。

本章中,$\mathbb{E}[.]$,"'",$\equiv$,:= 和 |.| 分别表示期望、向量或矩阵的转置(除了 10.4 节,(i',j') 表示运输网络中的道路)、等价性、"由······定义"以及集合的势。

10.2 数学公式

我们考虑一个 T 阶段随机过程,其中一系列决策 $\{x_t\}_{t=1}^{T}$ 是通过如下随机过程 $\{\tilde{\xi}_t\}_{t=1}^{T}$ 做出的。在第 t 阶段,决策 x_t 只和之前的决策 $x_1, x_2, \cdots, x_{t-1}$ 有关,随机向量 $\tilde{\xi}_1, \tilde{\xi}_2, \cdots, \tilde{\xi}_t$ 与 t 阶段之前的值有关,记为 $\tilde{\xi}_{[t]} = (\tilde{\xi}_1, \tilde{\xi}_2, \cdots, \tilde{\xi}_t)$。也就是说,$x_1$ 只是 $\tilde{\xi}_1$ 的函数,x_2 是 x_1 和 $\tilde{\xi}_2$ 的函数,因此也是 $\tilde{\xi}_{[2]}$ 的函数,记为 $x_t(\tilde{\xi}_{[t]})$。此外,第 t 阶段的决策 x_t 与之后的随机向量 $\tilde{\xi}_{t+1}, \tilde{\xi}_{t+2}, \cdots, \tilde{\xi}_T$ 无关。也就是说,决策过程满足因果性,非预期的。那么,在参考文献[17]中,按照上述定义的 $x_t(\tilde{\xi}_{[t]})$,则被认为是一条可实施策略的。

对于 $\tilde{\xi}_t$,做出以下两点假设:

假设 1(A1):$\tilde{\xi}_t$ 的分布 P_t 是已知的,P_t 的定义域为集合 $\Xi_t \subset \mathbb{R}^{d_t}$。

假设 2（A2）：随机过程 $\{\tilde{\boldsymbol{\xi}}_t\}_{t=1}^T$ 是分段独立（Stagewise Independent）的，即 $\tilde{\boldsymbol{\xi}}_{t+1}$ 与其历史值 $\tilde{\boldsymbol{\xi}}_{[t]}$ 是无关的。

我们通过下面的动态规划方程来表述 T 阶段问题。在 $t=1$ 阶段，问题为

$$\min_{x_1 \geq 0} \boldsymbol{c}'_1 \boldsymbol{x}_1 + \mathbb{E}[Q_2(\boldsymbol{x}_1, \tilde{\boldsymbol{\xi}}_2)] \tag{10.1}$$

$$\text{s. t. } \boldsymbol{A}_1 \boldsymbol{x}_1 = \boldsymbol{b}_1$$

$t=2, \cdots, T-1$ 时，并且为了实现 $\tilde{\boldsymbol{\xi}}_t$ 的结果 $\boldsymbol{\xi}_t^s$，对应的成本（价值）函数 $Q_t(\boldsymbol{x}_{t-1}, \boldsymbol{\xi}_t^s)$ 如下：

$$Q_t(\boldsymbol{x}_{t-1}, \boldsymbol{\xi}_t^s) = \min_{x_t \geq 0} \boldsymbol{c}'_t \boldsymbol{x}_t + \mathbb{E}[Q_{t+1}(\boldsymbol{x}_t, \tilde{\boldsymbol{\xi}}_{t+1})] \tag{10.2}$$

$$\text{s. t. } \boldsymbol{B}_t^s \boldsymbol{x}_{t-1} + \boldsymbol{A}_t \boldsymbol{x}_t = \boldsymbol{b}_t^s$$

需要注意，在假设 2 的条件下，$Q_t(\boldsymbol{x}_{t-1}, \boldsymbol{\xi}_t^s)$ 与并不依赖于其历史状态 $\boldsymbol{\xi}_{[t]}^s$，相互独立。随机向量 $\tilde{\boldsymbol{\xi}}_t$ 由来自 $\tilde{\boldsymbol{B}}_t$ 和 $\tilde{\boldsymbol{b}}_t$ 的随机成分组成，分别代表 $\boldsymbol{B}_t^s$ 和 $\boldsymbol{b}_t^s$ 的具体实现。在 $t=1$ 阶段时，$\tilde{\boldsymbol{\xi}}_{[1]} \equiv \tilde{\boldsymbol{\xi}}_1 \equiv \boldsymbol{b}_1$ 是确定的；在 $t=T$ 阶段时，$Q_T(\boldsymbol{x}_{T-1}, \boldsymbol{\xi}_T^s)$ 可表示为

$$Q_T(\boldsymbol{x}_{T-1}, \boldsymbol{\xi}_T^s) = \min_{x_T \geq 0} \boldsymbol{c}'_T \boldsymbol{x}_T \tag{10.3}$$

$$\text{s. t. } \boldsymbol{B}_T^s \boldsymbol{x}_{T-1} + \boldsymbol{A}_T \boldsymbol{x}_T = \boldsymbol{b}_T^s$$

式中：$\mathbb{E}[Q_{T+1}(\boldsymbol{x}_T, \tilde{\boldsymbol{\xi}}_{T+1})] = 0$。

在式（10.1）~式（10.3）中，$\boldsymbol{c}_t$ 和 $\boldsymbol{b}_T^s$（也即 $\tilde{\boldsymbol{b}}_t$）是 $(n_t \times 1)$ 和 $(m_t \times 1)$ 维向量，$\boldsymbol{A}_t$ 和 $\boldsymbol{B}_t^s$（也即 $\tilde{\boldsymbol{B}}_t$）分别是 $(m_t \times n_t)$ 和 $(m_t \times n_{t-1})$ 维矩阵。其中，n_t 代表 $\boldsymbol{x}_t$ 的维度，m_t 代表第 t 阶段的约束数量。

请注意，假设 2 包含一种情况就是向量 $\tilde{\boldsymbol{b}}_t$ 通过一阶自回归过程 $\tilde{\boldsymbol{b}}_t = \boldsymbol{\Phi}_t \boldsymbol{b}_{t-1} + \tilde{\boldsymbol{\eta}}_t$ 实现了建模，其中，$\boldsymbol{\Phi}_t$ 是一个已知矩阵并且大小适当；$\tilde{\boldsymbol{\eta}}_t$ 是分段独立残差向量[18]。

有两个问题与式（10.1）~式（10.3）中的公式有关。

问题 1（P1）：这些公式为问题提供了一种风险中立的办法（Risk – Neutral Approach），即随机成本转移函数（Cost – to – go Function）$Q_t(\boldsymbol{x}_{t-1}, \tilde{\boldsymbol{\xi}}_t)$ 只有在平均值上才会实现最小化。

问题 2（P2）：式（10.1）（或式（10.2））中的期望通常需要计算多维积分，这使得"真"（期望值）问题难以处理。

解决问题 1 的一种方法是通过给式（10.1）和式（10.2）中的问题增加条件（或概率）约束，因为随机过程实现过程中，这些约束大概率能确保随机成本转移函数不会超过给定的上限。然而，众所周知，机会约束（Chance Constraint）通

常定义非凸的可行集合,这将导致式(10.1)和式(10.2)的最小化变得问题重重。为此,规避风险问题的相关工作,将在未来进行研究。

解决问题2(即处理"真"值问题)的一种可能的办法是用样本平均近似值代替期望值;即通过采样方法从已知分布$P(t)$中对$\tilde{\xi}_t$进行采样,从而得到样本$S_t := \{\xi_t^1, \cdots, \xi_t^{N_t}\}$,$t = 2, \cdots, T$,其中$N_t$是第$t$阶段的样本量,然后再用样本平均近似值计算公式来估计期望,即

$$\hat{Q}_t(\boldsymbol{x}_{t-1}) = \frac{1}{N_t} \sum_{s=1}^{N_t} Q_t(\boldsymbol{x}_{t-1}, \xi_t^s) \quad (10.4)$$

请注意,当$t = 1$时,S_1只有一个元素;即$S_1 := \{\boldsymbol{b}_1\}$。本章将使用到的采样方法包括粗糙蒙特卡洛抽样和拉丁超立方体采样(LHS)。

参考文献[19]提出拉丁超立方体采样,它的理论性质和数值作用已经在参考文献[20-22]中进行了深入透彻的研究。对于$\tilde{\xi}_t$中的单个元素$\tilde{\xi}_{t,k}$,可将该技术描述如下:区间[0,1]被等概率地分成N_t个互不重叠的小区间(层),并且在每个区间内,对在该区间上一致的单个值进行采样。然后使用逆变换的方法将一致的值转化为与$\tilde{\xi}_{t,k}$同样的分布。对于$\tilde{\xi}_t$中所有元素重复上述过程,将所有结果随机排列得到S_t。图10.1显示当采样点$N_t = 100$时,拉丁超立方体采样(LHS)和粗糙蒙特卡洛抽样(CMCS)两种采样方法在$[0,1]^2$上的均匀分布向量上的采样结果。图中$n_\mathrm{I}, n_\mathrm{II}, n_\mathrm{III}, n_\mathrm{IV}$分别显示了落入其相应子区域的采样点数量。其中,水平边界上的采样点属于上部子区域,垂直边界上的采样点属于右侧子区域;图中很容易看出,LHS采样方法在$[0,1]^2$向量提供了比CMCS更大的均匀性。就CMCS而言,可以观察到第三区域的点群($n_\mathrm{III} = 30$)和在第四区域的"洞"($n_\mathrm{IV} = 20$)。

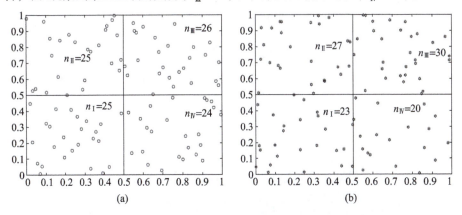

图10.1 当采样点$N_t = 100$时,LHS(a)和CMCS(b)两种采样方法在$[0,1]^2$上的均匀分布向量上的采样结果

LHS 和 CMCS 都将真实分布 $P_t(t=2,\cdots,T)$ 离散化并且用经验分布 $\hat{P}_t$ 来代替它,现在每个 $\tilde{\xi}_t$ 实现均以概率 $1/N_t$ 发生。

此外,采样 $\mathcal{S}_2,\cdots,\mathcal{S}_T$ 构成了一棵想定树,表现出在 $\tilde{\xi}_t$ 分布上的分段独立性;图 10.2 给出了这种树的一个简单例子。树中所对应的场景数量共有 $N_2 \times \cdots \times N_T$ 个;也就是说,场景的数量将随着阶段 T 的增长,呈现指数增长。10.3.1 节和 10.3.2 节中算法的单次迭代优化的次数远远少于想定树中的总数;出现这一重要特性,是由于 $\tilde{\xi}_t$ 的分段独立性所导致的。

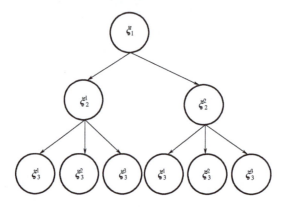

图 10.2　想定树的一个简单例子,表现了 $\mathcal{S}_2 := \{\xi_2^1, \xi_2^2\}$ 和 $\mathcal{S}_3 := \{\xi_3^1, \xi_3^2, \xi_3^3\}$ 保持阶段独立性

我们用式(10.4)中的样本平均近似值替代式(10.1)和式(10.2)中难以处理的期望值,得到样本均值估计问题。当 $t=1$ 时,问题变为

$$\operatorname*{Min}_{x_1 \geq 0} c'_1 x_1 + \hat{\mathcal{Q}}_2(x_1) \tag{10.5}$$
$$\text{s. t. } A_1 x_1 = b_1$$

对于 $t=2,\cdots,T-1$ 时,以及对于特定的 ξ_t^s 实现来说,问题将变为

$$\operatorname*{Min}_{x_t \geq 0} c'_t x_t + \hat{\mathcal{Q}}_{t+1}(x_t) \tag{10.6}$$
$$\text{s. t. } B_t^s x_{t-1} + A_t x_t = b_t^s$$

对于 $t=T$ 以及对于特定的 ξ_T^s 实现来说,问题将变为

$$\operatorname*{Min}_{x_T \geq 0} c'_T x_T \tag{10.7}$$
$$\text{s. t. } B_T^s x_{T-1} + A_T x_T = b_T^s$$

10.3 随机双动态规划算法

本节简要介绍了随机双动态规划算法。关于该算法更为详细、深入的观点,都能在参考文献[23-25]中找到。SDDP 最近的应用可以在参考文献[15,26]中找到。SDDP 是一种基于采样的算法,用于解决多阶段随机线性问题。该算法可以划分为两个步骤,即后向和前向,反复迭代直到满足终止条件为止。10.3.1 节所介绍的后向传播(Backward Pass)算法,从最后一个阶段开始,将预期未来总成本信息传递给前一阶段,到达第一阶段后停止。这些信息以 Benders 切平面(Benders Cut)的形式出现,这是预期成本函数的外部线性近似。在反向传播结束时,算法更新 T 阶段到达目标值的下界。10.3.2 节介绍的前向传播(Forward Pass)算法,算法对一组场景进行采样——从第二阶段到最后一个阶段——称为采样路径(Sample Path);然后,从第一个阶段开始继续到下一个阶段,并在此路径上对 T 阶段问题进行优化。前向传播同样地迭代多次,以更新 T 阶段问题的目标估计值的上限。算法 2 给出了随机双动态规划算法的概述。

在本章的剩余部分里,对本章提出的随机双动态规划算法做出以下标准假设:

假设 3(A3):问题从式(10.5)~式(10.7)具有相对完整的资源。也就是说,给定任意可行的 $x_{t-1}(\xi_{[t-1]}^s)$,对于随机数据 $\xi_{[t-1]}$ 定义的任意一个第 $t-1$ 阶段的问题,每一个 $\xi_t^s \in \Xi_t$ 都存在 $B_t^s x_{t-1} + A_t x_t = b_t^s$ 的解 x_t。

算法 1:SDDP 算法框架

    假设:$\epsilon > 0$(准确率),$\{S_t\}_{t=2,\cdots,T}$(想定树)

    初始化:iteration $= 0$,$\hat{\phi}_{up} = \infty$(上界),$\phi_{low} = -\infty$(下界)

    $\{\mathcal{K}_t \equiv \emptyset\}_{t=1,\cdots,T}$(剪切索引集)

    While $\hat{\phi}_{up} - \phi_{low} > \epsilon$ do

    前向传播:更新上界 $\hat{\phi}_{up}$

    后向传播:更新下界 ϕ_{low}

    更新迭代次数:iteration = iteration + 1

end while

10.3.1 后向传播

在本节中,假设已经通过前向传播得到了试验解决方案为一个序列 $\{\bar{x}_{t-1}\}_{t=2}^{T}$;实际上,前向传播给出了 M 个这样的序列,其中 M 是采样路径的数量。下面的过程虽然是针对单个序列,但它可以直接分别应用于 M 个序列。

当 $t = T$,对于给定的 $\bar{x}_{T-1}$,后向传播可用式(10.7)求解所有的 $\xi_T^s \in \mathcal{S}_T$:

$$\underset{x_T \geq 0}{\text{Min}} c'_T x_T \tag{10.8}$$

$$\text{s. t. } A_T x_T = b_T^s - B_T^s \bar{x}_{T-1}$$

令 $Q_T(x_{T-1}, \tilde{\xi}_T)$ 是式(10.8)的最优值,假设对于几乎所有的 $\xi_t^s \in \Xi_T$,$Q_T(x_{T-1}, \tilde{\xi}_T)$ 都是有限的(如式(10.8)中定义的集合是有边界的)。$Q_T(x_{T-1}, \xi_T^s)$ 及其样本平均近似值 $\hat{Q}_T(x_{T-1})$ 在 x_{T-1} 都是凸函数(实际上,它们是分段线性的)。Benders切平面(或简单的切平面)由于 $Q_T(x_{T-1}, \xi_T^s)$ 的凸函数特性,对任意的 x_{T-1} 适用于以下梯度不等式:

$$Q_T(x_{T-1}, \xi_T^s) \geq Q_T(\bar{x}_{T-1}, \xi_T^s) + (x_{T-1} - \bar{x}_{T-1})' g_T^s \tag{10.9}$$

式中:$g_T^s = -B_T^{s'} \pi_T^s$ 是 $Q_T(x_{T-1}, \xi_T^s)$ 在 $\bar{x}_{T-1}$ 上的次梯度,π_T^s 是对应于式(10.8)中约束的对偶变量的向量。不等式(10.9)也可以被写成 $\hat{Q}_T(x_{T-1})$,现在 $Q_T(\bar{x}_{T-1}, \xi_T^s)$ 和 g_T^s 可以被替代成 $\hat{Q}_T(x_{T-1})$,并且 $\hat{g}_T$ 可以通过下式进行计算得到:

$$\hat{Q}_T(\bar{x}_{T-1}) = \frac{1}{N_T} \sum_{s=1}^{N_T} Q_T(\bar{x}_{T-1}, \xi_T^s), \hat{g}_T = \frac{1}{N_T} \sum_{s=1}^{N_T} g_T^s$$

由参考文献[18]和图10.2中可以看出,这一切平面将由所有 $T-1$ 阶段问题共享。

式(10.6)中,在 $t = T-1$ 阶段,算法过程中添加到问题中的切平面集合的最大值将取代 $\hat{Q}_T(x_{T-1})$。令 $\mathcal{K}_{T-1}$ 是这些切平面的索引集,即变量 $\hat{\theta}_T \in \mathbb{R}$ 被定义为

$$\hat{\theta}_T := \max_{k_{T-1} \in \mathcal{K}_{T-1}} \{x'_{T-1} \hat{g}_{T,k_{T-1}} + \hat{\beta}_{T,k_{T-1}}\}$$

式中:$\hat{\beta}_{T,k_{T-1}}$ 是一个断点,并且对于一个具体的切平面来说,该断点是通过 $\hat{\beta}_T = \hat{Q}_T(x_{T-1}) - \bar{x}'_{T-1} \hat{g}_T$ 计算得到的。对于一个给定的尝试解 $\bar{x}_{T-2}$,对于所有 $\xi_{T-1}^s \in \mathcal{S}_{T-1}$,后向传播可以解决:

$$\min_{x_{T-1} \geq 0, \hat{\theta}_T \in \mathbb{R}} \mathbf{c}'_{T-1} \mathbf{x}_{T-1} + \hat{\theta}_T$$

$$\text{s. t. } \mathbf{A}_{T-1} \mathbf{x}_{T-1} = \mathbf{b}^s_{T-1} - \mathbf{B}^s_{T-1} \bar{\mathbf{x}}_{T-2}$$

$$-\mathbf{x}'_{T-1} \hat{\mathbf{g}}_{T,k_{T-1}} + \hat{\theta}_T \geq \hat{\beta}_{T,k_{T-1}}, k_{T-1} \in \mathcal{K}_{T-1}$$

(10.10)

令 $Q_{T-1}(\bar{\mathbf{x}}_{T-2}, \boldsymbol{\xi}^s_{T-1})$ 是式(10.10)的最优值,并且 $\hat{Q}_{T-1}(\bar{\mathbf{x}}_{T-2})$ 是它的采样均值估计。$\hat{Q}_{T-1}(\bar{\mathbf{x}}_{T-2})$ 是式(10.6)最佳值的下界,因为 $\hat{\theta}_T$ 从下方开始估计 $\hat{Q}_T(\mathbf{x}_{T-1})$。被传递到所有 $T-2$ 阶段问题的切平面可以在约束 $\mathbf{A}_{T-1}\mathbf{x}_{T-1} = \mathbf{b}^s_{T-1} - \mathbf{B}^s_{T-1}\bar{\mathbf{x}}_{T-2}$ 下的对偶向量 $\boldsymbol{\pi}^s_T$ 中找到,并对阶段 $t = T-2, \cdots, 2$ 重复相同的步骤。

当 $t=1$ 阶段时,后向传播解决:

$$\min_{x_1 \geq 0, \hat{\theta}_2 \in \mathbb{R}} \mathbf{c}'_1 \mathbf{x}_1 + \hat{\theta}_2$$

$$\text{s. t. } \mathbf{A}_1 \mathbf{x}_1 = \mathbf{b}_2$$

$$-\mathbf{x}'_1 \hat{\mathbf{g}}_{2,k_1} + \hat{\theta}_2 \geq \hat{\beta}_{2,k_1}, k_1 \in \mathcal{K}_1$$

(10.11)

请注意,式(10.11)的最佳值 ϕ_{low} 是整个 T 个阶段样本平均近似值问题最优值的下界(式(10.5)~式(10.7)),通过运用前述的算法 2,得知 ϕ_{low} 是通过使用随机双动态规划算法的终止准则而得到的。此外,在每次迭代中,一个新的切平面将被添加到式(10.11)中,以确保 ϕ_{low} 是非降低的。求解式(10.11),将会终止每次迭代中的反向传递。算法 3 给出了关于后向传播的伪代码。

算法 2:SDDP 求误差解后向传播算法框架

要求:$\{\bar{\mathbf{x}}^m_1, \bar{\mathbf{x}}^m_2, \cdots, \bar{\mathbf{x}}^m_{T-1}\}$(试验解)

for $t = T \rightarrow 2$ **do**

    for $m = 1 \rightarrow M$ **do**

        for $s = 1 \rightarrow N_t$ **do**

求解第 t 阶段问题($\hat{\theta}_{T+1} = 0, \mathcal{K}_T \equiv \emptyset, \underline{Q}_T(\bar{\mathbf{x}}^m_{t-1}, \boldsymbol{\xi}^s_T) = Q_T(\bar{\mathbf{x}}^m_{T-1}, \boldsymbol{\xi}^s_T)$),

$\hat{\underline{Q}}_T(\bar{\mathbf{x}}^m_{t-1}) = \hat{Q}_T(\bar{\mathbf{x}}^m_{t-1})$:

$(\underline{Q}_t(\bar{\mathbf{x}}^m_{t-1}, \boldsymbol{\xi}^s_t), \boldsymbol{\pi}^{s,m}_t) \leftarrow \min_{x_t \geq 0, \hat{\theta}_{t+1} \in \mathbb{R}} \{\mathbf{c}'_t \mathbf{x}_t + \hat{\theta}_{t+1}:$

$\mathbf{A}_t \mathbf{x}_t = \mathbf{b}^s_t - \mathbf{B}^s_t \bar{\mathbf{x}}^m_{t-1}, -\mathbf{x}'_t \hat{\mathbf{g}}^m_{t+1,k_t} + \hat{\theta}_{t+1} \geq \hat{\beta}^m_{t+1,k_t}, k_t \in \mathcal{K}_t\}$

计算:$\hat{\mathbf{g}}^{s,m}_t, \hat{\mathbf{g}}^{s,m}_t = -\mathbf{B}^{s'}_t \boldsymbol{\pi}^{s,m}_t$

end for

计算 $\hat{g}_t^m$、$\hat{Q}_t(\bar{x}_{t-1}^m)$ 和 $\hat{\beta}_t^m$:

$$\hat{g}_t^m = \frac{1}{N_t}\sum_{s=1}^{N_t} g_t^{s,m}, \hat{Q}_t(\bar{x}_{t-1}^m) = \frac{1}{N_t}\sum_{s=1}^{N_t} Q_t(\bar{x}_{t-1}^m, \xi_t^s),$$

$$\hat{\beta}_t^m = \hat{Q}_t(\bar{x}_{t-1}^m) - \bar{x}_{t-1}^{m'}\hat{g}_t^m$$

对于所有的 $(t-1)$ 阶段问题加入新的切平面: $-x'_{t-1}\hat{g}_t^m + \hat{\theta}_t \geq \hat{\beta}_t^m$

end for

end for

更新下限:解决第一阶段的问题

$$\phi_{\text{low}} \leftarrow \min_{x_1 \geq 0, \hat{\theta}_2 \in \mathbb{R}}\{c'_1 x_1 + \hat{\theta}_2 : A_1 x_1 = b_1^s, -x'_1 \hat{g}_{2,k_1} + \hat{\theta}_2 \geq \hat{\beta}_{2,k_1}, k_1 \in \mathcal{K}_1\}$$

10.3.2 前向传播

本节总结了前向传播,它为后向传播提供了尝试解,并估计了整个 T 阶段样本平均近似值问题目标值的上限。与后向传播不同,前向传播不是在整个想定树上执行的,而是从第二阶段到最后一个阶段,对一系列场景进行采样;这种采样过程可以从真实的分布 $P_t(t=2,\cdots,T)$ 上进行,或者是从固定的想定树 $S_2,\cdots,S_T$ 进行,这又被称为内部采样(Internal Sampling)。然而,随机双动态规划算法的收敛需要在固定想定树中完成采样;由参考文献[25]中的命题 3.1 可知,随机双动态规划算法的收敛性需要从想定树上面采样。因此,在本节余下的内容中,我们只考虑内部采样的问题。

为了简化符号,以下描述前向传播时,是针对一般路径(Generic Path)进行描述的。因此,省略路径索引 m。前向传播从求解下式开始:

$$\begin{aligned}\min_{x_1 \geq 0, \hat{\theta}_2 \in \mathbb{R}} \quad & c'_1 x_1 + \hat{\theta}_2 \\ \text{s.t.} \quad & A_1 x_1 = b_1 \\ & -x'_1 \hat{g}_{2,k_1} + \hat{\theta}_2 \geq \hat{\beta}_{2,k_1}, k_1 \in \mathcal{K}_1\end{aligned} \quad (10.12)$$

对于后面的 $t=2,\cdots,T$ 阶段,前向传播求解问题表示为

$$\begin{aligned}\min_{x_t \geq 0, \hat{\theta}_{t+1} \in \mathbb{R}} \quad & c'_t x_t + \hat{\theta}_{t+1} \\ \text{s.t.} \quad & A_t x_t = b_t^l - B_t^l \bar{x}_{t-1} \\ & -x'_t \hat{g}_{t+1,k_t} + \hat{\theta}_{t+1} \geq \hat{\beta}_{t+1,k_t}, k_t \in \mathcal{K}_t\end{aligned} \quad (10.13)$$

式中:$\hat{\theta}_{T+1}=0$,注意到迭代次数为 0 时,$t=1,\cdots,T-1$ 时切平面的索引集 $\mathcal{K}_t$ 均为空值,因此,为了保持式(10.12)和式(10.13)中最优值是有限的,需要知道下界 $\hat{\theta}_t$。

通过式(10.13)求解式(10.12),将会终止每条路径的前向传播,从而得到一系列策略:$\{\bar{x}_1,\bar{x}_2(\boldsymbol{\xi}_{[2,m]}^l),\bar{x}_3(\boldsymbol{\xi}_{[3,m]}^l),\cdots,\bar{x}_T(\boldsymbol{\xi}_{[T,m]}^l)\}$,被用作 10.3.1 节中后向传播的试验解。通过构造函数,这些策略对于通过式(10.7)和式(10.5)来求解样本平均近似值问题是可行的。令 ϕ^m 是 T 阶段策略的目标值,即

$$\phi^m = c'_1\bar{x}_1 + \sum_{t=2}^T c'_t\bar{x}_t(\boldsymbol{\xi}_{[t,m]}^l)$$

对于 M 个独立的样本路径,重复前向传播处理过程,每个路径将产生一个新的 ϕ^m。那么,对于整个 T 阶段的样本平均近似值问题,上界的无偏估计以及方差表示为

$$\hat{\phi} = \frac{\sum_{m=1}^M \phi^m}{M}, \hat{\sigma}_\phi^2 = \frac{\sum_{m=1}^M (\phi^m - \hat{\phi})^2}{M-1}$$

通过中心极限定理(Central Limit Theorem)可以知道,$\hat{\phi}$ 对于一个大 M(实际 M 应该大于 30)具有近似正态分布,参考文献[25]通过置信区间上界为 $100(1-\alpha)\%$ 去估计全部 T 阶段的 SAA 问题的上限:

$$\hat{\phi}_{up} = \hat{\phi} + z_\alpha \hat{\sigma}_\phi / \sqrt{M}$$

式中:z_α 是标准正态分布 $(1-\alpha)$ 的分位点,并且若上限 $\hat{\phi}_{up}$ 和下限 $\hat{\phi}_{low}$ 之间的差小于规定的精度水平 $\epsilon > 0$,则终止随机双动态规划算法;算法 2 和算法 4 提供了前向传播的伪代码。

算法 3:随机双动态规划(SDDP)算法对 M 个样本路径的前向传播

要求:对于阶段 $t=2,\cdots,T$ 存在有限的下界 $\hat{\theta}_t$

for $m=1 \to M$ **do**

解 1 阶段问题:

$\bar{x}_1 \leftarrow \arg\min_{x_1 \geq 0, \hat{\theta}_2 \in \mathbb{R}} \{c'_1 x_1 + \hat{\theta}_2 : A_1 x_1 = b_1, -x'_1 \hat{g}_{2,k_1} + \hat{\theta}_2 \geq \hat{\beta}_{2,k_1}, k_1 \in \mathcal{K}_1\}$

for $t=2 \to T$ **do**

产生路径 m:$(\boldsymbol{\xi}_{2,m}^l, \boldsymbol{\xi}_{3,m}^l, \cdots, \boldsymbol{\xi}_{T,m}^l)$

解决 t 阶段问题$(\hat{\theta}_{T+1}=0)$:

$\bar{x}_t^m \leftarrow \arg\min_{x_t \geq 0, \hat{\theta}_{t+1} \in \mathbb{R}} \{c'_t x_t + \hat{\theta}_{t+1}:$

$$A_t x_t = b_{t,m}^l - B_{t,m}^l x_{t-1}^m, -x'_t \hat{g}_{t+1,k_t} + \hat{\theta}_{t+1} \geq \hat{\beta}_{t+1,k_t}, k_t \in \mathcal{K}_t\}$$

end for

计算 T 阶段目标函数的值：

$$\phi^m \leftarrow c'_1 \bar{x}_1 + \sum_{t=2}^{T} c'_t \bar{x}_t(\xi_{[t,m]}^l)$$

end for

计算采样均值 $\hat{\phi}$ 和方差 $\hat{\sigma}_\phi^2$：

$$\hat{\phi} = \frac{\sum_{m=1}^{M} \phi^m}{M}, \hat{\sigma}_\phi^2 = \frac{\sum_{m=1}^{M}(\phi^m - \hat{\phi})^2}{M-1}$$

更新上限：

$$\hat{\phi}_{up} \leftarrow \hat{\phi} + z_\alpha \hat{\sigma}_\phi / \sqrt{M}$$

10.4 备灾和短期救济分配问题

本节中我们假设给定一个运输网络，包括节点集 $\mathcal{N}$ 以及边集合 $\mathcal{A}$。节点集 $\mathcal{N}$ 被分成两个子集 I 和 J；其中，集合 I 中的节点是可能存储设施的位置，集合 J 中的节点是避难所。此外，我们假设运输网络中每对节点之间存在连接节点的路径 $i', j' \in \mathcal{N}$。我们在不同阶段 $t=1,\cdots,T$ 中的决策可以总结如下：第一阶段的决策是灾前决策，这是在未观察到任何随机性之前做出的，这些决定属于备灾阶段。我们在第一阶段的决策确定了存储设施的位置和大小类别，以及在开放设施中预先放置的不同类型的应急商品数量。$t=2,\cdots,T$ 阶段则属于灾难发生后的决策，t 阶段的决策是当观测到 t 阶段所对应的随机性情况 $\tilde{\xi}_t$ 而做出的。在 $t=2,\cdots,T$ 阶段中，我们需要决策以确定需购买急救物资的数量，以更新前一阶段的库存，并确定需要分配给灾民的物品的确定数量。

我们的问题中存在两个方面的随机问题，分别来自避难所对紧急商品的需求和运输容量，对应于通过这些关联关系、利用道路交通所能运输的所有商品的总量。在任意 t 阶段，我们分别用 $\tilde{v}_t$ 和 $\tilde{k}_t$ 表示需求向量和容量向量，因此，$\tilde{\xi}_t = (\tilde{v}'_t, \tilde{k}'_t)$。假设 $\tilde{v}_{ij}^k$ 是 $\tilde{v}_t$ 的组成元素，代表在第 t 阶段时、位于避难所 j、对于商品 k 的随机需求量，$\tilde{v}_{ij}^k$ 建模公式为

$$\tilde{v}_{ij}^k = \delta_t^k (\varsigma_{t-1,j} + \tilde{\varsigma}_{t,j}), t=2,\cdots,T, j \in J \qquad (10.14)$$

式中:δ_t^k 是 t 阶段时每人所需要商品 k 的数量;$\varsigma_{t-1,j}$ 是 $t-1$ 阶段时避难所 j 中应该包括的难民数量;$\varsigma_{t,j}$ 是 t 阶段时避难所 j 随机增加的难民数量。我们只考虑灾难(地震)发生后的第一个、同时也是最为关键的72h。因此,如果阶段的总数是3个(即 $T=3$),并且阶段2和阶段3都假定持续36h,于是 δ_t^k 也相应地被确定。此外,在参考文献中被疏散人员数目在时间上的累积,通常是通过S形曲线来模拟的[27]。因此,我们假设 $\varsigma_{t,j}$ 服从正态分布或对数正态分布,正态分布的累积分布函数是一条S型曲线,而对数正态分布的右拖尾大于正态分布。

在发生一次地震之后,我们假设 $\mathcal{A}$ 中的所有道路仍然可以用于运输,因此,网络仍然保持连接畅通。然而,车辆的平均速度将会因为道路的部分阻塞而降低(如由于倒塌的建筑物)。此外,我们假设 $\tilde{\kappa}_{ti'j'}$ 为 $\tilde{\kappa}_t$ 的一个构成要素,代表着第 t 阶段时道路 (i',j') 的随机容量。$\tilde{\kappa}_{ti'j'}$ 可表示为

$$\tilde{\kappa}_{ti'j'} = \eta * \frac{\tau(t)}{\omega(i',j')/\tilde{\gamma}_{ti'j'}}, t=2,\cdots,T, (i',j') \in \mathcal{A} \qquad (10.15)$$

式中:η 代表每辆货车的容量;$\tau(t)$ 是第 t 阶段所对应的时长(如果 $T=3$,那么 $\tau(t)=36$),$\omega(i',j')$ 是 i' 和 j' 两点之间的距离;$\tilde{\gamma}_{ti'j'}$ 代表货车的随机速度。式(10.15)中假设只有一种车型,并且随机速度 $\tilde{\gamma}_{ti'j'}$ 在阶段 t 内保持不变。由于根据经验发现速度是正态分布的[28],因此 $\tilde{\gamma}_{ti'j'}$ 被假设为符合正态分布。

表10.1中给出了所有 T 阶段所涉及的数学公式。本章从以下两个方面扩展了参考文献[12]中的相关问题:①参考文献[12]中的问题转化成两阶段(静态)随机规划问题(Two-Stage(Static) Stochastic Programming Problem)进行求解,然而本章则将问题转化成一个多阶段(动态)随机规划问题的求解。因此,我们的结果将会反映在 $t=2,\cdots,T-1$ 阶段中,随着随机需求和道路容量的变化,所作出决策将会动态更新。②参考文献[12]中假设 $\tilde{\xi}_t$ 是有界支撑的。在本章问题中,$\tilde{v}_{tj}^k$ 和 $\tilde{\kappa}_{ti'j'}$ 都是无界的。通过运用10.2节介绍的CMCS采样或LHS采样方法,构造了一个有限的想定树(即 $\tilde{v}_{tj}^k$ 和 $\tilde{\kappa}_{ti'j'}$,其中 $t=2,\cdots,T$,且 $s=1,\cdots,N_t$),然后在此想定树上求解。我们的结果将取决于10.4节生成的想定树,将在许多生成的树上应用SDDP算法,并给出结果的中值、下四分之一分位点和上四分之一分位点。

表10.1 式(10.16)~式(10.18)中问题注释

L:尺寸类别集合,由下标 l 进行索引
K:商品类别集合,由下标 k 进行索引
F_{il}:在地点 i 开设尺寸 l 类型的设施所需要的固定成本

续表

q_t^k：第 t 阶段时，商品 k 的单位采购成本
b^k：商品 k 的单位空间需求
M_l：尺寸 l 类型设施的总容量
$d_{ti'j'}^k$：第 t 阶段时通过道路 (i',j') 运输商品 k 的单位运输花销
p_t^k：第 t 阶段时商品 k 的单位损失成本
h_T^k：第 t 阶段时商品 k 因变质而产生的单位损失成本

下面，式(10.5)中第一阶段的 SAA 问题表示如下：

$$\text{Min} \sum_{i \in I}\sum_{l \in L} F_{il} y_{il} + \sum_{k \in K}\sum_{i \in I} q_1^k r_{1i}^k + \hat{Q}_2(\boldsymbol{x}_1)$$

$$\text{s.t.} \quad \sum_{k \in K} b^k r_{1i}^k \leq \sum_{l \in L} M_l y_{il}, \forall i \in I \tag{10.16a}$$

$$\sum_{l \in L} y_{il} \leq 1, \forall i \in I \tag{10.16b}$$

$$y_{il} \in \{0,1\}, \forall i \in I, l \in L, r_{1i}^k \geq 0, \forall i \in I, k \in K$$

式中：y_{il} 指的是关于地点 i 和尺寸类型第 l 类存储设备的变量；r_{1i}^k 表示存储设施 i 中预存放应急商品 k 数量的变量；$\boldsymbol{x}_1$ 是由 r_{1i}^k 和 y_{il} 组成的向量。此外，式(10.16a)表示存储设施容量的约束，式(10.16b)将每个节点的存储设施的数量限制为最多一个。请注意，10.4 节中给出的关于 y_{il} 的双重限制被释放了，即 $y_{il} \in [0,1]$。对于后续的阶段 $t=2,\cdots,T-1$，以及想定树中关于 ς_t^s 和 κ_t^s 的实例，其所对应的组成元素分别是 $\varsigma_{t,j}^s$ 和 $\tilde{\kappa}_{ti'j'}^s$，式(10.6)中的 t 阶段 SAA 问题表示为

$$\text{Min} \sum_{k \in K}\sum_{i \in I} q_t^k r_{ti}^k + \sum_{(i',j') \in A}\sum_{k \in K} d_{ti'j'}^k m_{ti'j'}^k + \sum_{j \in J}\sum_{k \in K} p_t^k w_{tj}^k + \hat{Q}_{t+1}(\boldsymbol{x}_t)$$

$$\text{s.t.} \quad z_{ti}^k + \sum_{(i,j') \in A} m_{tij'}^k - \sum_{(j',i) \in A} m_{tj'i}^k = r_{t-1,i}^k + z_{t-1,i}^k, \forall i \in I, k \in K \tag{10.17a}$$

$$\sum_{(i',j) \in A} m_{ti'j}^k - \sum_{(j,i') \in A} m_{tji'}^k + w_{tj}^k = \delta_t^k(\varsigma_{t-1,j} + \varsigma_{t,j}^S) \tag{10.17b}$$

$$\forall j \in J, k \in K$$

$$\sum_{k \in K} b^k (m_{ti'j'}^k + m_{tj'i'}^k) \leq \tilde{\kappa}_{ti'j'}^S, \forall (i',j') \in A \tag{10.17c}$$

$$\sum_{k \in K} b^k (z_{ti}^k + r_{ti}^k) \leq \sum_{l \in L} M_l y_{il}, \forall i \in I \tag{10.17d}$$

$$r_{ti}^k, m_{ti'j'}^k, w_{tj}^k, z_{ti}^k \geq 0, \forall i \in I, j \in J, k \in K, (i',j') \in A$$

式中：r_{ti}^k 是表示存储设施 i 中待购买的商品 k 的数量所对应的变量；$q_t^k > q_1^k$；$m_{ti'j'}^k$ 是道路 (i',j') 上运输商品 k 的变量；z_{ti}^k 和 w_{tj}^k 分别是关于设施 i 的商品 k 的库存数量

以及避难所 j 的商品 k 短缺数量的辅助变量;x_t 是由 r_{ti}^k 和 z_{ti}^k 组成的向量。此外,式(10.17a)表示了流量守恒的约束条件(Flow Conservation Constraints),令 $z_{1i}^k = 0$,$\forall i \in I, k \in K$;式(10.17b)是关于需求满足度约束(Demand Satisfaction Constraint),式(10.17c)和式(10.17d)分别是关于道路和存储设施的容量限制。

式(10.7)中的 T 阶段 SAA 问题与式(10.17a)~式(10.17c)具有相同的约束,但是在此阶段,不会再有更多的关于采购的决策;并且,剩余的存货量将通过单位持有(损耗)成本来进行惩罚计算而得到。因此,$t = T$ 时的目标函数变为

$$\text{Min} \sum_{k \in K} \sum_{i \in I} h_T^k z_{Ti}^k + \sum_{(i',j') \in A} \sum_{k \in K} d_{Ti'j'}^k m_{Ti'j'}^k + \sum_{j \in J} \sum_{k \in K} p_T^k w_{Tj}^k \quad (10.18)$$

请注意,式(10.17)满足 10.3 节中关于相对完整资源假设(假设 3,A3);事实上,式(10.17)是完全可计算的。这是通过对式(10.17b)提出的需求满足度约束进行处理来实现的,添加短缺辅助变量 w_{tj}^k 得到 $\tilde{\varsigma}_{t,j}$。

下面,我们给出了 10.3.1 节中 SDDP 算法后向传播应用的一些必要细节;或者,更为准确地说,我们给出了 $t = 2, \cdots, T$ 所有阶段所涉及的矩阵 B_t 和对偶向量 π_t。在 $t = 2$ 阶段,通过式(10.17)可以看出 B_2 被划分为

$$B_2 = \begin{bmatrix} D_{2,1} & 0 \\ 0 & D_{2,2} \end{bmatrix}$$

式中:$D_{2,1}$ 是维度为 $(|I| * |K|)$ 的(正方形)对角矩阵,对角线上的元素为 -1,$D_{2,2}$ 是已知的 $|I| \times (|I| * |L|)$ 维矩阵,即

$$D_{2,2} = \begin{bmatrix} -M_1 & -M_2 & \cdots & -M_{|L|} & 0 & 0 & \cdots & 0 & \cdots & 0 & 0 & \cdots & 0 \\ 0 & 0 & \cdots & 0 & -M_1 & -M_2 & \cdots & -M_{|L|} & \cdots & 0 & 0 & \cdots & 0 \\ \cdot & & \cdots & & \cdot & & \cdots & & \cdots & & & \cdots & \\ 0 & 0 & \cdots & 0 & \cdot & & \cdots & & \cdots & -M_1 & -M_2 & \cdots & -M_{|L|} \end{bmatrix}$$

式中:0 是具有合适维度的零矩阵,对偶向量 π_2 由式(10.17a)和式(10.17d)中对应的对偶变量组成。对于式(10.17)中后续的 $t = 3, \cdots, T$ 阶段,矩阵 B_t 可被分区表示为

$$B_t = [D_{2,1} D_{2,2}]$$

相应的对偶向量 π_t 由式(10.17a)中的限制条件所对应的对偶变量组成。

计算结果

我们考虑了 3 种消耗型的紧急商品,即水、食物和医疗包,以及 10 个可能的存储设施位置;商品的成本和所占空间容积数据如表 10.2 所列,表 10.3 给

出了成本和存储设施容量空间的数据(与参考文献[12]中的数据相同)。此外,我们考虑到伊斯坦布尔两个行政区(Avcilar 和 Kucukcekmece)共包括学校或医院等组成的 30 个避难所。在这个呈现的网络中,一共有 40 个节点以及 75 条边,将这些节点联结起来。由于土壤条件原因,这些自治区在受到地震影响时,非常脆弱[29]。这项工作还估计了伊斯坦布尔所有行政区在遭受 7.3 级地震时,容易受到不同程度破坏的建筑物总数;结果如表 10.4 所列。此外,参考文献[29]估计了伊斯坦布尔所有行政区的人员伤亡总数为 85087 人。根据土耳其统计局(Turkish Statistical Institute)[31]的数据,2012 年 Avcilar 的人口数量为 395274 人,Kucukcekmece 的人口数量为 721911 人。

表 10.2　第一阶段每单位商品的购买价格、体积占用以及运输成本

商品	q_i^k/(美元/单位)	b^k/立方英尺①	运输成本/(美元/英里②)
水(1000 加仑③)	647.7	144.6	0.3
食物(1000 份 MRE④)	5420	83.33	0.04
医疗包	140	1.16	5.80×10^{-4}

① 1 立方英尺≈0.0283m³。
② 1 英里≈1.609km。
③ 1 加仑(英)≈4.546L。
④ MRE(Meal Ready to Eat)为份饭、口粮。

表 10.3　设备设施的类别、固定成本和存储容量

类别编号	描述符	F_l/美元	M_l/立方英尺
1	小号	19600	36400
2	中号	188400	408200
3	大号	300000	780000

表 10.4　伊斯坦布尔两个行政区未损坏(Non-Damaged,ND)、轻微损坏(Slightly Damaged,SD)、中等损坏(Medium Damaged,MD)、严重损坏(Extensively Damaged,ED)和完全损坏(Completely Damaged,CD)的建筑物的估计数量(Avcilar 和 Kucukcekmece 相关数据来源:参考文献[30];伊斯坦布尔相关数据来源:参考文献[29])

项目	未损坏建筑物	轻微损坏建筑物	中等损坏建筑物	严重损害建筑物	完全损坏建筑物
Avcilar 行政区	2572	5220	4919	1550	736
Kucukcekmece 行政区	8104	11916	11828	3800	1757

续表

项目	未损坏建筑物	轻微损坏建筑物	中等损坏建筑物	严重损害建筑物	完全损坏建筑物
伊斯坦布尔总数	155288	183522	154193	46379	23291

我们考虑 $T=3$ 阶段的情况,并假设每个阶段的时长为 $\tau(t)=36\mathrm{h}$。在式(10.14)中,假设对于水、食物和医疗包的消耗水平分别为:人均消耗水量为 $\delta_t^k=1.585$ 加仑,人均消耗食物 $\delta_t^k=4$ 份,人均耗医疗包 $\delta_t^k=2.5$ 个单位。我们进一步假设,当地震发生之后,两个行政区内受到中等程度损毁的建筑物中的灾民被平均分配到了前述 30 个避难所。为此,这些人口总数量约为 $(16747/52402)\times(395274+721911)\approx357037.846$(由表10.4给出),其中 16747 和 52402[①] 分别是两个行政区中度受损建筑物的总数,以及在这两个区中所有建筑物的总数。因此,在式(10.14)的阶段 2 中,$\varsigma_{1,j}$ 可以通过 $\varsigma_{1,j}=357037.846/30\approx11901.262$,$\forall j\in J$ 被估计出来。对于后面的阶段,我们假设各个避难所的 $\tilde{\varsigma}_{1,j}$ 分布相同;因此,归一化后的 $\tilde{\varsigma}_{2,j}$ 和 $\tilde{\varsigma}_{3,j}$ 的均值假设可以由公式 $((17136/52402)\times(395274+721911)/30)\approx12177.705$ 和 $((10676/52402)\times(395274+721911)/30)\approx7586.903$ 得出,其中由表10.4可知,17136 和 10676 分别是这两个行政区的轻微受损建筑物总数和未损坏建筑物总数。此外,$\tilde{\varsigma}_{2,j}$ 和 $\tilde{\varsigma}_{3,j}$ 的方差(Variance)假设是他们对应均值的 10% 和 20%;也就是说,假设第 3 阶段数据比第 2 阶段数据噪声大。对于服从正态对数分布的 $\tilde{\varsigma}_{2,j}$ 和 $\tilde{\varsigma}_{3,j}$,我们假设 $\tilde{\varsigma}_{2,j}$ 和 $\tilde{\varsigma}_{3,j}$ 具有相同的均值(即 12177.705 和 7586.903)和方差。那么,为了生成对数正态样本,计算相应的正常随机变量的均值和方差,如参考文献[32]所示。

在式(10.15)中,令 $\eta=28.252$ 立方英尺;同时,假设 $\tilde{\gamma}_{tij}$ 满足在各个街道中是同分布的,$\tilde{\gamma}_{2ij}$ 和 $\tilde{\gamma}_{3ij}$ 的均值都被假定为 24.855 km/h,方差依然被假定为各自均值的 10% 和 20%。在式(10.17)和式(10.18)中,阶段 2 的采购价格(Acquisition Price)q_2^k,阶段 2 和阶段 3 的惩罚成本(Penalty Cost)为 p_2^k 和 p_3^k,阶段 3 的持有成本(Holding Cost)z_3^k 分别被设置为 $q_2^k=3q_1^k, p_2^k=10q_1^k, p_3^k=10q_2^k, z_3^k=0.25q_2^k, \forall k\in K$。需要注意的是,所有数值的选择仅仅是为了进行说明,并且它们可能跟最终模型使用者给出的估计取值并不匹配。

我们使用 CMCS 或 LHS 方法生成一棵想定树,并且考虑表10.5 中所汇总

---

① 16747=4919+11828;52402=2572+5220+4919+1550+736+8104+11916+11828+3800+1757;395274 和 721911 分别为 2012 年 Avcilar 和 Kucukcekmece 的人口数量。——译者

罗列的可能情况。为了衡量 SDDP 算法性能的可变性,我们针对表 10.5 中的每种情况产生 10 棵想定树,然后对每棵树应用 SDDP 算法。阶段 2 和阶段 3 的样本大小选择为 $N_2 = N_3 = 300$,因此,每棵想定树都包含 $300^2 = 90000$ 个场景。

表 10.5 SDDP 想定树的采样策略

场景	想定树	式(10.14)中的 $\zeta_{t,j}$ 的分布
1	CMCS	正态分布
2	LHS	正态分布
3	CMCS	对数正态分布
4	LHS	对数正态分布

对于停止的标准,准确度参数 ϵ 被设为 $\epsilon = 0.001$。然而,由于 SDDP 算法的收敛速度非常慢,我们还将最大迭代次数设定为 500 次,当达到第 500 次迭代时,如果此时仍不能满足算法 2 中所明确的原始停止条件(Original Stopping Criterion),则将强制算法终止。我们观察到,在所有 4 种情况下以及针对所有的想定树,SDDP 算法都是在达到了最大迭代次数后停止的。此外,为了加快进程,我们使 SDDP 算法每完成 10 次迭代运行一次正向传播。正向传播所需的样本路径数为 $M = 30$。

所有计算实验均在装有 Windows 2008 Server 的工作站上进行,主要配置包括 3 个 2.60GHz 的 Intel(R) Xeon(R) CPU E5 – 2670 和 4GB RAM。线性规划问题由 ILOG CPLEX Callable Library 12.2 解决。

图 10.3 显示了在 10 个想定树中所有情况下第三名 SDDP 算法的性能(即运算速度最快)。为了消除在估计上限(Estimated Upper Bound)中可能存在的波动,我们还考虑了估计上限的移动平均值(Moving Average)。从图 10.3 可以明显看出,大多数关于下限(Lower Bound)的改进(即提高)主要依赖于 CPU 前 1000s,这与前 200 个迭代相对应。表 10.6 给出了图 10.3 中数字的详细分析解读。在该表中,算法 2 通过检测绝对差值(Absolute Gap)作为评判准则,来决定算法是否终止;即绝对差值为 $\hat{\phi}_{up} - \phi_{low}$。其中,我们在这里考虑的 $\hat{\phi}_{up}$ 是估计上限的移动平均值。对于所有场景条件下,第 500 次迭代中的所有情况,SDDP 算法都远不能满足算法 2 中的停止标准,即未能按照"当绝对差值小于或等于 $\epsilon = 0.001$ 时,SDDP 算法停止"的准则来执行。我们在表 10.6 中定义相对差值百分比(Percent Relative Gap)为

$$相对差值百分比 = \frac{\hat{\phi}_{up} - \phi_{low}}{\phi_{low}} \times 100\%$$

其中，我们再次使用估计上限 $\hat{\phi}_{up}$ 的移动平均值，表 10.6 中，尤其是在前 200 次迭代中，相对差值百分比的降低更为显著。因此，在 SDDP 算法的应用中，停止标准中最好使用相对差值百分比而不是绝对差值，并在百分比差距小于一定阈值时停止 SDDP，如小于 5%。

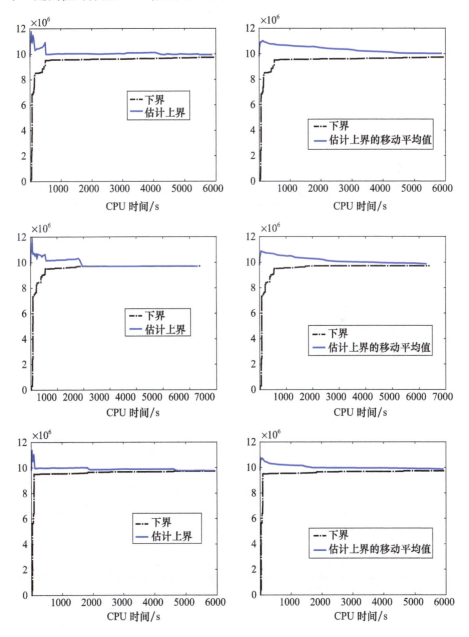

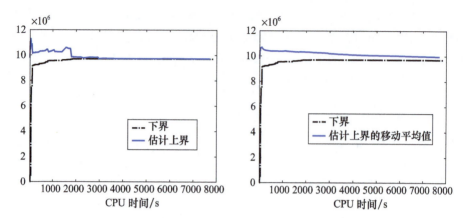

图 10.3 案例 1、2、3 和 4 的 SDDP 速度排名第三的边界变化情况（分别展示）

表 10.6 针对图 10.3 反映的迭代过程，绝对和相对差值百分比的改善情况

案例	迭代次数	下界	上界的移动平均值	绝对差值	相对差值百分比/%
1	50	6849561.008	10942760.920	4093199.912	59.759
	100	8519613.644	10957160.021	2437546.377	28.611
	200	9549194.168	10708404.027	1159209.859	12.139
	350	9636998.992	10218123.122	581124.130	6.030
	500	9724593.911	10035679.425	311085.514	3.199
2	50	7324940.251	10881379.401	3556439.150	48.552
	100	8445593.177	10744304.566	2298711.389	27.218
	200	9518002.455	10588523.394	1070520.939	11.247
	350	9705782.196	10292149.092	586366.896	6.041
	500	9705988.903	9895185.518	189196.615	1.949
3	50	6393689.078	10681129.175	4287440.097	67.057
	100	9520065.086	10444020.568	923955.482	9.705
	200	9545683.221	10223817.687	678134.466	7.104
	350	9675491.422	9998380.536	322889.114	3.337
	500	9735599.691	9900368.370	164768.679	1.692

第 10 章 面向短期灾难管理问题的随机双动态规划解决方法

续表

案例	迭代次数	下界	上界的移动平均值	绝对差值	相对差值百分比/%
4	50	7459438.678	10655083.954	3195645.276	42.841
	100	9241570.677	10481877.804	1240307.127	13.421
	200	9454208.016	10378381.131	924173.115	9.775
	350	9698366.587	10306273.237	607906.650	6.268
	500	9706567.404	9954845.953	248278.549	2.558

为了比较案例1和案例2，我们应用配对的 t 检验，其中三个检验的虚假设（Null Hypotheses）和备择假设（Alternative Hypotheses）由下式给出：

H_0: Mean of (percent relative gap for Case 2 − percent relative gap for Case1) = 0

H_1: Mean of (percent relative gap for Case 2 − percent relative gap for Case1) > 0

H_0: Mean of ("optimal" 3_stage cost for Case2 − "optimal" 3_stage cost for Case1) = 0

H_1: Mean of ("optimal" 3_stage cost for Case2 − "optimal" 3_stage cost for Case1) > 0

以及

H_0: Mean of (CPU time for Case1 − CPU time for Case2) = 0

H_1: Mean of (CPU time for Case1 − CPU time for Case2) > 0

其中，"最佳"的第三阶段成本是在第 500 次迭代时估计上限的移动平均值（也就是说，绝对差值和相对差值百分比都是在第 500 次迭代中出现了最小值，因此，最终用户应该考虑估计的上限或者第 500 次迭代时的上限移动平均值作为"最佳"的第三阶段费用）。p 值分别为 0.3113、0.3368 和 0.3337，从表 10.7 和图 10.4 中也可以看出。因此，对于显著性水平的所有"合理值"（即 $\alpha = 1\%$，$\alpha = 5\%$ 和 $\alpha = 10\%$），这 3 个虚假设是不能被拒绝的；事实上，为了减少表 10.7 中的高噪声，耗时的 SDDP 算法必须在更多的想定树上运行。但是，这一过程的最终用户将在单个想定树上运行 SDDP 算法。因此，通常建议通过 LHS 方法来生成想定树，这是因为这种采样技术所带来的相对差值百分比、"最佳"第三阶段成本以及不同想定树上的 CPU 时间，可能表现出来的可变性将会较小，如图 10.4 所示。

表 10.7 案例 1 和案例 2 的 10 个想定树中的相对差值百分比，"最佳"第三阶段成本和 CPU 时间的差异（图 10.4）

	相对差值百分比	"最佳"第三阶段成本	CPU 时间/s
案例 1			
最小值	0.2972	9.7684×10^6	5.1571×10^3
下四分之一分位点	0.5542	9.7802×10^6	5.7502×10^3
中位数	0.7761	9.7854×10^6	6.1390×10^3
上四分之一分位点	3.7351	1.0076×10^7	7.4038×10^3
最大值	5.3436	1.0197×10^7	9.6930×10^3
样本平均值	2.0511	9.9141×10^6	6.7156×10^3
样本标准差	2.1709	1.9337×10^5	1.7479×10^3
案例 2			
最小值	1.9493	9.8952×10^6	5.9596×10^3
下四分之一分位点	2.1717	9.9150×10^6	6.1643×10^3
中位数	2.2947	9.9286×10^6	6.4033×10^3
上四分之一分位点	3.1180	1.0008×10^7	6.6744×10^3
最大值	3.1548	1.0012×10^7	6.7112×10^3
样本平均值	2.5501	9.9527×10^6	6.3937×10^3
样本标准差	1.0923	5.2959×10^4	311.1915

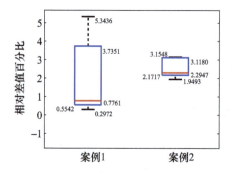

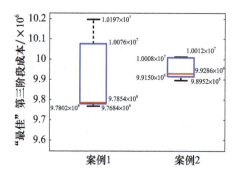

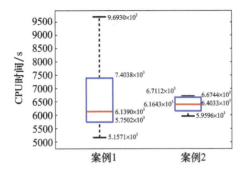

图 10.4 以箱型图显示案例 1 和 2 的相对差值百分比，
"最佳"第三阶段成本以及 CPU 时间的变化

我们还通过配对 t 检验，对案例 3 和案例 4 进行了对比分析，相关的虚假设和备择假设由下式给出：

H_0: Mean of(percent relative gap for Case 3 − percent relative gap for Case 4) = 0

H_1: Mean of(percent relative gap for Case 3 − percent relative gap for Case 4) > 0

H_0: Mean of("optimal"3_stage cost for Case 3_"optimal" 3_stage cost for Case 4) = 0

H_1: Mean of("optimal"3_stage cost for Case 3_"optimal" 3_stage cost for Case 4) > 0

以及

H_0: Mean of(CPU time for Case 4_CPU time for Case 3) = 0

H_1: Mean of(CPU time for Case 4_CPU time for Case 3) > 0

现在 p 的取值又变得非常高，即从表 10.8 和图 10.5 可以看出，分别是 0.3236、0.4768 和 0.2717。同样地，在 $\alpha = 1\%$，$\alpha = 5\%$ 和 $\alpha = 10\%$ 显著性水平下，不能拒绝这 3 个虚假设。此外，从图 10.5 可以看出，两种情况下的相对差值百分比、"最佳"第三阶段成本和 CPU 时间的差异，是非常相似的。因此，无论是 CMCS 还是 LHS 采样方法，都应该没有显著差别地应用于生成想定树。

表 10.8 案例 3 和案例 4 的 10 个想定树中的相对差值百分比，
"最佳"第三阶段成本和 CPU 时间的差异(图 10.5)

	相对差值百分比	"最佳"第三阶段成本	CPU 时间/s
案例 3			
最小数值	0.2778	9.7671×10^6	4.8335×10^3
下四分之一分位点	0.5560	9.7775×10^6	4.8574×10^3

续表

	相对差值百分比	"最佳"第三阶段成本	CPU 时间/s
中位数	5.0889	1.0081×10^7	6.4847×10^3
上四分之一分位点	6.5955	1.0214×10^7	7.4521×10^3
最大数值	8.5499	1.0264×10^7	8.9429×10^3
样本平均值	4.1019	1.0018×10^7	6.4163×10^3
样本标准差	3.5602	2.3225×10^5	1.7022×10^3
案例 4			
最小数值	0.1627	9.7221×10^6	5.0865×10^3
下四分之一分位点	1.6937	9.8694×10^6	5.9245×10^3
中位数	2.5578	9.9548×10^6	6.2149×10^3
上四分之一分位点	5.4115	1.0195×10^7	8.0328×10^3
最大数值	7.7221	1.0313×10^7	8.5246×10^3
样本平均值	3.4576	1.0013×10^7	6.7797×10^3
样本标准差	2.8646	2.2759×10^5	1.3918×10^3

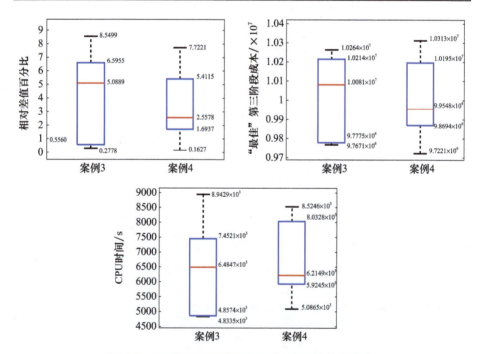

图 10.5　箱形图显示了案例 3 和 4 的相对差值百分比，"最佳"第三阶段成本以及 CPU 时间的变化

10.5 结论与未来研究

在本章中,我们考虑了救灾准备和灾难发生后短期响应规划问题。我们通过多阶段随机优化模型来表述此问题,在该模型中,第一阶段的问题转化为确定存储设施的位置及其存储空间大小,以及在开放设施处预先存放的应急救援物品的数量等问题。后续的问题表述为带分流的多商品派送网络流量问题,并且确定了分发给灾民,以及购买更新存储设施中库存的应急商品采购数量问题。此外,我们假设避难所的需求和道路通行能力是阶段性的,并且是随机变化的;在此,我们考虑对于随机数量的统计特性按照正态分布和对数正态分布执行。为了克服现实中可能存在无限多种场景的问题,我们对正态分布和对数正态分布进行了离散化,因此,通过"粗糙蒙特卡洛采样"或"拉丁超立方体采样"方法,构建了想定树。此外,为了克服多维积分的计算问题,我们将难以计算的期望转化为求样本平均近似估计值。由此产生的 SAA 问题通过在包含 90000 个场景的想定树上采用随机双动态规划算法得以解决。由于解决方案取决于生成的想定树,为此,我们针对通过 CMCS 或 LHS 采样算法所生成的大量不同想定树,重复迭代分析处理过程。在所有计算实验中,观察到在经过最初的数百次迭代之后,绝对差值几乎没有得到改善——将绝对差值作为迭代算法的停止标准。因此,在 SDDP 算法的应用中可以看到,相对差值百分比可以代替绝对差值,更好地用于判断迭代分析的终止标准。此外,我们通过配对 t 检验方法,对 CMCS 和 LHS 方法的结果进行了对比分析,从中发现,当物资需求和道路通行能力都呈正态分布时,LHS 在满足想定树的应变能力和适应性方面,表现出了更为优秀的稳健性。

我们所给出的一系列观点,本身就可以作为下一步研究工作的方向。首先,本章的多阶段随机模型是风险中立的。一个更好的灾难管理研究模型应该包括风险度量,如条件约束、条件风险值类型约束(Value - at - Risk Type Constraint)等。例如,这种约束可以确保不发生难以接受的情况,如当面对随机产生不同的需求时,如果不能满足总需求的情况超过了一定比例的概率不能过高,并且以大概率确保不能超过预先给定的有关限制上边界的情况发生。此外,在多阶段随机模型中应当充分考虑人道主义标准,如最大化挽救生命或者应急物品的总交付时间应尽量控制在最短。后续研究中还需要关注的,在执行前几百次迭代之后,还需要开展更多的研究,来改善 SDDP 算法收敛慢的问题。

致 谢

作者感谢 Atilla Ansal 和 Mustafa Erdik(博加齐奇大学的坎迪里天文台和地震研究中心),他们提供了在伊斯坦布尔地震后所估计的不同级别受损建筑物数量的相关数据。本项研究已得到加拉塔萨雷大学研究基金(Galatasaray University Research Fund)的资助。

参考文献

[1] Wassenhove, L. N. V. : Humanitarian aid logistics: supply chain management in high gear. J. Oper. Res. Soc. 57(5), 475 – 489 (2006).

[2] Hedgpeth, D. : U. S. task force commander for Haitian relief says logistics remain stumbling block. Washington Post, 18 Jan 2010. http://www. washingtonpost. com/wp – dyn/content/article/ 2010/01/18/ AR2010011804059. html. Accessed 13 Dec 2013.

[3] BBC News: Logistical nightmare hampers Haiti aid effort, 22 Jan 2010. http://www. news. bbc. co. uk/go/pr/fr/ – /2/hi/americas/8460787. stm. Accessed 13 Dec 2013.

[4] Galindo, G. , Batta, R. : Review of recent developments in OR/MS research in disaster operations management. Eur. J. Oper. Res. 230, 201 – 211 (2013).

[5] Caunhye, A. M. , Nie, X. , Pokharel, S. : Optimization models in emergency logistics. Socio Econ. Plan. Sci. 46(1), 4 – 13 (2012).

[6] Haghani, A. , Oh, S. – C. : Formulation and solution of a multi – commodity, multi – modal network flow model for disaster relief operations. Transp. Res. Part A 30(3), 231 – 250 (1996).

[7] Barbarosoglu, G. , Arda, Y. : A two – stage stochastic programming framework for transportation planning in disaster response. J. Oper. Res. Soc. 55, 43 – 53 (2004).

[8] Chiu, Y – C. , Zheng, H. , Villalobos, J. , Gautam, B. : Modeling no – notice mass evacuation using a dynamic traffic flow optimization model. IIE Trans. 39, 83 – 94 (2007).

[9] Yi, W. , Özdamar, L. : A dynamic logistics coordination model for evacuation and support in disaster response activities. Eur. J. Oper. Res. 179, 1177 – 1193 (2007).

[10] Lodree, E. J. , Taskin, S. : Supply chain planning for hurricane response with wind speed information updates. Comput. Oper. Res. 36, 2 – 15 (2009).

[11] Balcik, B. , Beamon, B. M. , Smilowitz, K. : Last mile distribution in humanitarian relief. J. Intell. Transp. Syst. 12(2), 51 – 63 (2008).

[12] Rawls, C. G. , Turnquist, M. A. : Pre – positioning of emergency supplies for disaster response. Transp. Res. Part B 44, 521 – 534 (2010).

[13] Rawls, C. G. , Turnquist, M. A. : Pre – positioning and dynamic delivery planning for short – term response following a natural disaster. Socio Econ. Plan. Sci. 46(1), 46 – 54 (2012).

[14] An, S., Cui, N., Li, X., Ouyang, Y.: Location planning for transit – based evacuation under the risk of disruptions. Transp. Res. Part B 54, 1 – 16 (2013).

[15] Homem – de – Mello, T., de Matos, V. L., Finardi, E. C.: Sampling strategies and stopping criteria for stochastic dual dynamic programming: a case study in the long – term hydrotermal scheduling. Energy Syst. 2, 1 – 31 (2011).

[16] Fu, M.: Optimization for simulation: theory vs. practice. INFORMS J. Comput. 14(3), 192 – 215 (2002).

[17] Shapiro, A., Dentcheva, D., Ruszczynski, A.: Lectures on Stochastic Programming: Modeling and Theory. SIAM, Philadelphia (2009).

[18] Infanger, G., Morton, D. P.: Cut sharing for multistage stochastic linear programs with interstage dependency. Math. Program. 75, 241 – 256 (2006).

[19] McKay, M. D., Beckman, R. J., Conover, W. J.: A comparison of three methods for selecting values of input variables in the analysis of output from a computer code. Technometrics 21, 239 – 245 (1979).

[20] Loh, W.: On Latin hypercube sampling. Ann. Stat. 24(5), 2058 – 2080 (1996).

[21] Owen, A. B.: Monte Carlo variance of scrambled net quadrature. SIAM J. Numer. Anal. 34(5), 1884 – 1910 (1997).

[22] Stein, M. L.: Large sample properties of simulations using Latin hypercube sampling. Technometrics 29, 143 – 151 (1987).

[23] Pereira, M. V. F., Pinto, L. M. V. G.: Multi – stage stochastic optimization applied to energy planning. Math. Program. 52, 359 – 375 (1991).

[24] Philpott, A. B., Guan, Z.: On the convergence of stochastic dual dynamic programming and related methods. Oper. Res. Lett. 36, 450 – 455 (2008).

[25] Shapiro, A.: Analysis of stochastic dual dynamic programming method. Eur. J. Oper. Res. 209, 63 – 72 (2011).

[26] Shapiro, A., Tekaya, W., da Costa, J. P., Soares, M. P.: Risk neutral and risk averse stochastic dual dynamic programming method. Eur. J. Oper. Res. 224(2), 375 – 391 (2013).

[27] Hobeika, A. G., Kim, C.: Comparison of traffic assignments in evacuation modeling. IEEETrans. Eng. Manage. 45, 192 – 198 (1998).

[28] Donnell, E. T., Hines, S. C., Mahoney, K. M., Porter, R. J., McGee, H.: Speed concepts: informational guide. Technical Report No. FHWA – SA – 10 – 001, U. S. Department of Transportation, Federal Highway Administration (2009).

[29] Erdik, M., Sesetyan, K., Hancilar, U., Demircioglu, M. B.: Earthquake risk assessment of an urban area: Istanbul. Unpublished manuscript obtained through private communication from M. Erdik, Bogaziçi University Kandilli Observatory and Earthquake Research Center, Istanbul, Turkey (2011).

[30] Unpublished data obtained through private communication from A. Ansal, Bogaziçi University Kandilli Observatory and Earthquake Research Center, Istanbul, Turkey.

[31] Turkish Statistical Institute: http://www.turkstat.gov.tr.

[32] Law, A. M.: Simulation Modeling and Analysis, 4th edn. McGraw – Hill, New York (2007).

第 11 章

面向服务约束条件下的单级库存管理分配最优系统

Annalisa Cesaro, Dario Pacciarelli

11.1 简　介

单级库存系统(Single Echelon Inventory Systems)在实践中受到越来越广泛的关注,特别是对于昂贵备件(Expensive Spare Part)的管理。在这种背景下,供应链(Supply Chain)包括至少三个方面的角色:设备用户(Equipment User)、物流公司(Logistics Company)和设备供应商(Equipment Supplier)。用户需要确保拥有备件,才能实现持续运行业务而不会受到中断。中间物流公司可以使用最低的成本,向用户保证合同规定的服务水平,确保在短的时间周期内负责补充备件。设备供应商则负责向物流公司提供新的组件和/或开展相关物品的维修。

本章解决了在单级库存系统中备件分配的问题,该系统具有完整的联营的特点,其主要包括备件昂贵、维修时间长,以及对运营可用性要求严格(即所有运营场所都在工作的时间占比)。我们的工作灵感来源于一家意大利大型物流公司面临的实际问题。该公司运营着 17 个仓库,用以维持遍布意大利领土的 38 个民用机场每天的日常活动。每个站点均具备一个区域仓库(Regional Warehouse)。每一个站点的基本库存量由公司通过利用 Sherbrooke[14] 的 VARI-METRIC 算法进行计算分析,该算法是基于刚性层次结构(Stiff Hierarchic Structure)进行设计的。然而,在公司运行过程中,无论何时发生零件面临紧急需求

Annalisa Cesaro, Dario Pacciarelli,意大利罗马第三大学工程学院。

时,都会在库存点之间进行横向转运(Lateral Transshipment),通过快递员和夜间运输工具,实现相关零件的快速转移。因此,该公司所专注的模型应该能够明确地解决以下问题,即如何在横向转运过程中尽可能地产生潜在的节约。为了达到这个分析目标,我们提出并评估了一个新的分支定界程序(Branch and Bound Procedure),用于实现库存水平的定义和备件分配问题。该程序利用了我们正在研究的关于维护供应链问题的特定成本结构(Particular Cost Structure)方法,并且在这种应用场景下是非常有效的。然而,由于该方法是通用的,因此,我们在评价该算法性能时,选择在一种更为通用的背景下进行讨论。

有关库存管理(Inventory Management)的学术技术文献涉及许多不同模型的分析。关于横向运输库存模型的大量研究可以在参考文献[5,13]中找到。在这些文献中,对现有的方法进行了分类,相关的分类标准包括许多有代表性的特征,主要包括库存系统、订单策略、转运模型(Transshipment Model)以及其他问题(如物品数量、运输梯队、地点的数量和角色、未能达到满意的需求、常规订单的时间表、订单策略、转运类型、联营、决策制定等方面)。

Huiskonen[8]和Kennedy等[9]侧重于研究备件管理的相关模型。他们观察到面向备件的物流不同于其他材料所需要的物流。相关设备可能具有成本昂贵、修理时间长,以及多种零散的故障等特点。运营现场由于经济因素导致缺乏某种设备,从而造成后者情况的发生将是难以预测的,并且可能带来相关的财务影响。在这种情况下,通常采用持续审查策略(Continuous Review Policy),以降低出现存货告罄(Stockout)的反应时间(Reaction Time),以及库存水平(Inventory Level)变化的反应时间[1,7,11]。

接下来,我们将介绍与本章最为相关的参考资料。在学术技术文献中可以找到多种启发式程序(Heuristic Procedure),用于在单级库存系统中将备件合理分配到相关仓库,实现完整的合并[2,11]。在这种情况下,Wong等[17]研究人员提出了基于拉格朗日松弛(Lagrangian Relaxation)的求解过程,以获得最优总成本的下限和上限。Koutanoglu和Mahajan[12]考虑了一种在两级库存系统中分配库存水平的模型。他们使用近似模型估计特定备件分配的性能,并利用隐式枚举所有可能的备件分配情况。

在本章中,我们介绍了一种新的分支定界算法,用于计算最佳基本库存数量,以确保可以将物品存储在多地点、需开展单级转运的系统预期平均总成本降至最低。该算法利用了基于拉格朗日松弛方法的一种新下界。在此基础上,我们针对实际案例进行了计算实验,证明了该算法的有效性。

本章安排如下:11.2 节描述了相关符号和定义,11.4 节介绍了具有完整合并特点的单级一对一订购模型(Single Echelon One－for－One Ordering Model),并且将备件分配问题表述为非凸积分程序(Non－Convex Integer Program)。在 11.3 节中,我们使用马尔可夫链模型,用于转运成本和时间的计算。11.6 节描述了启发式算法和精确分配(Exact Allocation)算法。11.5 节研究了优化问题的数学结构(Mathematical Structure)。11.7 节根据来自机场保障场景的实际数据,介绍了相关的计算实验(Computational Experiment)情况。11.8 节给出了有关结论。

11.2 符号和假设

为了对研究问题进行正式的定义,我们引入以下符号。令 $A = \{1,2,\cdots, a\}$,代表一个运营场所的集合(如机场),即设备正常工作所处的地点。我们假设运营地点是按地区分组的,每个地区都有备件仓库。令 $W = \{1,2,\cdots,w\}$,代表区域仓库的集合。令 s_i 为拟分配到每个仓库的备件个数,$i \in W$;$S = \sum_{i \in W} s_i$,代表全部的库存水平,并且 $s = (s_1,\cdots,s_w)$,代表相关备件需要分配到不同仓库的个数,即决策变量的向量。用 MTTR(Mean Time to Return)表示平均返回时间,即外部供应商补充备件的平均时间;MTBF(Mean Time Between Failures),表示安装在所有站点的全部设备所组成系统的平均故障间隔时间,OS(Order and Ship)代表物品预定和发货时间。因此,MTTR + OS 则代表从零件发生故障到完成补货所需花费的总时间。我们用 MCMT(Mean Corrective Maintenance Time)来表示维护所需平均时间,OA(Operational Availability)表示所有 a 站点的运营可用性。

我们认为,当所有基本库存水平都等于 0 时,整个系统处于紧急状态(Emergency Condition)。事实上,当机场缺少某些设备并且超过限定的时间,机场运行将处于紧急状态;这种情况将发生于出现故障,并且任何仓库都没有相关备件的情况下。此时,必须执行多个紧急程序。然而,这些操作将不仅增加管理成本,而且还会降低机场的运行能力。我们用 MET(Mean Emergency Time)表示平均紧急状态时间,指的是在紧急状态下,从发生故障到恢复补给,实现零部件补充供应所需的平均时间。本章中,我们假设 MET = MTTR + OS,这与以下假设相对应,即在紧急状态下和正常情况下,订单时间、运送时间以及从供应商处返回的平均时间,均没有变化。这样相当于我们高估了 MET,在实际中,MET 通常小于 MTTR + OS。我们继续使用 MET = MTTR + OS,则是因为在我们的应用场景中,对于操作可用性的要求非常严格;并且相对于可能发生的低估(Underestimation)情况,更倾向于对中断运行概率进行高估(Overestimate)。基于这个假设,仓库 h 中服务器的服务率(Service Rate)为 $\mu = \dfrac{1}{\text{MTTR} + \text{OS}}$。令 T_{hi} 表示中备件从仓库 h 到仓库 i 所需要的转移时间;$T_s(j, h)$ 表示替代时间(Substitution Time),即将备件从仓库 $h \in W$ 转移到现场 $j \in A$,并且实际完成更换故障设备所需的时间。令 λ_{jh} 表示站点 j 到仓库 h 的平均失败率(Mean Rate of Failures),令 $\lambda_h = \sum_{j \in A} \lambda_{jh}$ 为仓库 h 的到达率,并令 $\Lambda = \sum_{h \in W} \lambda_h$,因此,MTBF $= \dfrac{1}{\Lambda}$。给定一种分配方案 s,网络中断概率(Network Blocking Probability)表示在某个站点发生故障并且没有仓库能够满足提供备用需求的概率。我们将网络中断概率表示为 $P_B(S)$,就像我们将在 11.3 节中讨论的那样,网络中断的概率只取决于总体库存水平(Total Stock Level)S,而不是依赖于特定的分配方案 s。

在本章中,我们将在稳态条件(Steady State Condition)下,对该系统进行研究。给定一种分配方案 s,令 $\pi_{hi}(s)$ 表示事件的稳态概率(Steady State Probability):仓库 $h \in W$ 中没有备件库存,而最近的仓库 $i \in W$ 中有可用的备件(即对于任意仓库 l,满足 $T_{hl} < T_{hi}$,包括 $l = h$ 的情况,但处于缺货状态)。上述关系可能被随意打破,即如果具有两个距离相同的仓库,则会认为一个仓库比另一个更近。该如何选择确定,则需要一个通用管理程序(Common Administrative Procedure)来给予响应:对于每个仓库建立一个相关的、有序的清单,用于检查备件的可用性;同时,必须严格按顺序进行检索。

令 $\boldsymbol{n} = (n_1, \cdots, n_w, n_{w+1})$ 为代表网络状态的向量,其中,n_i 表示仓库 $i \in W$ 中还未被解决的请求数,n_{w+1} 代表对外部供应商发出的紧急请求数量。令 $p(\boldsymbol{n})$ 是仓库网络处于状态 $\boldsymbol{n}$ 的概率,令 c^h 代表仓库 h 的库存持有成本(Inventory Holding Cost),c_{ij}^t 代表库存告罄情况下,从仓库 j 到仓库 i 的横向运输成本(Cost for Lateral Transshipment),c^e 是缺货状态下的紧急运输成本(Cost for Emergency Shipment)。

我们假设需求过程遵循泊松分布(Poisson Distribution),这是对低需求过程进行建模的典型假设[15]。外部供应商的补货时间为随机变量,遵循指数分布,且均值为已知的 MTTR。供应商修理店的能力水平定义为无边界的。外部供应商所能提供的补货数量,也假设遵循泊松分布。建立起这些通用假设,我们就

具备利用马尔可夫分析对多维库存系统进行建模的条件。最后,我们给出以下假设:

(1)横向转运(Lateral Transshipment)总是比紧急运输(Emergency Shipment)更为便捷,也就是说,从仓库 i 到 j 之间常规运输所需的时间和成本,始终小于从仓库 j 紧急运输所需的时间和成本,即

$$\max_{i,j \in W}\{T_{ij}\} < \mathrm{MET} \tag{11.1}$$

$$\max_{i,j \in W}\{c_{ij}^t\} < c^e \tag{11.2}$$

(2)从仓库 i 到 j 的横向运输成本随运输时间 T_{ij} 的增加将线性增加,即

$$c_{ij}^t = \alpha T_{ij} \tag{11.3}$$

11.3 多维马尔可夫模型

在多维马尔可夫模型(Multi-Dimensional Markovian Model)中,我们计算各个站点 $\boldsymbol{n} = (n_1 \cdots, n_w, n_{w+1})$ 对于给定备件分配的联合马尔可夫链的概率 $p(\boldsymbol{n})$。若处于网络受阻的条件下,则外部供应商所提供的第一批维修物品,将用于替换某些运营点的故障零件(如果存在的话)。仅发生单次到达事件(Single Arrival Event)的情况下(即特定仓库对于某种备件的一项需求),或者单次离开事件(Single Departure Event)的情况下(即外部供应商对于某项维修物品的补给),各个运营点之间的状态将会发生直接转换。令 e^i 为包含 $\omega + 1$ 个元素的向量,除了位置 i 的元素为 1,其他元素均为 0;令 $\psi(h, i)$ 等于 1(如果对于任意的 $l \in W, n_i < s_i$,且 $n_i = s_i$ 时,使得 $T_{hl} < T_{hi}$,包括 $l = h$ 的情况下),否则为 0。其中,符号 $\boldsymbol{n} + \boldsymbol{e}_i$ 用来代表到达第 i 个仓库时,马尔可夫链的状态(如果 $i \in W$,且 $n_i < s_i$),由于第 i 个服务区域中存在故障,或者由于其他仓库 h 缺货而重新转发的请求,即 $\psi(h, i) = 1$。类似地,符号 $\boldsymbol{n} - \boldsymbol{e}_i$ 用来代表当某个维修好的物品从外部供货商运送到第 i 个仓库时,从 $\boldsymbol{n}$ 所获得的状态(如果 $i \in W$,且 $n_i > 0$)。对于外部供应商来说,$\boldsymbol{n} + \boldsymbol{e}_{\omega+1}$ 代表一项新的紧急请求(对于任意 $i \in W$,且 $n_i < s_i$),$\boldsymbol{n} - \boldsymbol{e}_{\omega+1}$ 则代表一项紧急请求已经完成(如果 $\boldsymbol{n}_{\omega+1} > 0$)。转移率(Transition Rate)$q(m, n)$ 代表从运行站点 $\boldsymbol{n}$ 到站点 $m = \boldsymbol{n} \pm \boldsymbol{e}_i$ 之间的相关情况,其中,$\boldsymbol{n} \pm \boldsymbol{e}_{\omega+1}$ 的表示如下:

$$q(\boldsymbol{n}, \boldsymbol{n} + \boldsymbol{e}_i) = \lambda_i + \sum_{h \in W - \{i\}} \psi(h, i) \lambda_h, \text{对于} i \in W, \text{以及} n_i = 0, 1, \cdots, s_i - 1$$

$$q(\boldsymbol{n}, \boldsymbol{n}+\boldsymbol{e}_{w+1}) = \sum_{i \in W} \lambda_i, \text{如果对于} n_i = s_i, \forall i \in W$$

$$q(\boldsymbol{n}, \boldsymbol{n}-\boldsymbol{e}_i) = \sum_{i=1}^{w+1} n_i \mu, \text{对于} i \in W, \text{以及} n_i > 0, \text{且} n_{w+1} = 0$$

$$q(\boldsymbol{n}, \boldsymbol{n}-\boldsymbol{e}_{w+1}) = \sum_{i=1}^{w+1} n_i \mu, \text{如果对于} n_i = s_i, \forall i \in W, \text{以及} n_{w+1} \geq 1$$

图 11.1(a) 显示了两个仓库的马尔可夫链,第一个仓库有两个备件,第二个仓库有三个可用备件。马尔可夫链中每个站点的稳态概率可以通过求解线性系统来计算得到。为此,提出了图 11.1(b)所示的链,等效于该马尔可夫链,具有的状态数量是有限的。在后一个马尔可夫链中,所有状态都被分组为一种单一状态,它们代表的是所有处于缺货状态的仓库,但可能具有不同的出发转移速率(Departure Transition Rate)。

令 n_B 为原始模型(Original Model)中的状态,其中 $(n_B)_i = s_i, \forall i \in W$,并且 $(n_B)_{w+1} = 0$(图 11.1(a))。在该等效有限状态模型中,在进行补给后,从 n_B 状态发生的转移率表示为 $q(n_B, n_B - e_i) = (n_B)_i \mu F$,其中,$F = \dfrac{p(n_B)}{P_B(S)}$(图 11.1(b))。与参考文献[4]的证明结果一致,变量 $P(n_B)$ 和 $P_B(S)$ 可以通过利用原始模型的等效性而被简单地计算得到;计算中针对具有无限多个服务商的单队列,关联上简单出生死亡模型(Simple Birth Death Model)即可(图 11.1(c))。

特别地,令 $\rho = \dfrac{\sum_{i \in W} \lambda_i}{\mu}$,并且考虑一个关于仓库的集合 W,它们的总库存水平为 S。其中,服务过程中每个服务商和需求流向仓库 $i \in W$(泊松平均率 λ_i)的平均速率呈指数 μ 分布。所有仓库的处于中断状态的概率为

$$P_B(S) = 1 - \sum_{k=0}^{S-1} \dfrac{\rho^k}{k!} e^{-\rho} \tag{11.4}$$

式中:$p(n_B)$ 和 $\dfrac{\rho^{N_B}}{N_B!} e^{-\rho}$ 相等,且 $N_B = \sum_{i=1}^{w+1} (n_B)_i$。

通过直接求解有限状态马尔可夫链模型,我们可以计算每个状态 $\boldsymbol{n}$ 的稳态概率 $P(\boldsymbol{n})$,并运用它们来计算与给定分配方案相关的系统成本和性能。由于直接计算状态概率需要耗费巨大的计算量,因此,我们希望仅对有限数量的分配方案执行这样的计算。在参考文献[4]中已经提出了关于这种情况下进行成本和性能预测的不同启发式方法(Heuristic Method),并且从估计准确度、运算时间,以及内存工作量等方面,与精确的马尔可夫链计算进行比较。在 11.6 节中,我们利用此类方法中最为有效的那种方法,设计开发一种启发式程序,完成

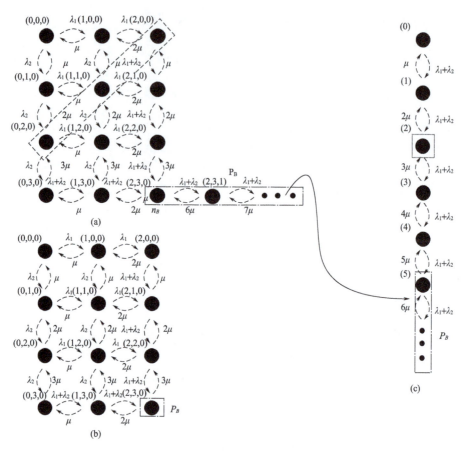

图 11.1　两个仓库系统的无限状态空间马尔可夫链(a)，
有限空间状态模型(b)，累积的出生死亡模型(c)

备件分配问题。另外，我们无法使用这些启发式方法来计算得到精确解(Exact Solution)。因此，接下来我们将重点关注原始马尔可夫链模型的精确解。

我们使用的马尔可夫链模型与 Wong 等提出的模型非常相似[16-17]。但是，Wong 等[16-17]假设状态 n_B 下没有需求(即 n_B 中的到达率是零)，我们假设此外部供应商延期交货(也就是说，我们明确将外部供应商纳入了马尔可夫链中)。请注意，在我们的案例中，最终的整体中断概率(Overall Blocking Probability)严格大于参考文献[16-17]。对于我们的应用场景来说，后者的所有品/资产格外重要，因为我们对于运行可用性的要求非常严格。

11.4 问题描述

在我们的模型中,物流公司旨在计算每个仓库 $i \in W$ 的库存水平 s_i,以便在运营点能够确保最低服务水平的同时,使得总成本最低。成本与持有库存、转运以及紧急运输等方面的情况均有关系。

假设给定一个仓库的备件分配 s,采用计算服务水平的模型为单一的、可修复物品、单个梯队、地点 w、连续检查、一对一的补货政策库存系统,并且包括横向和紧急装运两种模式,以及完整的联营策略和无法忽略的转运所需时间。

备件分配问题(Spares Allocation Problem)是指在分配 s 的情况下,寻找到最优的解决方案,实现最小的持有库存、横向及紧急装运的总成本最低等问题,但同时还需要受到系统操作可用性的最低限制条件的约束。

得到公认的合同服务级别(Contractual Service Level)是指,每个项目的所有运营点的运营可用性(OA),按照参考文献[14]给出的方法进行计算,即

$$\mathrm{OA} = \frac{\mathrm{MTBF}}{\mathrm{MTBF}+\mathrm{MCMT}} \tag{11.5}$$

在式(11.5)中,MCMT 是从零件坏掉到完成替换的平均时间。若区域仓库中存有备用零件,则指的是替换所需的时间;若本地没有可用的备件,则将请求转发到存有可用备件的最近仓库时,MCMT 将随着两个仓库之间的传输时间的增加而增加。如果没有仓库存储可用备件时,MCMT 等于替换时间加上外部供应商的运货时间。因此,MCMT 的计算公式为

$$\mathrm{MCMT} = \sum_{h \in W}\sum_{j \in A}\frac{\lambda_{jh}}{\Lambda}T_s(j,h) + \sum_{h \in W}\left(\frac{\lambda_h}{\Lambda}\sum_{i \in W}\pi_{hi}(s)T_{ih}\right) + P_B(S)\mathrm{MET} \tag{11.6}$$

需要注意的是,式(11.6)的第一项:$\sum_{h \in W}\sum_{j=1}^{A}\lambda_{jh}T_s(j,h)$,仅取决于故障处理过程,以及现场与其各自的区域仓库之间的距离。换句话说,它不取决于所使用的关于特定备件的管理策略。因此,为了简化分析起见,我们假设它在模型中可以忽略不计,并在本章的其余部分中省略了它的计算过程。至于数量 $\pi_{hi}(s)$,与 Kukreja 等[11]的思路一样,我们假设采用一种严格的确定性最近邻选择规则,用于搜索最佳的横向转运点。同时,与参考文献[11]不同的是,我们是直接用定义来计算数量 $\pi_{hi}(s)$。实际上,我们通过在 11.2 节中定义的关联马尔可

夫链(Associated Markov Chain),准确地计算每个状态 $\boldsymbol{n}=(n_1,\cdots,n_w,n_{w+1})$ 的概率 $P(\boldsymbol{n})$;并且按照如下方法,使用这些概率来计算相应的数量 $\pi_{hi}(s)$:

【注释1】通过使用符号 E 表示所有状态 $\boldsymbol{n}$ 的集合,其中仓库 $h \in W$ 中无备用件,仓库 $i \in W$ 是距离最近且有备用件的仓库(即任意仓库 l,存在 $T_{hl} < T_{hi}$,包含 $l = h$ 的情况,h 处于缺货状态),有

$$\pi_{hi}(s) = \sum_{n \in \Phi} p(n) \tag{11.7}$$

式中: $\Phi = \{n: n_i < s_i, n_l = s_l, \forall l: T_{hl} < T_{hi}\}$。

【注释2】与参考文献[11]不同的是,本章直接使用 $\pi_{hi}(s)$ 的定义式(11.8)来计算 $\pi_{hi}(s)$ 的值,即

$$\pi_{hi}(s) = (1 - p^i(s_i)) \prod_{l: T_{hl} < T_{hi}} (p^l(s_l)) \tag{11.8}$$

为了明确地阐述备件分配问题,令 L 表示可行的分配方案下所能达到的最低运营可用性水平(Minimum Operational Availability Level)。根据式(11.5),最小操作可用性约束(Minimum Operational Availability Constraint)表达如下:

$$\frac{\text{MTBF}}{\text{MTBF} + \sum_{i \in W}\left[\left(\frac{\lambda_i}{\Lambda}\sum_{j \in W}\pi_{ij}(s)T_{ji}\right)\right] + P_B(S)(\text{MET})} \geq L$$

表达式等效于:

$$\text{MTBF} \geq L\left[\text{MTBF} + \sum_{i \in W}\left[\left(\frac{\lambda_i}{\Lambda}\sum_{j \in W}\pi_{ij}(s)T_{ji}\right)\right] + P_B(S)(\text{MET})\right]$$

反过来,还可以表示为

$$\sum_{i \in W}\left[\left(\frac{\lambda_i}{\Lambda}\sum_{j \in W}\pi_{ij}(s)T_{ji}\right)\right] + P_B(S)(\text{MET}) \leq \frac{(1-L)\text{MTBF}}{L}$$

后面这个不等式对可以允许的最大等待时间 $\frac{(1-L)\text{MTBF}}{L}$ 进行了约束,即替换所有坏掉的零件可以允许等待的时长。因此,根据这个表达式,备件分配问题 P_0 可以通过公式表达为以下具有非凸目标函数的积分程序,即

问题 P_0:

$$\min \sum_{i=1}^{w} c^h s_i + \lambda_i \sum_{j \in W} \pi_{ij}(s) c_{ji}^t + \lambda_i P_B(S) c^e$$

s. t. :

$$\sum_{i=1}^{w}\left[\frac{\lambda_i}{\Lambda}\sum_{j \in W}\pi_{ij}(s)T_{ji}\right] + P_B(S)(\text{MET}) \leq \frac{(1-L)\text{MTBF}}{L} \tag{11.9}$$

令 $f_1(S) = \sum_{i=1}^{w} c^h s_i$ 代表全部持仓成本(Total Inventory Holding Cost);令 $f_2(s)$ 代表横向运输成本,即 $f_2(s) = \{\sum_{i=1}^{w} \lambda_i \sum_{j \in W} \pi_{ij}(s) c_{ji}^t\}$;令 $f_3(S) = \sum_{i=1}^{w} \lambda_i P_B(S) c^e$,代表紧急运输成本。类似地,令 $t_2(s) = \{\sum_{i=1}^{w} \frac{\lambda_i}{\Lambda} \sum_{j \in W} \pi_{ij}(s) T_{ji}\}$ 为等待时间,即由于横向转运所需要花费的时间,以及 $t_3(S) = P_B(S)(\text{MET})$,代表紧急情况下的等待时间。至此,问题 P_0 的描述与 Wong 等[17]的问题刻画十分类似,主要区别在于关于服务水平的约束(Service Level Constraint)。由于实际案例研究的需要,我们假设对所有地点都采用同一种服务水平约束;而在 Wong 等[16-17]的约束论文中,每个运营点都具有不同的服务水平约束。

11.5　问题结构

在本节中,我们将对问题 P_0 的特殊结构进行深入分析和探讨。首先分析这三个函数 $f_1(S)$、$f_2(s)$ 和 $f_3(S)$。$f_1(S)$ 与总的库存水平 S 之间呈现着明显的线性关系,并随总库存增加而增加,关于 S 的增函数,如参考文献[10]所示,$f_3(S)$ 是凸函数,并且随着总的库存水平 S 增加而减少,关于 S 减增函数,其中 $S \geq \rho - 1$。然而不幸的是,$f_2(s)$ 是非凸的。这一属性可以通过观察就很容易得到,即对于任意的 $i = 1, \cdots, w$,当 $s = 0$ 或者 $s_i \to \infty$ 时,$f_2(s)$ 等于0,这是因为在这两种"极端"情况下,相当于都没有发生物品转运。除此之外的情况下,则有 $f_2(s) > 0$,由此可以判断,$f_2(s)$ 是非凸的。同样,很容易证明,当 $S \geq \rho - 1$,$t_3(S)$ 是关于变量 S 的凸函数,且 $t_2(s)$ 是非凸的。接下来,我们将说明数量 $t_2(s) + t_3(S)$ 和 $f_2(s) + f_3(S)$ 都是减函数。为了说明清楚,让我们考虑一个分配方案 s 和一个仓库 $i \in W$。用 $\hat{s}$ 表示分配方案,使得 $\hat{s}_i = s_i + 1$,以及 $\hat{s}_h = s_h$,对于所有的 $h \in W$,且 $h \neq i$,那么,有

$$S = \sum_{i=1}^{w} s_i$$

以及

$$\hat{S} = \sum_{i=1}^{w} \hat{s}_i = S + 1$$

让我们首先观察以下问题:当从 s 传递到 $\hat{s}$ 的过程中,每个仓库的备件数量

并没有减少,因此在特定机场所出现故障的设备,被相关的区域仓库本地库存替换的可能性不会减少。特别地,以下性质一定成立,即

(1) $P_B(S) > P_B(\hat{S})$。

(2) 对于仓库 i 来讲,当从 s_i 转移到 $s_i + 1$ 时,本地库存满足到达率 λ_i(无转运)的可能性增加。因此,将需求重新转发到仓库 $j \neq i$ 的可能性不会增加,也就是说,对于任意的 $j \neq i$,满足 $\pi_{ij}(\hat{s}) \leq \pi_{ij}(s)$,使得 $\sum_{j \in W} \pi_{ij}(s) T_{ji} + P_B(S)(\text{MET}) > \sum_{j \in W} \pi_{ij}(\hat{s}) T_{ji} + P_B(\hat{S})(\text{MET})$。

(3) 对于仓库 $h \neq i$ 而言,将请求转发到仓库 i 的可能性不会降低,所以,将请求转发到更远的仓库(或外部供应商)的可能性不会增加。因此,使得 $\sum_{j \in W} \pi_{hj}(s) T_{jh} + P_B(S)(\text{MET}) > \sum_{j \in W} \pi_{hj}(\hat{s}) T_{jh} + P_B(\hat{S})(\text{MET})$。

总而言之,有

$$t_2(s) + t_3(S) - t_2(\hat{s}) - t_3(\hat{S})$$
$$= \sum_{i=1}^{w} \frac{\lambda_i}{\Lambda} [\sum_{j \in W} (\pi_{ij}(s) - \pi_{ij}(\hat{s})) T_{ji}] + (P_B(S) - P_B(\hat{S}))(\text{MET}) > 0$$

使用假设式(11.2),类似的成本讨论将转化为 $f_2(s) + f_3(S) > f_2(\hat{s}) + f_3(\hat{S})$ 问题。

假设问题 P_0 的最优值的上限 UB(Upper Bound),仅考虑目标函数的 $f_1(S)$ 和 $f_3(S)$,可以有效计算最佳解决方案的总库存水平 S 上限 MAX,即

$$\text{MAX} = \min\{S : f_1(S) + f_3(S) \geq \text{UB}\} \qquad (11.10)$$

当转运成本 $f_2(s^*)$ 相对于 $f_1(S^*) + f_3(S^*)$ 较小时,MAX 将非常接近最佳库存水平 S^*。类似地,在问题的约束条件下,仅考虑 $t_3(S)$ 随 S 减小,就可以有效地计算 S^* 的下限 MIN,即

$$\text{MIN} = \min\left\{S : t_3(s) \leq \frac{(1-L)\text{MTBF}}{L}\right\} \qquad (11.11)$$

将这些边界带入,可用于完善问题 P_0 的表达式,从而得出新的公式 P_1,即问题 P_1:

$$\min f_1(S) + f_2(s) + f_3(S)$$
s.t.:
$$t_2(s) + t_3(S) \leq \frac{(1-L)\text{MTBF}}{L} \qquad (11.12)$$
$$\text{MIN} < S < \text{MAX}$$

通过观察可见,若 $\text{MIN} = \min\left\{S : t_3(s) \leq \dfrac{(1-L)\text{MTBF}}{L}\right\} \geq \rho - 1$,则 $f_3(S)$ 和 $t_3(S)$ 为凸函数[10]。在本章的其余部分中,我们假定始终满足此条件。实际上,此条件适用于我们测试的所有实例,一般没那么严格。例如,即使对于 $L \geq 0.5$,很容易得出在很宽的范围内的 ρ 值(可以达到超过100),使得 $\text{MIN} \geq \rho - 1$。

接下来,我们将介绍关于问题 P_1 的拉格朗日松弛方法 $P_2(\gamma)$,即通过放宽等待时间约束(Waiting Time Constraint)来执行。我们使用符号 γ 来表示拉格朗日乘数。为此,有

问题 $P_2(\gamma)$:

$$\min f_1(S) + f_2(s) + f_3(S) + \gamma\left(t_2(s) + t_3(S) - \dfrac{(1-L)\text{MTBF}}{L}\right) \quad (11.13)$$

s.t.:

$$\text{MIN} \leq S \leq \text{MAX}$$

众所周知,对于变化的 γ,$P_2(\gamma)$ 是一个凹的分段线性(Piecewise Liner)函数。调用 $P_2(\gamma)$ 断点(Breakpoint)的值,其中 $P_2(\gamma)$ 的斜率是不断变化的,对于最大化 $\{P_2(\gamma) : \gamma \geq 0\}$ 的拉格朗日对偶问题存在一个最优解 γ^*,也是一个断点。若我们令 $\bar{s}$ 是 $P_2(\bar{\gamma})$ 的最优分配,且 $\bar{\gamma}$ 不是断点,则 $\bar{\gamma}$ 对应的 $P_2(\gamma)$ 斜率[6]为

$$t_2(\bar{s}) + t_3(\bar{S}) - \dfrac{(1-L)\text{MTBF}}{L} \quad (11.14)$$

定理1:如果 $\bar{\gamma}$ 不是一个断点,那么对于 $P_2(\gamma)$ 来说,存在一个单独的最佳库存水平。

【证明】通过反证法,我们首先假设在 $\bar{\gamma}$ 中存在两个最优分配方案 s 和 $\bar{s}$,分别具有不同的库存水平 S 和 $\bar{S}$。因此,有

$$f_1(S) + f_2(s) + f_3(S) + \bar{\gamma}\left(t_2(s) + t_3(S) - \dfrac{(1-L)\text{MTBF}}{L}\right)$$
$$= f_1(\bar{S}) + f_2(\bar{s}) + f_3(\bar{S}) + \bar{\gamma}\left(t_2(\bar{s}) + t_3(\bar{S}) - \dfrac{(1-L)\text{MTBF}}{L}\right)$$

从等式(11.14)可知,对于 s 和 $\bar{s}$ 来说约束违反相同,即 $t_2(s) + t_3(S) = t_2(\bar{s}) + t_3(\bar{S})$。从式(11.3)中的比例假设得出 $f_2(s) + f_3(S) = f_2(\bar{s}) + f_3(\bar{S})$ 也必须成立。因此,得出 $f_1(S) = f_1(\bar{S})$,即 $c^h S = c^h \bar{S}$,这就意味着 $S = \bar{S}$。

定理2:如果 $\bar{\gamma}$ 是断点,且 $P_2(\gamma)$ 的斜率从 $t_2(s^1) + t_3(S^1) - \dfrac{(1-L)\text{MTBF}}{L}$

减少到 $t_2(s^2) + t_3(S^2) - \dfrac{(1-L)\text{MTBF}}{L}$,那么 $S^2 > S^1$。

【证明】对于问题 $P_2(\bar{\gamma})$ 来说,在断点 $\bar{\gamma}$ 处存在至少两个最优解 s^1 和 s^2,即

$$f_1(S^1) + f_2(s^1) + f_3(S^1) + \bar{\gamma}\left(t_2(s^1) + t_3(S^1) - \dfrac{(1-L)\text{MTBF}}{L}\right)$$

$$= f_1(S^2) + f_2(s^2) + f_3(S^3) + \bar{\gamma}\left(t_2(s^2) + t_3(S^2) - \dfrac{(1-L)\text{MTBF}}{L}\right)$$

由于 $P_2(\bar{\gamma})$ 的斜率是递减的,所以 $t_2(s^1) + t_3(S^1) > t_3(s^2) + t_3(S^2)$,并且根据式(11.3)中的比例假设,$f_2(s^1) + f_3(S^1) > f_2(s^2) + f_3(S^2)$ 必须成立。因此,$f_1(S^1) < f_1(S^2)$,这表示了 $S^1 < S^2$ 观点成立。

定理3:如果断点 γ^* 是 $\max\{P_2(\gamma): \gamma \geq 0\}$ 拉格朗日对偶问题的最优解,并且 $P_2(\gamma^*)$ 的斜率从 $t_2(s^1) + t_3(S^1) - \dfrac{(1-L)\text{MTBF}}{L} \geq 0$ 减少到 $t_2(s^2) + t_3(S^2) - \dfrac{(1-L)\text{MTBF}}{L} \leq 0$,那么有

(1)对于问题 P_1 来讲,s^2 是可行的。

(2)s^2 是问题 P_1 最优解,S^2 大于 P_1 的最优库存水平,同时成立。

【证明】s^2 的可行性直接来自 $t_2(s^2) + t_3(S^2) - \dfrac{(1-L)\text{MTBF}}{L} \leq 0$,如果 s^2 不是最优的,那么令 s^* 是一项最优分配方案,并且 S^* 为对应的库存水平。由 S^* 的最优解可知:

$$f_1(S^*) + f_2(s^*) + f_3(S^*) > f_1(S^2) + f_2(s^2) + f_3(S^2) \tag{11.15}$$

另外,在 γ^* 处,对于 s^* 计算拉格朗日松弛的目标函数,得到的结果必须大于或等于 s^2 中计算的结果,即

$$f_1(S^*) + f_2(s^*) + f_3(S^*) + \gamma^*\left(t_2(s^*) + t_3(S^*) - \dfrac{(1-L)\text{MTBF}}{L}\right)$$

$$\geq f_1(S^2) + f_2(s^2) + f_3(S^2) + \gamma^*\left(t_2(s^2) + t_3(S^2) - \dfrac{(1-L)\text{MTBF}}{L}\right)$$

因此,$t_2(s^*) + t_3(S^*) > t_2(s^2) + t_3(S^2)$ 一定成立。由假设式(11.3),可以知道 $f_2(s^*) + f_3(S^*) > f_2(s^2) + f_3(S^2)$ 也必须成立。因此,由不等式(11.15)可知,$f_1(S^*) < f_1(S^2)$,即 $S^* < S^2$。

尽管定理3展示了关于 $P_2(\gamma^*)$ 的出色性能,但是 $P_2(\gamma^*)$ 需要计算 $f_2(s^*) + \gamma^* t_2(s^*)$ 的数量,然而它的计算量非常庞大。为了有效计算 $P_2(\gamma^*)$ 的下界,让我们引入问题 $P_3(\gamma)$,表示如下。

问题 $P_3(\gamma)$:

$$\min f_1(S) + x + f_3(S) + \gamma\left(y + t_3(S) - \frac{(1-L)\text{MTBF}}{L}\right)$$

s.t.:
$$\text{MIN} \leq S \leq \text{MAX}$$
$$x \leq f_2(s)$$
$$y \leq t_2(s)$$

(11.16)

通过利用 $f_3(S)$ 和 $f_2(s) + f_3(S)$ 随着 S 减小的单调性特征,可以计算得到合适的 x 和 y 结果。考虑到任何可行的分配方案 s 以及与其相对应的 $S = \sum_{i=1}^{w} s_i$,下式必须成立:

$$f_3(S) \leq f_3(\text{MIN})$$
$$t_3(S) \leq t_3(\text{MIN})$$
$$f_2(s) + f_3(S) \geq \min_{\bar{s}: \sum_{i=1}^{w} \bar{s}_i = \text{MAX}} \{f_2(\bar{s})\} + f_3(\text{MAX})$$
$$t_2(s) + t_3(S) \geq \min_{\bar{s}: \sum_{i=1}^{w} \bar{s}_i = \text{MAX}} \{t_2(\bar{s})\} + t_3(\text{MAX})$$

(11.17)

因此,x 的取值 $x = \min_{\bar{s}: \sum_{i=1}^{w} \bar{s}_i = \text{MAX}} \{f_2(\bar{s})\} + f_3(\text{MAX}) - f_3(\text{MIN})$ 和 y 的取值 $y = \min_{\bar{s}: \sum_{i=1}^{w} \bar{s}_i = \text{MAX}} \{t_2(\bar{s})\} + t_3(\text{MAX}) - t_3(\text{MIN})$ 能够确保在任何分配方案 s 下,必须满足约束 $x \leq f_2(s)$,并且 $y \leq t_2(s)$,使得 $\text{MIN} \leq \sum_{i=1}^{w} s_i \leq \text{MAX}$。接下来,我们将 x 和 y 固定,并从问题 $P_3(\gamma)$ 的公式中忽略后两个约束,可以描述成这样:

问题 $P_3(\gamma, \text{MIN}, \text{MAX})$:

$$\min f_1(S) + \min_{\bar{s}: \sum_{i=1}^{w} \bar{s}_i = \text{MAX}} \{f_2(\bar{s})\} + f_3(\text{MAX}) - f_3(\text{MIN}) + f_3(S) +$$
$$\gamma\left(\min_{\bar{s}: \sum_{i=1}^{w} \bar{s}_i = \text{MAX}} \{t_2(\bar{s})\} + t_3(\text{MAX}) - t_3(\text{MIN}) + t_3(S) - \frac{(1-L)(\text{MTBF})}{L}\right)$$

s.t.:
$$\text{MIN} \leq S \leq \text{MAX}$$

(11.18)

$f_1(S)$ 呈线性增加,而 $f_3(S)$ 和 $t_3(S)$ 均为凸函数并随 S 减小,因此问题 $P_3(\gamma, \text{MIN}, \text{MAX})$ 的目标函数对于任意给定的 $\gamma \geq 0$ 是凸的。为此,在给定 x 和 y 值的情况下,可以通过在区间 [MIN, MAX] 内使用二分搜索方法(Binary Search Approach)来快速有效地计算最佳的 S。我们按照参考文献[16]的方法

来计算 x。下一个定理将表明,为了计算 $P_3(\gamma, \text{MIN}, \text{MAX})$,进行 y 的计算并不是必须执行的。

定理 4:$\gamma = 0$ 能够实现 $P_3(\gamma, \text{MIN}, \text{MAX})$ 的最大化。

【证明】为了证明该定理,可转化为对以下情况进行证明:

证明数量 $\min\limits_{\bar{s}:\sum_{i=1}^{w}\bar{s}_i = \text{MAX}} \{t_2(\bar{s})\} + t_3(\text{MAX}) - t_3(\text{MIN}) + t_3(S) - \dfrac{(1-L)\text{MTBF}}{L}$,

对于如下区间 $\text{MIN} \leqslant S \leqslant \text{MAX}$ 总是非正的。通过观察即可知道,$t_3(S) \leqslant t_3(\text{MIN})$,并且存在关于 $S = \text{MAX}$ 的可行解,即

$$\min\limits_{\bar{s}:\sum_{i=1}^{w}\bar{s}_i = \text{MAX}} \{t_2(\bar{s})\} + t_3(\text{MAX}) \leqslant \dfrac{(1-L)\text{MTBF}}{L}$$

11.6 解决方案

在本节中,描述了一种分支定界算法(Branch-and-Bound Algorithm),用于查找对仓库备件的最佳分配方案。在枚举树(Enumeration Tree)的每个节点上,计算下界是通过求解 $P_3(0, \text{MIN}, \text{MAX})$ 得到的,其中,MIN 和 MAX 是通过式(11.11)和式(11.10)在根节点上通过分支规则进行更新求得的。11.6.1 节对启发式算法进行了介绍,并提供了一个初始上限 UB,然后一旦找到新的可行解时,则进行更新;另外,在 11.6.2 节中介绍了分支和界定过程的总体框架。

11.6.1 上界计算

通过在需求旺盛的仓库之间分配备件,并优先考虑需求较大的仓库,可以得到关于问题 P_0 的一个简单上限。实际上,参考文献[3]进行了仿真实验分析,结果表明,避免零配件集中在几个仓库中,将是一种有效的分配策略。启发式过程中初始备件分配(Initial Spares Allocation, ISA)方案,如图 11.2 所示,它通过一次贪婪地向集合 $\overline{W} = \{i \in W : \lambda_i > 0\}$ 中的仓库分配一个备用件来找到对问题 P_0 可行的分配 s。不失一般性,我们假设对仓库的编号是按照 λ_i 的取值递减进行的,即 $\lambda_1 \geqslant \lambda_2 \geqslant \cdots \geqslant \lambda_{|\overline{W}|}$。当 $\sum_{i=1}^{w}\left[\dfrac{\lambda_i}{\Lambda}\sum_{j\in W}\hat{\pi}_{ij}(s)T_{ji}\right] + P_B(S)(\text{MET})$ 的结果小于 $\dfrac{(1-L)\text{MTBF}}{L}$ 取值时,ISA 过程将会停止。为了加快过程中每个步骤

中状态概率 $\hat{\pi}_{ij}(s)$ 的计算过程，启发式算法通过相关马尔可夫链的状态概率，计算估计值 $\hat{\pi}_{ij}(s)$。参考文献[4]中提出了快速多维按比例缩小方法，来计算这些取值。此方法的主要思想是，使用状态数量较少但在操作可用性方面具有相似行为特点的等效链，对原始马尔可夫链进行替换。通过对每个仓库的需求、补货时间和库存水平等影响因素进行缩放处理，可以得到简化的马尔可夫链，缩放过程中使用比例因子（Scale Factor）K，即

$$\sum_{i=1}^{\omega}\left[\frac{\lambda_i}{\Lambda}\sum_{j\in W}\hat{\pi}_{ij}(s)T_{ji}\right]+P_B(S)(\text{MET})\leqslant\frac{(1-L)\text{MTBF}}{L} \quad (11.19)$$

```
ISA 过程

令 S=0 且 s_i=0, i=1, …, w。

令 rhs = (1-L)MTBF/L 且 k=1。

repeat
  repeat
    令 S=S+1, s_k=s_k+1 且 k=k+1;
    if k=|W̄| then 令 k=1;
  until ∑_{i=1}^{w}[λ_i/Λ ∑_{j∈W} π̂_{ij}(s) T_{ji}] + P_B(S)(MET) ≤ rhs

  if ∑_{i=1}^{w}[λ_i/Λ ∑_{j∈W} π̂_{ij}(s) T_{ji}] + P_B(S)(MET) > (1-L)MTBF/L
  then rhs = rhs − ∑_{i=1}^{w}[λ_i/Λ ∑_{j∈W}(π_{ij}(s)−π̂_{ij}(s)) T_{ji}]
until
  ∑_{i=1}^{w}[λ_i/Λ ∑_{j∈W}(π_{ij}(s)−π̂_{ij}(s))T_{ji}] + P_B(S)(MET) ≤ (1-L)MTBF/L

return s
```

图 11.2 初始备件分配方案的启发式算法伪代码

在简化后的马尔可夫链中，通过精确求解原始马尔可夫链来检验分配 s 的可行性。在有可行解的情况下，程序 ISA 停止并返回可行分配 s；否则，将通过使用如下所示的较小的值，来替换右侧的 $\frac{(1-L)\text{MTBF}}{L}$，以实现对式（11.19）中约束条件的增强。

$$\frac{(1-L)\text{MTBF}}{L} - \sum_{i=1}^{w}\left[\frac{\lambda_i}{\Lambda}\sum_{j\in W}(\pi_{ij}(s) - \hat{\pi}_{ij}(s))T_{ji}\right]$$

然后,ISA 过程继续每次分配一个备用零件,并使用多维缩减方法(Multi-Dimensional Scaling Down Method)检查可行性,直至找到新的明显可行的解决方案为止。当找到第一个可行的解决方案后,该过程停止。

11.6.2 分支定界算法

本节的分支定界(Branch and Bound, BB)算法如图 11.3 所示,在区间 [MIN, MAX] 范围中,对于库存水平 S 构建一个队列 Q,每个取值对应于 P_1 的一个实例。

```
BB 过程
为 BestSol 分配取值,即 BestSol=ISA
令 UB=f₁(BestSol)+f₂(BestSol)+f₃(BestSol)
MIN=min{S : t₃(s) ≤ (1-L)MTBF/L}
MAX=min{S : f₁(S)+f₃(S) ≥ UB}
将 [MIN,MAX] 置入队列 Q 中
当 Q≠∅ 时,
    从队列 Q 中提取 [x,y]
    if P₃(0,x,y)<UB then
        令 S* P₃(0,x,y) 的最优解
        令 s*=argmin{t₂(s) : Σᵢ₌₁ʷ sᵢ=S*}
        if t₂(s*)+t₃(S*) ≤ (1-L)MTBF/L then
            if f₁(S*)+f₂(s*)+f₃(S*)<UB then
                令 BestSol=s* 且 UB=f₁(s*)+f₂(s*)+f₃(S*)
                令 y=min{y;min{S : f₁(S)+f₃(S) ≥ UB}}
            end if
            将 [x,S*-1] 置入队列 Q 中
            将 [S*+1,y] 置入队列 Q 中
        else
            将 [S*+1,y] 置入队列 Q 中
        end if
    end if
end while
返回 UB 和 BestSol
```

图 11.3 BB 算法的伪代码

程序 ISA 提供了一个名为 BestSol 的初始解决方案,从中可以得出最优解的第一个上限 UB。在根节点处,利用一个未解决的问题对 Q 进行初始化;并且,根据式(11.11)和式(11.10)来计算该问题中的 MIN 和 MAX。

在 BB 算法的每次迭代过程中，根据先进先出（First In First Out）规则，从 Q 中移除一个开放问题；关于问题 $P_3(0,\text{MIN},\text{MAX})$ 的一个最优解 S^*，将被计算求解。如果下界满足 $P_3(0,\text{MIN},\text{MAX}) \geq \text{UB}$，那么问题会得到解决。否则，就需要像参考文献[16]那样，计算分配 $s^* = \text{argmin}\{t_2(s): \sum_{i=1}^{w} s_i = S^*\}$。

如果 $t_2(s^*) + t_3(S^*) \leq \frac{(1-L)\text{MTBF}}{L}$，那么对于 P_0 来说，s^* 是可行解；鉴于假设式(11.3)，这也是当 $S = S^*$ 时，受约束版本 P_1 的最佳分配方案。在这种情况下，两个新的未解决问题将被添加到 Q 中，其中 $\text{MIN} \leq S \leq S^* - 1$ 和 $S^* + 1 \leq S \leq \text{MAX}$；并且如果 $f_1(S^*) + f_2(s^*) + f_3(S^*) < \text{UB}$，那么上界将会得到更新。

如果 $t_2(s^*) + t_3(S^*) > \frac{(1-L)\text{MTBF}}{L}$，那么对于 P_1 来说 s^* 是不可行解。因此，对于问题 P_0 所有值 $\text{MIN} \leq S \leq S^*$，都不存在可行解；并且仅将满足 $S^* + 1 \leq S \leq \text{MAX}$ 的未解决问题，添加到 Q 中。当 Q 为空集，并且当前的分配方案 BestSol 对于 P_0 来说是最优解时，迭代程序将会停止。

11.7 维护性机场保障应用背景下的案例研究

在本节中，我们将对计算实验情况进行报告，使用的是 11.6 节中介绍的备件分配算法，该算法适用于解决本章引言提出的机场维护保障中的实际问题。案例研究源自一家意大利物流公司的实际需求，该公司的运营活动支撑了遍布意大利领土的 38 个民用机场的飞行工作。该公司负责管理面向物品采购、持有和更换故障件的整个流程，以确保安全设备的整体可靠性始终处于合同规定范围内。因此，公司的目标是以最低的成本，提供符合规定的服务质量。尽管公司目前在零件备件管理方面遵循两级策略（Two Echelon Policy），但是公司经理对评估采用单级策略（Single Echelon Policy）所带来的潜在利益非常感兴趣。单级策略通常被认为在同样场景下，可以实现更好的绩效。为了有效分析问题，我们对案例研究中的 12 类物品进行了算法测试，每个测试均基于仓库的位置和特定物品的需求率。但是，为了在比实际情况更为广泛的场景中对算法进行测试，我们通过调整每个备件的库存、转运成本以及紧急成本等参数，设计产生了几种场景方案。对于一件物品的补货时间，我们使用指数分布进行表达，其均值为 (OS + MTTR)，等于所有物品和场景下三个月的平均值；而对于转运时间和成本,我们使用与仓库之间的距离成比例的确定性值。每一对库存-紧急成本(Holding-Emergency Cost)均为前述12个实例分别定义了一个场景。通过在区间[200,1200]中选择确定物品成本,并且将紧急成本固定为7000,我们共考虑了21种情况。当紧急费用权重很大时,如在涉及安全的情况下,紧急成本是非常现实和重要的考虑因素。为了分析紧急成本对于算法性能的影响,还定义了其他14种额外的方案。在第二组场景集中,每个项目的物品成本被固定取值为300,而紧急成本则在200~200000的区间内变化。由于我们设置第二组方案的目的是深入分析紧急成本增加可能带来的影响,在这组实验中,并非所有紧急成本都是切合实际的。总体来看,我们共研究了420个实例。表11.1总结了计算实验中主要的参数值。

表 11.1 计算实验的参数值

参数名称	单位	取值
有需求的仓库		2,3,4,5,6,7,8,9
库存物品的个数		3,5,8,9,10,11,16,18
$MTBF_{eq}$①	h	16000,17000,26000,38000,61000,79000,81000,94000,101000,132000,191000,200000
持有成本	欧元	200,250,300,…,1000,1150,1200
紧急成本	欧元	200,300,…,700,1000,2000,…,5000,7000,50000,100000,200000
平均转运时间区间范围	h	[5,37.5]
OS + MTTR②	h	2160

① $MTBF_{eq}$:平均故障间隔时间。
② OS(Order and Ship Time):下订单和运输时间;MTTR(Mean Time to Return):平均返回时间。

表11.2、表11.3和表11.4分别报告了对于12类物品实例和35个场景下得到的结果。表11.2分别展示了ISA和BB算法的运算结果及计算时间(s);ISA的相对误差(Relative Error),采用了基于所有实例的$\frac{IAS-BB}{BB}$取值的平均结果。表中每一行展示了在35个情境下、每个实例对象变化不同成本取值时所得到的平均结果。观察表11.2可知,对于12项物品实例来说,BB算法能够在不到100s的计算时间内找到8个项目的最优解,同时在30min内找到其他3个项目的最优解;而ISA算法总是能在1s之内即找到可行解。ISA取值是420个实例中有72个实例的最佳解决方案,关于这35个方案的平均误差处于[0.10,

0.96]范围内变化。这些实验表明,ISA 能在较短的计算时间内,即提供良好的解决方案,甚至于值得使用精确的算法来寻找更好的解决方案。

表 11.2 针对 12 类物品对比分析 ISA 和 BB 算法的性能

序号	仓库	BB 算法成本			ISA 值	$\dfrac{ISA-BB}{BB}$	计算时间/s	
		持有成本	转运成本	紧急成本			ISA	BB
1	2	1607.96	107.98	15.95	1915.79	0.11	0.15	0.82
2	3	1232.31	360.45	25.13	3167.76	0.96	0.17	0.94
3	4	1709.10	456.66	8.09	3086.06	0.43	0.15	1.40
4	4	2221.00	517.70	41.56	2794.14	0.05	0.15	2.00
5	4	1474.52	563.24	22.42	3101.16	0.60	0.15	1.39
6	5	1345.48	668.23	37.11	2436.62	0.20	0.16	1.80
7	6	1904.55	869.60	70.29	3060.88	0.10	0.19	30.80
8	6	1450.23	914.24	60.45	3588.61	0.50	0.16	68.09
9	7	1512.84	1095.64	22.60	2694.90	0.10	0.15	1743.62
10	7	1528.90	1086.95	28.10	2980.42	0.12	0.16	1867.27
11	8	2068.41	1350.92	15.43	3788.17	0.10	0.17	1047.60
12	9	1984.05	1300.86	38.01	4036.73	0.23	0.14	4494.06

表 11.3 ISA 和 BB 算法在不同持有成本下的表现对比分析

库存价格	紧急成本	BB 算法成本值			ISA 值	$\dfrac{ISA-BB}{BB}$	备件	
		库存	转运成本	紧急成本			BB	ISA
200	7000	1050.00	225.57	2.40	1769.05	0.40	5.2	2.5
250	7000	1229.17	302.33	2.71	1898.21	0.30	4.9	2.5
300	7000	1250	511.14	3.38	2027.38	0.16	4.1	2.5
350	7000	1341.67	608.98	12.51	2156.55	0.10	3.8	2.5
400	7000	1433.33	702.55	13.23	2285.71	0.10	3.5	2.5
450	7000	1537.50	770.17	15.87	2414.88	0.10	3.4	2.5
500	7000	1541.67	914.79	29.99	2544.05	0.05	3.0	2.5
550	7000	1604.17	985.84	45.09	2673.21	0.05	2.9	2.5
600	7000	1700.00	1030.90	49.58	2852.38	0.05	2.8	2.5
650	7000	1733.33	1125.55	56.92	3112.70	0.06	2.5	2.5

续表

库存价格	紧急成本	BB 算法成本值			ISA 值	$\dfrac{ISA-BB}{BB}$	备件	
		库存	转运成本	紧急成本			BB	ISA
700	7000	1866.67	1125.55	56.92	3260.71	0.07	2.5	2.5
750	7000	1937.50	1182.59	62.38	3389.88	0.07	2.5	2.5
800	7000	2066.67	1182.59	62.38	3539.05	0.07	2.5	2.5
850	7000	2195.83	1182.59	62.38	3668.21	0.07	2.5	2.5
900	7000	2325.00	1182.59	62.38	3877.38	0.08	2.5	2.5
1000	7000	2454.17	1182.59	62.38	4006.75	0.08	2.5	2.5
1050	7000	2583.33	1182.59	62.38	4164.88	0.08	2.5	2.5
1100	7000	2712.50	1182.59	62.38	4394.05	0.11	2.5	2.5
1150	7000	2841.67	1182.59	62.38	4623.21	0.13	2.5	2.5
1200	7000	2875	1182.59	62.38	4652.38	0.13	2.5	2.5

表 11.4 对于不同紧急成本时对比分析 ISA 和 BB 算法的表现

持有成本	紧急成本	BB 算法成本			ISA 值	$\dfrac{ISA-BB}{BB}$	备件	
		持有	转运	紧急			BB	ISA
300	200	1200	556.27	0.16	1966.78	0.12	4	2.5
300	300	1200	556.27	0.31	1967.67	0.12	4	2.5
300	400	1200	556.27	0.47	1968.56	0.12	4	2.5
300	500	1200	556.27	0.63	1969.46	0.12	4	2.5
300	600	1200	556.27	0.78	1970.35	0.12	4	2.5
300	700	1200	556.27	0.94	1971.24	0.12	4	2.5
300	1000	1200	556.27	1.57	1973.91	0.12	4	2.5
300	2000	1200	556.27	3.15	1982.82	0.12	4	2.5
300	3000	1200	556.27	4.72	1991.73	0.13	4	2.5
300	4000	1200	556.27	6.30	2000.64	0.14	4	2.5
300	5000	1250	511.14	2.41	2009.56	0.14	4.17	2.5
300	7000	1250	511.14	3.38	2027.38	0.15	4.17	2.5
300	50000	1250	511.14	24.12	2410.56	0.35	4.17	2.5
300	100000	1325	442.93	38.76	2856.13	0.60	4.42	2.5
300	200000	1400	406.72	15.40	3747.26	1.05	4.67	2.5

在表 11.3 中,我们分析了当改变物品项目持有成本时,ISA 和 BB 算法性能的表现情况。表中的每一行报告了第一组 21 个场景中的一个场景下、关于 12 项物品实例的平均结果。我们还显示了最佳成本的三个组成部分,即持有成本、转运成本和紧急状态成本。可以看出,转运成本通常可与持有成本相当,因此,在分析解决问题的过程中不能忽略它们。当持有成本低于 700 时,通过 ISA 算法确定的备件分配数量小于最佳值;而当持有成本高于 350 的情况下,通过 ISA 算法确定的备件数量结果,总是为最优解或者略高于最佳选择。事实上,我们可以注意到 ISA 算法确定的备件分配数量,并不取决于备件的持有成本;因此,ISA 算法确定的备件分配数量在所有场景下始终相同。这种情况导致的一个后果就是,ISA 求解与最优值之间的差距,将会受到持有成本的影响。当一个物品的持有成本从 200 涨到 500 时,错误率将从 40% 降到 5%。但是,对于更高的持有成本,错误率将会呈规律地上升,直到 13% 为止。当 ISA 算法分配的备用零件数量接近最佳备用零件数量,并且持有成本较小时,将获得较小的错误。在这些场景中,错误率仅仅由备件被分配到的仓库决定。随着持有成本的增加,与不同分配相关的成本变得越来越重要,并且 ISA 算法和 BB 算法之间的相对差值也越来越大。

在表 11.4 中我们分析了改变不同紧急成本的条件下,对于 ISA 算法和 BB 算法可能产生的影响。表中的每行代表了 15 个场景中任一场景下对于 12 项物品实例进行运算分析的平均结果。与前面的方案相类似,ISA 算法为所有方案分配的备用件数量都是相同的,因为该值不取决于备用件的紧急状态成本。因此,即使紧急状态成本对于 ISA 算法的影响与持有成本可能带来的误差影响相比更小,ISA 算法与最佳值之间的差值,也取决于紧急状态成本。当紧急状态成本的取值范围在 [200~2000] 时,错误率保持不变。为了观察相关的错误情况,紧急状态成本必须增加到 50000 以上。

作为总结,计算实验表明,ISA 的总体行为和水平作为后续优化的初始解决方案,是可以令人接受的。通常,ISA 算法的性能取决于具体的持有成本和紧急状态成本,因此,它可能是非常没有规律的。BB 算法看起来具有良好的前景,这是因为该算法针对所有的测试实例,都能够在可以接受的计算时间内,找到被证实的最优解。

11.8 结 论

在本章中,我们提出并评估了一种解决方案,可在单级 w 个位置系统中对可维修备件的库存分配问题进行优化,在该系统中,需要综合考虑发生横向转运、紧急转运以响应库存告罄的严重情况。我们将该问题建模为一个非凸积分程序,并提出了一种新的启发式方法和新的分支定界算法,以寻找备件分配的最优方案。对于两种算法,我们均使用了来自意大利机场的维护性运行保障场景的实际数据,对它们进行了评估分析。计算实验表明,分支定界技术能够在合理的计算时间内优化求解几乎所有测试实例;启发式算法能够在非常有限的计算时间内,找到次优的解决方案,因此,可以作为一种寻找困难场景下相关实例问题可行解的大有前景的方法。

未来的研究应针对本章研究的功能进行更加深入的结构分析,对本章所做的一些假设和限定进行放宽。例如,将 BB 算法扩展到 MET < MET + OS 的场景下,这将扩大本章所提出技术的适用范围。为了达到这个目标,必须研究函数 $f_3(S)$ 的凸性。

未来的研究还应针对规模大、复杂性高、求解困难的实例场景进行拓展,开发出运算更快、更加精确和更加有效的元启发式(Metaheuristics)方法。同时,可以将本章中提出的思想和方法,应用于管理不同关键基础设施的维护问题,如医院里的医疗设备、通信网络,或者能源分配网络等。

参考文献

[1] Alfredsson, P., Verrijdt, J.: Modeling emergency supply flexibility in a two echelon inventorysy stem. Manage. Sci. 45, 1416 – 1431 (1999).

[2] Axsater, S.: Modelling emergency lateral transshipments in inventory systems. Manage. Sci. 6, 1329 – 1338 (1990).

[3] Cesaro, A., Pacciarelli, D.: Evaluation of peaked lateral transshipment in inventory system subject to a service constraint. MSOM 2007 Conference, 18 – 19 June 2007.

[4] Cesaro, A., Pacciarelli, D.: Performance assessment for single echelon airport spare part management. Comput. Ind. Eng. 61, 150 – 160 (2011).

[5] Chiou, C. C.: Transshipment problems in supply chain systems: review and extensions. In: Kordic, V. (ed.) Supply Chains, Theory and Application. I – Tech Education and Publishing, Vienna (2008).

[6] Fisher, M. L.: The Lagrangian relaxation method for solving integer programming problems. Manage. Sci. 27, 1 – 18(1981).

[7] Grahovac, J., Chakravarty, A.: Sharing and lateral transshipment of inventory in a supply chain with expensive low – demand items. Manage. Sci. 47, 579 – 594 (2001).

[8] Huiskonen, J.: Maintenance spare parts logistics: special characteristics and strategic choices. Int. J. Prod. Econ. 71, 125 – 133 (2001).

[9] Kennedy, W. J., Wayne Patterson, J., Fredendall, L. D.: An overview of recent literature on spare parts inventories. Int. J. Prod. Econ. 76, 201 – 215 (2002).

[10] Kranenburg, A. A., Van Houtum, G. J.: Service differentiation in spare parts inventory management. J. Oper. Res. Soc. 59(7), 946 – 955 (2008).

[11] Kukreja, A., Schmidt, C. P., Miller, D. M.: Stocking decisions for low – usage items in a multilocation inventory system. Manage. Sci. 47, 1371 – 1383 (2001).

[12] Kutanoglu, E., Mahajan, M.: An inventory sharing and allocation method for a multi location service parts logistics network with time based service levels. Eur. J. Oper. Res. 194, 728 – 742 (2009).

[13] Paterson, C., Kiesmuller, G., Teunter, R., Glazebrook, K.: Inventory models with later transshipments: a review. Eur. J. Oper. Res. 210, 125 – 136 (2011).

[14] Sherbrooke, C. C.: Optimal Inventory Modeling of Systems: Multi – Echelon Techniques. Wiley, New York (2004).

[15] Taragas, G., Vlachos, D.: Effectiveness of stock transshipment under various demand distributions and nonnegligible transshipment times. Prod. Oper. Manage. 11, 183 – 198 (2002).

[16] Wong, H., Cattrysse, D., Van Oudeusden, D.: Inventory pooling of repairable spare parts with non – zero lateral transshipment time and delayed lateral transshipments. Eur. J. Oper. Res. 165, 207 – 218 (2005).

[17] Wong, H., Van Houtum, G. J., Cattrysse, D., Van Oudheusden, D.: Multi – item spare part systems with lateral transshipments and waiting time constraints. Eur. J. Oper. Res. 171, 1071 – 1093 (2006).

术语表[①]

前言部分

序号	英文	中文
1	Activity – Based Costing	基于活动的成本管理
2	Activity – Based Costing Methodology	基于活动的成本管理方法论
3	Analytical	解析的
4	Best Solution Assessment	最佳解评估
5	Bio – Based Products	生物基产品
6	Biomass	生物质
7	Combinatorial Problem	组合优化问题
8	Complete Pooling	完全共享
9	Computational Intelligence, Optimization & Data Mining	智能计算、优化和数据挖掘
10	Computational Intelligence Plus	智能计算+
11	Decision Support System	决策支持系统
12	Disaster Preparedness	灾害预防
13	Emeritus Professor	荣誉教授
14	Experimental Design	实验设计
15	European Science Foundation	欧洲科学基金会
16	Global Sensitivity	全局敏感性
17	Google Scholar	谷歌学术
18	Horizon 2020	地平线 2020
19	Institute for Operations Research and the Management Sciences	运筹学与管理科学协会
20	Institute of Management Accountants	美国管理会计师协会

[①] 为便于查阅,译者对每一章所涉及的相关术语,均按照英文字母顺序进行排序,特此说明。——译者

续表

序号	英文	中文
21	Italian National Institute of Statistics	意大利国家统计研究所
22	Kriging	克里格插值
23	Local – Search	局部搜索
24	Methodology	方法学
25	Metamodeling	元建模
26	Multi – Response Simulation – Optimization	多响应仿真优化
27	Operations Research	运筹学
28	Queueing System	排队系统
29	Random Constraints Management	随机约束管理
30	Renewable Resource	可再生资源
31	Resource – Based View	基于资源的视角
32	Routine	例程
33	Scheduling	调度
34	Sequential Parameter Optimization	序贯参数优化
35	Sequential Parameter Optimization Technology	序贯参数优化技术
36	Service Constraint	服务约束
37	Shift Scheduling	移位调度
38	Short – Term Response Planning	短期响应规划
39	Simulation Optimization	仿真优化
40	Single Echelon Inventory System	单级库存系统
41	Stochastic Equilibrium	随机均衡
42	Stochastic Programming	随机规划
43	The Association of European Operational Research Societies	欧洲运筹学协会
44	The Italian Operations Research Society	意大利运筹学会
45	Time – Critical	时间敏感
46	Uncertainty	不确定性

第1章

序号	英文	中文
1	Biased	有偏的
2	Bootstrap	自举
3	Central Limit Theorem	中心极限定理
4	Combinatorial Optimization	组合优化
5	Common Number	通用数,即一组共同的随机数
6	Compact Region	紧致域
7	Confidence Interval	置信区间
8	Consistent Estimate	一致估计
9	Continuous	连续的
10	Continuous Function	连续函数
11	Convolution	卷积
12	Cover – Move Combination	覆盖调动组合
13	Cumulative Distribution Functions	累计分布函数
14	Department of Communities and Local Government	社区和地方政府部
15	Design Point	设计点
16	Deterministic	确定性的
17	Discrete	离散的
18	Discrete Event Simulation	离散事件仿真
19	Empirical Distribution Function	经验分布函数
20	Fatality Count	死亡人数
21	Financial Portfolio	金融投资组合
22	Full Normal Distribution	完全正态分布
23	Goodness of Fit	拟合度
24	Half Width	半宽
25	Interior Point	内点
26	Large Incident	重大事件
27	Loglikelihood	对数似然值
28	Lower Limit	下限

续表

序号	英文	中文
29	Maximum Likelihood	最大似然
30	Metaexperiment	元实验
31	Neighborhood	邻域
32	Numerical Quadrature	数值积分
33	Over – Estimate	高估
34	Parametric Bootstrap	参数自举法
35	Partial Normal Distribution	偏正态分布
36	Performance Measure	性能度量
37	Permutation	排列
38	Probability Density Functions	概率密度函数
39	Quadratic Function	二次函数
40	Quantile	分位数
41	Random Error	随机误差
42	Random Search	随机搜索
43	Random Search Optimization	随机搜索优化
44	Random Variable	随机量
45	Regularity	正则
46	Search Point	搜索点
47	Skewed	扭曲的
48	Subsample	子样本集
49	Smoothness	光滑性
50	the Fire Service Emergency Cover	消防服务应急覆盖
51	Travelling Salesman Problem	旅行商问题
52	True Value	真值
53	Under – Estimate	低估
54	Uniform Distribution	均匀分布

第 2 章

序号	英文	中文
1	Aleatory Uncertainty	偶然不确定性
2	Bayesian Approach	贝叶斯方法
3	Black–box Simulation	黑盒仿真
4	Ceiling Function	向上取整
5	Correlation Matrix	相关矩阵
6	Classic Optima	经典最优解
7	Common Random Number	共同随机数
8	Complexity	复杂性
9	Computational Cost	计算代价
10	Conditional Value at Risk	条件风险价值
11	Constraint	约束条件
12	Correlation Function	相关函数
13	Cost Coefficient	成本系数
14	Covariance	协方差
15	Demand Rate	需求率
16	Descent Direction	下降方向
17	Design of Experiments	实验设计
18	Differentiable Function	可微函数
19	Dispersion Effect	散布效果
20	Distribution–Free Bootstrapping	无分布自举法
21	Dual Response Surface	双响应曲面
22	Economic Order Quantity	经济订货量
23	Environmental Uncertainty	环境不确定性
24	Epistemic Uncertainty	认知型不确定性
25	Extrapolation	外推
26	First–Order	一阶
27	Floor Function	向下取整
28	Fractional Factorial	零散阶乘
29	Generalized Least–Squares	广义最小二乘

续表

序号	英文	中文
30	Granularity	粒度
31	Holding Cost	储备成本
32	Independently and Identically Distributed	独立同分布
33	Inequality Constraint	不等式约束
34	Inner Array	内表
35	Iterative	迭代的
36	Latin Hypercube Sampling	拉丁超立方采样
37	Linear Programming	线性规划
38	Local Minimum	局部极小值
39	Local Search	局部搜索
40	Location Effect	定位效果
41	Kriging Prediction	克里格预测值
42	Maximum Likelihood Estimation	最大似然估计
43	Mean Squared Error	均方误差
44	Mixed Integer Programming	混合整数规划
45	Moment	矩
46	Monotonic Functions	单调函数
47	Monte-Carlo Simulation	蒙特卡洛仿真
48	Neighborhood	邻域
49	Nonlinearity	非线性
50	Nonlinear Programming	非线性规划
51	Objective Function	目标函数
52	Orthogonal Arrays	正交表
53	Outer Array	外表
54	Parameter Design	参数设计
55	Pareto Frontier	帕累托边界
56	Pareto-Optimal Efficiency Frontier	帕累托最优效率边界
57	Perturbation	扰动
58	Polynomials	多项式

续表

序号	英文	中文
59	Post – Process	后处理
60	Quadratic Loss	二次损失
61	Regression Modeling	回归建模
62	Response Model	响应模型
63	Risk – Averse	规避风险
64	Risk – Seeking	寻求风险
65	Robustness	稳健性
66	Safety Constraint	安全约束
67	Second Order Cone Programming	二阶锥规划
68	Semidefinite Programming	半定规划
69	Setup Cost	设置成本
70	Signal – to – Noise Ratio	信噪比
71	Simulated Annealing	模拟退火
72	Simultaneous Confidence Interval	联立置信区间
73	Simultaneous Perturbation Stochastic Approximation	同时扰动随机近似
74	Space – Filling	空间填充
75	Standard Deviation	标准偏差
76	Stochastic Emulator Strategy	随机仿真器策略
77	Surrogate Model	代理模型
78	System Design	系统设计
79	System Uncertainty	系统不确定性
80	Taguchi's Approach	田口方法
81	Taylor Expansion	泰勒展开
82	the Coefficient of Variation	变异系数
83	the Curse of Dimensionality	维数灾难
84	Tolerance Design	容差设计
85	Unbiased	无偏的
86	Uncertainty Set	不确定集
87	Variability	可变性

第3章

序号	英文	中文
1	Bi – Level Program	双层规划
2	Call Option	看涨期权
3	Constraint Function	约束函数
4	Converge a. s.	按概率收敛
5	Differentiability	可微性
6	Expected Value Solution	期望解
7	Follower	追随者
8	Hierarchical Optimization	递阶优化
9	Importance Sampling	重要性抽样
10	Lagrange Function	拉格朗日函数
11	Leader	领导者
12	Linear Programming	线性规划
13	Martingale Approach	鞅方法
14	Mini – max Problem	极大极小问题
15	Sample Average Approximation	样本均值逼近
16	Sampling Approximations	抽样逼近
17	Significance	显著性
18	Simplex Matrix	单纯矩阵
19	Singleton	单例
20	Stochastic Variable Metric	随机变量度量
21	Strike Price	执行价格
22	the Steepest Descent Method	最速下降法

第4章

序号	英文	中文
1	Additive Noise	加性噪声
2	Analytic Model	解析模型
3	Co – Kriging	协同克里格法
4	Data – Driven Model	数据驱动的模型

续表

序号	英文	中文
5	Design and Analysis of Computer Experiments	计算机实验设计与分析
6	Efficient Global Optimization	高效全局优化
7	Evolutionary Algorithm	进化算法
8	Expected Improvement	期望改进
9	Exploratory Data Analysis	探索性数据分析
10	Fidelity	保真度
11	Multi–Fidelity Analysis	多保真度分析
12	Optimal Computing Budget Allocation	最优计算量分配
13	Outlier	离群点
14	Particle Swarm Optimization	粒子群优化
15	Probability of Correct Selection	正确选择概率
16	Quartile	四分位点
17	Random Forest	随机森林
18	Reinterpolating	重插值
19	Sequential Kriging Optimization	序贯克里格优化
20	Sequential Parameter Optimization	序贯参数优化
21	Sequential Parameter Optimization Toolbox	序贯参数优化工具箱
22	Sharpening	锐化
23	Simulated Annealing	模拟退火
24	Surrogate Model	代理模型

第 5 章

序号	英文	中文
1	Associated Cost	相关成本
2	Chaos Decomposition	混沌分解
3	Coefficient of Determination	决定系数
4	Common Means	同均值
5	Common Median	同中值

续表

序号	英文	中文
6	Common Locations	同位置
7	Common Variances	同方差
8	Cross – Validation	交叉验证
9	Derivative – Based Sensitivity Measures	基于导数的敏感性指标
10	Discretization	离散化
11	Factorial Fractional Design	部分析因设计
12	Homogeneity	一致性
13	Hyperparameter	超参数
14	Local Approach	局部方法
15	Main Effects	主要影响
16	Mode	众数
17	Nominal Value	标称值
18	Non – Influential	无影响
19	Overflow	溢流量
20	Partial Correlation Coefficient	偏相关系数
21	Partial Derivative	偏导数
22	Partial Rank Correlation Coefficient	偏秩相关系数
23	Predictivity Coefficient	预测系数
24	Qualitative	定性的
25	Quantitative	定量的
26	Random Balance Design	随机平衡设计
27	Rank Transformation	秩变换
28	Regression Residual	回归残差
29	Response Surface	响应面法
30	Screening	筛选
31	Screening by Groups	分组筛选
32	Smoothing	平滑
33	Sensitivity Analysis	敏感性分析
34	Sequential Bifurcation Method	序贯交叉方法

续表

序号	英文	中文
35	Standardized Rank Regression Coefficient	标准化秩回归系数
36	Standard Regression Coefficient	标准回归系数
37	Stationary Stochastic Process	平稳随机过程
38	Supersaturated Design	超饱和设计
39	Surrogate	代理

第6章

序号	英文	中文
1	Activity Based Costing	基于活动的成本核算
2	Activity Center	活动中心
3	Analytic Hierarchical Process	层次分析法
4	Aggregate Planning	综合计划
5	a.s.	依概率
6	Causal Model	因果模型
7	Complete Recourse	完整信息资源
8	Contingency Planning	应急规划
9	Convexity	凸性
10	Cost Driver	成本驱动因素
11	Costing	成本核算
12	Cumulative Function	累积函数
13	Differentiability	可微性
14	Dual Problem	对偶问题
15	Entrepreneurial Rents	企业家租金
16	Enterprise Resource Planning	企业资源规划
17	Exogenous	外源性
18	Facility Resource	设施资源
19	Forward-looking	前瞻性的
20	Full Rank	满秩
21	Fuzzy Sets	模糊集

续表

序号	英文	中文
22	General Ledger	总分类账
23	Heterogeneous Resource	异构资源
24	Homogeneous Resource	网构资源
25	Imperfect Imitability	不可模仿性
26	Imperfect Substitutability	不可替代性
27	Integrability	可积性
28	Integrated Definition	综合定义
29	Interval Arithmetic	区间算术
30	Marginal Cost	边际成本
31	Monopoly Rents	垄断租金
32	Overhead	杂费
33	Preference Function	偏好函数
34	Process Resource	过程资源
35	Quasi – Rents	准租金
36	Rent	租金
37	Resource Based View	基于资源的视角
38	Ricardian Rents	李嘉图租金
39	Rounding Error	舍入误差
40	Scenario Planning	情景规划
41	Schumpeterian Rents	熊彼特租金
42	Shadow Price	影子价格
43	Stochastic Dynamic Programming	随机动态规划
44	Stock Asset	存量资产
45	Support	支撑集
46	Technology Matrix	技术矩阵
47	Time Compression Diseconomy	时间压缩不经济

第7章

序号	英文	中文
1	Ambiguity	模糊性
2	Bio – Based Economy/Bio – Economy	生物经济
3	Bio – Based Production	生物基生产
4	Bio – Waste	生物废物
5	Bio – Waste Stream	生物废物流
6	Bio – Waste Valorization	生物废物处理
7	Biomass	生物质
8	Estimate	估计
9	EU	欧盟
10	Green House Gasses	温室气体
11	Ignorance	无知
12	Knightian Risk	奈特风险
13	Multi – Level Perspective	多层次多角度
14	Niche	生态位
15	Niche Level	生态位层次
16	OECD	经济合作与发展组织
17	Priori Probability	先验概率
18	Procedural Uncertainty	程序性不确定性
19	Stakeholder	利益相关者
20	Statistical Probability	统计概率
21	Sustainability	可持续性
22	Value Chain	价值链

第8章

序号	英文	中文
1	Adaptive Controlled Random Search	自适应控制随机搜索
2	Atoms of the Active Sites	活性位点原子
3	Barrier Approach	屏障法
4	Bézier Patch	贝塞尔曲面

续表

序号	英文	中文
5	Box Constraint	边界约束
6	Center – Vertex Distance	中心–顶点距离
7	Cloud of Points	点云
8	Coalescing Binary Systems	联合双星系统
9	Coercivity	矫顽力,矫顽磁性
10	Controlled Random Search	控制随机搜索
11	Dense	稠密的
12	Derivative Information	衍生信息
13	Diameter	对径
14	Distributed Algorithm	分布式算法
15	Divide REC Tangles	划分矩形
16	Domain Partition	域分区
17	"Easy" Constraint	"简单"约束
18	Extreme Barrier Approach	极端障碍方法
19	Feasible Domain	可行域
20	Field Behavior	磁场性能
21	Filled Function	填充函数
22	General Constraint	一般约束
23	Gravitational Waves	引力波
24	Grid – Driven Information	网格驱动信息
25	Grid Search	网格搜索
26	Head Seas	顶头浪
27	Heave Motion	升沉运动
28	Hyperrectangle	超矩形
29	Initial Population	初始种群
30	Int. Towing Tank Conf	海军水体流动领域的国际组织
31	Iron Yoke	铁轭
32	Isometric Transformation	等距变换
33	Linesearches	线搜索

续表

序号	英文	中文
34	Low – Field MRI System	低场强 MRI 系统
35	Magnet Basis	磁体基座
36	Magnet Design	磁体设计
37	Magnetic Field	磁场
38	Magnetic Resonance Imaging	核磁共振成像
39	Magnetic Resonance Tomography	核磁共振断层扫描
40	Multistart – Type Algorithm	多起点类型算法
41	Optimization Step	优化步骤
42	Ordinary Differential Equations	常微分方程
43	Oversample	过采样
44	Partition Based Algorithm	基于分区的算法
45	Partitioning Strategy	划分策略
46	Penalty Function	惩罚函数
47	Penalty Parameter	惩罚参数
48	Perturbation	扰动
49	Population Based Algorithm	基于种群的算法
50	Potential Flow Assumptions	势流假设
51	Pseudo – Random Sequence	伪随机序列
52	Query Shape	查询形状
53	Reference Model Shape	参考模型形状
54	Refinement Step	细化步骤
55	Region of Attraction	吸引区域
56	Response Amplitude Operator	响应振幅算子
57	Sampling Step	采样步骤
58	Seakeeping Committee	适航委员会
59	Seakeeping Performance	适航性能
60	Selection Strategy	选择策略
61	Signal – to – Noise Ratio	信噪比
62	Simulated Annealing Acceptability Criterion	模拟退火可接受性准则

续表

序号	英文	中文
63	Single Objective Optimization	单目标最优化
64	Stationary Gaussian Stochastic Process	平稳高斯随机过程
65	Stationary Point	驻点
66	Stochastic Method	随机方法
67	Strip Theory	切片理论
68	Strong Theoretical Convergence Property	强理论收敛性
69	the Chirp Signal	线性调频信号
70	the Feasible Set	可行集合
71	the Matched Filter	匹配滤波器
72	the Trial Point	测试点
73	Translation Vector	平移向量
74	Tuning Parameter	调谐参数
75	Two – Dimensional Slice	二维薄片
76	Unit Quaternion	单位四元组
77	Working Set	工作集

第 9 章

序号	英文	中文
1	Abandonment	放弃
2	Aggregated Basis	累积偏差
3	Arrival Rate	到达率
4	Available Capacity	可用容量
5	Branch – and – Bound Method	分支定界方法
6	Capacity Optimization	容量优化
7	Capacity Planning	容量规划
8	Chance Constraint	机会约束
9	Closure Approximation	闭合近似法
10	Customer Arrival Rates	顾客到达率
11	Discrete – Time Modeling	离散时间建模法

续表

序号	英文	中文
12	Discrete-Event Simulation	离散事件仿真
13	Emergency Departments	急诊部门
14	Erlang Distributions	埃尔兰分布
15	Exhaustive	耗尽型
16	Exhaustive Service Policy	耗尽式(型)服务策略
17	Fast Two-Step Heuristic Method	快速两步启发式方法
18	Fathoming Rule	洞察规则
19	First-In, First-Out	先进先出
20	Fluid and Diffusion Approximation	流体和扩散近似法
21	Fluid Model	流体模型
22	General Distributions	通用分布
23	General Simulation Model	通用仿真模型
24	Heterogeneous	异构客户或服务器
25	Initial Feasible Solution	初始可行解
26	Iterative Staffing Algorithm	迭代人员配置算法
27	Kendall Notation	肯德尔符号表示
28	Lognormal Distributions	对数正态分布
29	Modified Offered Load Approximation	修正的提供负载逼近法
30	Network of Process Steps	处理步骤网络的系统
31	Network of Service Steps	服务步骤网络
32	Number of Replications	重复次数
33	Numerical Integration	数值积分
34	Offered Load	提供负载
35	Ordinary Differential Equation	常微分方程
36	Performance Evaluation	性能评估
37	Performance Measurement	性能度量
38	Personnel Planning	人员规划
39	Pointwise Stationary Approximation	逐点平稳逼近法
40	Poisson Assumption	泊松假设

续表

序号	英文	中文
41	preEmptive Service Policy	先发制人式的服务策略
42	Quality of Service	服务质量
43	Randomization Approach	随机化方法
44	Research Foundation – Flanders	佛兰德斯研究基金会
45	Shift Cost	转移成本
46	Shift Specification Matrix	轮班说明矩阵
47	Shift Type	轮班类型
48	Single – Stage Multiserver Service System	单阶段多服务器服务系统
49	Staffing Intervals	人员配备时间间隔
50	Staffing Vector	人员配置向量
51	Stationary Approximations	平稳近似法
52	Stationary Independent Period – by – Period Approach	平稳独立逐周期逼近法
53	Time Horizon	时间界限
54	Two – Step Heuristic	两步启发式算法
55	Time – Varying Delay Probability	时变延迟概率
56	Virtual Waiting Times	虚拟等待时间
57	Wilson Score Interval	威尔逊置信区间

第 10 章

序号	英文	中文
1	Absolute Gap	绝对差值
2	Acquisition Price	采购价格
3	Alternative Hypotheses	备择假设
4	Associated Markov Chain	关联马尔可夫链
5	Backward Pass	后向传播
6	Bayesian Updates	贝叶斯更新
7	Benders Cut	Benders 切平面
8	Central Limit Theorem	中心极限定理
9	Chance Constraint	机会约束

续表

序号	英文	中文
10	Completely Damaged	完全损坏
11	Cost – to – go Function	成本转移函数
12	Crude Monte Carlo Sampling	粗糙蒙特卡洛采样
13	Demand Satisfaction Constraint	需求满足度约束
14	Disaster Operations	灾害救援
15	Discrete – Event Simulator	离散事件模拟器
16	Dynamic Decision Process	动态决策过程
17	Emergency Logistics System	应急后勤系统
18	Estimated Upper Bound	估计上限
19	Extensively Damaged	严重损坏
20	First – stage Inventory Decisions	第一阶段的库存清单决策
21	Flow Conservation Constraints	流量守恒的约束条件
22	Forward Pass	前向传播
23	Galatasaray University Research Fund	加拉塔萨雷大学研究基金
24	Generic Path	一般路径
25	Holding Cost	持有成本
26	Internal Sampling	内部采样
27	Last Mile Distribution System	最后一英里分配系统
28	Latin Hypercube Sampling	拉丁超立方体采样
29	Life Cycle	作业周期
30	Linear Integer Programming Problem	线性积分规划问题
31	Lower Bound	下限
32	Meal Ready to Eat	份饭，口粮
33	Medium Damaged	中等损坏
34	Moving Average	移动平均值
35	Minimum Operational Availability Constraint	最小操作可用性约束
36	Minimum Operational Availability Level	最低运营可用性水平
37	Mitigation Operations	风险降低
38	Mixed – Integer Multi – Commodity Network Flow Model	多商品网络流混合积分模型

续表

序号	英文	中文
39	Multistage Stochastic Optimization Framework	多阶段随机优化框架
40	Non – Anticipative Policy	非预期策略
41	Non – Convex	非凸
42	Non – Damaged	未损坏
43	Null Hypotheses	虚假设
44	Optimal Stopping Time Problem	最优停止时间问题
45	Original Stopping Criterion	原始停止条件
46	Penalty Cost	惩罚成本
47	Percent Relative Gap	相对差值百分比
48	Piecewise Linear	分段线性
49	Preparedness Operations	救灾准备
50	Recovery Operations	恢复重建
51	Response Operations	响应实施
52	Risk – Neutral Approach	风险中立的办法
53	Rolling Horizon Approach	滚动时域方法
54	Sample Average Approximations	样本平均近似值
55	Sample Path	采样路径
56	Scenario Trees	想定树
57	Simulation – Based Optimization	基于仿真的优化
58	Slightly Damaged	轻微损坏
59	Stagewise Independent	分段独立
60	Stochastic Dual Dynamic Programming	随机双动态规划
61	Turkish Statistical Institute	土耳其统计局
62	Two – Stage (Static) Stochastic Programming Problem	两阶段(静态)随机规划问题
63	Value – at – Risk Type Constraint	风险值类型约束
64	Variance	方差

第 11 章

序号	英文	中文
1	Binary Search Approach	二分搜索方法
2	Branch and Bound	分支定界
3	Branch – and – Bound Algorithm	分支定界算法
4	Branch and Bound Procedure	分支定界程序
5	Breakpoint	断点
6	Common Administrative Procedure	通用管理程序
7	Computational Experiment	计算实验
8	Continuous Review Policy	持续审查策略
9	Contractual Service Level	合同服务级别
10	Cost for the Emergency Shipment	紧急运输成本
11	Cost for Lateral Transshipment	横向运输成本
12	Departure Transition Rate	出发转移速率
13	Emergency Condition	紧急状态
14	Emergency Shipment	紧急运输
15	Enumeration Tree	枚举树
16	Equipment Supplier	设备供应商
17	Equipment User	设备用户
18	Exact Allocation	精确分配
19	Exact Solution	精确解
20	Expensive Spare Part	昂贵备件
21	First In First Out	先进先出
22	Heuristic Method	启发式方法
23	Heuristic Procedure	启发式程序
24	Holding – Emergency Cost	库存 – 紧急成本
25	Initial Spares Allocation	初始备件分配
26	Inventory Holding Cost	库存持有成本
27	Inventory Level	库存水平
28	Inventory Management	库存管理

术语表

续表

中文
拉格朗日松弛
横向转运
物流公司
数学结构
平均纠正维护时间
平均紧急状态时间
平均故障间隔时间
平均返回时间
元启发式
多维马尔可夫模型
多维缩减方法
网络中断概率
非凸积分程序
运营可用性
下定单和运输时间
原始模型
整体中断概率
高估
特定成本结构
泊松分布
反应时间
区域仓库
相对误差
比例因子
服务水平的约束
服务率
简单出生死亡模型
单次到达事件
单次离开事件

序号	英文
58	Single Echelon Inventory Systems
59	Single Echelon One – for – One Ordering
60	Single Echelon Policy
61	Spares Allocation Problem
62	Steady State Condition
63	Steady State Probability
64	Stiff Hierarchic Structure
65	Stockout
66	Substitution Time
67	Supply Chain
68	Total Inventory Holding Cost
69	Total Stock Level
70	Transition Rate
71	Transshipment Model
72	Two Echelon Policy
73	Underestimation
74	Upper Bound
75	Waiting Time Constraint

序号	英文
29	Lagrangian Relaxation
30	Lateral Transshipment
31	Logistics Company
32	Mathematical Structure
33	Mean Corrective Maintenance Time
34	Mean Emergency Time
35	Mean Time Between Failures
36	Mean Time to Return
37	Metaheuristics
38	Multi – Dimensional Markovian Model
39	Multi – Dimensional Scaling Down Method
40	Network Blocking Probability
41	Non – Convex Integer Program
42	Operational Availability
43	Order and Ship time
44	Original Model
45	Overall Blocking Probability
46	Overestimate
47	Particular Cost Structure
48	Poisson Distribution
49	Reaction Time
50	Regional Warehouse
51	Relative Error
52	Scale Factor
53	Service Level Constraint
54	Service Rate
55	Simple Birth Death Model
56	Single Arrival Event
57	Single Departure Event

续表

	中文
	单级库存系统
Model	单级一对一订购模型
	单级策略
	备件分配问题
	稳态条件
	稳态概率
	刚性层次结构
	存货告罄
	替代时间
	供应链
	全部持仓成本
	总体库存水平
	转移率
	转运模型
	两级策略
	低估
	上限
	等待时间约束